DAS GROSSE OPEL-KADETT-BUCH

Thomas Fuths • Christoph Reifenrath
Stefan Schrahe • Oliver Schrott

DAS GROSSE OPEL-KADETT-BUCH

Thomas Fuths • Christoph Reifenrath
Stefan Schrahe • Oliver Schrott

HEEL

IMPRESSUM

HEEL Verlag GmbH
Gut Pottscheidt
53639 Königswinter
Telefon 0 22 23 / 92 30-0
Telefax 0 22 23 / 92 30 26
Mail: info@heel-verlag.de
Internet: www.heel-verlag.de

Verantwortlich für den Inhalt: Thomas Fuths, Christoph Reifenrath, Stefan Schrahe, Oliver Schrott

Gestaltung: Georg Grützner, Bonn
Satz: Fotosatz Hoffmann, Hennef

Printed in Czech Republic

ISBN: 978-3-95843-582-7

Inhaltsverzeichnis

Alle sechs Kadett Generationen auf einen Blick: hintere Reihe: Kadett B (1965–1973), Kadett C (1973–1979), Kadett D (1979–1984); mittlere Reihe: Vorkriegs-Kadett (1936–1940), Kadett A (1962–1965); Vorne: Kadett D (ab 1984).

Georg Hehner, Opel-Verkaufsvorstand

Vorwort

Ich erinnere mich noch genau: Der Wagen war ganz neu, und der Zahnarzt in unserer Straße fuhr ihn: den neuen Opel Kadett. Damals – 1938 – blieb ich stets begeistert vor dem Wagen stehen und bewunderte die spitz zulaufende Motorhaube mit dem hohen Kühler. Der Kadett war damals ein interessantes Auto, das zweite Opel-Modell mit einer in Großserie gefertigten selbsttragenden Ganzstahlkarosserie nach dem 1935 präsentierten Olympia. Nach dem Krieg sah man sie immer noch recht zahlreich, die alten Kadetten, die, mehr oder weniger lädiert, nach wie vor zuverlässig ihren Dienst verrichteten. Während das zerstörte Werk Rüsselsheim dank zahlreicher helfender Hände langsam wieder Form annahm und ab 1946 auch wieder Fahrzeuge produzierte, war das neue Lkw-Werk Brandenburg mit seinem Standort in der sowjetischen Besatzungszone für Opel verloren – ebenso wie die Kadett-Produktionsanlagen, die die Sowjetunion als Reparationsleistung demontieren durfte. So war die Verwunderung nicht besonders groß, als in der UdSSR einige Zeit später ein neuer Wagen namens Moskwitsch vorgestellt wurde, der vielen Deutschen recht bekannt vorkam. Es handelte sich um nichts anderes als den 38er Kadett mit neuen Schriftzügen. In der Zwischenzeit arbeitete man bei Opel freilich längst an neuen Modellen. Aber es sollte noch einige Jahre dauern, bis es im Jahre 1962 wieder einen neuen Kadett geben würde. Der Grund lag auf der Hand: Mit dem Bau von Olympia bzw. Olympia Rekord, Kapitän und dem Lkw Blitz war die Fertigungskapazität in Rüsselsheim ausgelastet.

Die Entscheidung für einen Nachfolger fiel noch in den 50er Jahren. Schon 1960 kaufte Opel dann ein stillgelegtes Zechengelände in Bochum, um ab 1962 den völlig neuentwickelten kompakten Kadett dort produzieren zu können. „Jung und voll Schwung" hieß es damals in der Kadett-Werbung, und tatsächlich brachte der Kadett neuen Schwung in den Verkauf. Mit dem zweiten Nachkriegs-Modell, dem Kadett B, ging Opel auf Wünsche nach nochmals verbessertem Raumangebot ein. Es war ein sehr erfolgreicher Wagen, der acht Jahre, von 1965 bis 1973, in Produktion blieb. Außerdem schlug sich dieses Modell auch im Rallye-Sport ab 1966 erfolgreich. So erfolgreich, daß Opel den Rallye-Kadett als Fastback-Coupé in die Serienproduktion übernahm. Der Kadett C – 1973 präsentiert und bis 1979 gebaut – gefiel durch seine kompakte, schnörkellose Form. Vor allem das Coupé, das mit Motoren bis zu zwei Litern Hubraum, elektronischer Benzineinspritzung und einer Leistung von 115 PS lieferbar war, ist heute noch sehr beliebt. Ein weiterer Meilenstein in der Kadett-Entwicklung war die Vorstellung des D-Modells mit Frontantrieb im Jahre 1979. Käufer und Fachpresse zeigten sich gleichermaßen begeistert von Form, Raumangebot und Fahrleistungen. 1984 dann löste der heutige Kadett „E" den „D" ab, der mit seiner progressiven Form und einem Leistungspotential bis zu 150 PS aus zwei Litern Hubraum europaweit von Jahr zu Jahr mehr Käufer findet. Mit den Karosserie-Varianten Schräg-, Stufen- und Kombi-Heck sprechen wir gezielt einen großen Interessenkreis an. Alle Kadett-Modelle haben das Opel-Programm der verschiedenen Epochen stark geprägt. Und ich kann schon heute versprechen, daß wir auch bei künftigen Modellen mit dem Anspruch antreten, Maßstäbe in dieser Automobilklasse zu setzen.

Georg Hehner
September 1988

Der Start einer Weltkarriere – Opels erster Kadett

„Das Ziel war die Schaffung eines Wagens, der bei niedrigem Preis, bequemsten Raumabmessungen und bei höchster Wirtschaftlichkeit seinen Insassen alle Annehmlichkeiten und die volle Leistung eines wirklich modernen Wagens bietet."

Ohne Abstriche könnten diese Worte bei der Präsentation des aktuellen Kadett E gefallen sein – dem ist natürlich nicht so. Über ein halbes Jahrhundert sind sie bereits alt, doch immer noch aktuell. Den zu Auto-Geschichte gewordenen Satz prägt am 2. Dezember 1936 der technische Berater der Opel-Verkaufsleitung Heinz Nordhoff (späterer Volkswagen-Chef) anläßlich der Weltvorstellung des ersten Kadett. Das sportbesessene Deutschland schaut auf die Olympiade in Berlin. Da schafft Max Schmeling das schier Unglaubliche: Er schlägt den bisher unbesiegten Super-Boxer Joe Louis. Doch schon ziehen die ersten dunklen Wolken über Deutschland. Die Nationalsozialisten verändern mit immer mehr Eingriffen das Leben im Lande.

Die dunklen Wolken werden auch die Automobil-Industrie beeinflussen. Zum Zeitpunkt des ersten Opel Kadett ist das aber niemandem so richtig klar, und noch siegt der Glaube an das Gute.

Volkswagen von Opel

Die Nummer eins, Stammvater einer bis heute gebauten Modell-Serie, verläßt drei Jahre vor Beginn des zweiten Weltkrieges die Fließbänder im hessischen Rüsselsheim mit dem Ziel, als günstiges, zuverlässiges Fortbewegungsmittel für die breite Masse der Autofahrer Karriere zu machen. Opel sieht in ihm einen Wagen für Aufsteiger, die sich einerseits ein komfortableres Fahrzeug als den seiner Zeit 1450 Mark

Der erste Kadett von 1937. Diese viertürige Version war für den Export bestimmt.

Der direkte Stammvater des Kadett war der Opel Olympia.

teuren „P 4", andererseits aber nicht den wesentlich teureren Olympia leisten können. Und Opel selbst gibt in einem, anläßlich des neuen Kadett ausgesandten, Pressetext folgenden stichhaltigen Beweis für die dringende Notwendigkeit eines solchen Autos: „Von zehn zugelassenen Personenwagen gehörten 1931 rund vier Wagen der 1- bis 1,5-Liter-Klasse, also der Klasse des „P 4" und des „Olympia" an. 1936 waren es rund 7! Man sieht: Der Automobilbedarf verlagert sich in ungewöhnlichem Ausmaß auf diese Klasse. Hat eine so dominierende Käuferschicht nicht das Recht, von der deutschen Industrie das denkbar vielseitigste Angebot in dem bevorzugten Typenbezirk zu verlangen?"

Anleihe beim Olympia: Die selbsttragende Karosserie

Die zweitürige Limousine ist mit vier Sitzplätzen ausgestattet und kommt mit einer für damalige Verhältnisse sehr modernen Karosserie daher. Der neue Kadett hat eine erstaunliche Ähnlichkeit zu seinem älteren Bruder, dem Olympia. Das prägnanteste Unterscheidungsmerkmal der zwei Opel ist der veränderte Kühlergrill. Im Olympia durchströmt die kühlende Luft ein eigenständiges Gitter, komplett in das Blechkleid der Front eingesetzt. Im Kadett haben sich die Techniker darauf beschränkt, Schlitze in die Blechfront zu schneiden. Aber gerade diese Maßnahme verleiht der jüngsten und modernsten Kreation des Hauses Opel das

So verließ der Kadett Nummer eins 1936 die Fließbänder.

modernere, weil aerodynamischere Gesicht. Die Scheinwerfer sind wie die des Olympia integriert, und auch das Heck läßt den gleichen Zeichenstift erahnen. „Der geräumige und staubdichte" Reisegepäckraum ist ebenfalls nach dem Vorbild des größeren Bruders nur von innen zu erreichen. Daran störte sich allerdings vor 50 Jahren noch niemand. Von der Größe her ist der Kadett genau zwischen dem Olympia und dem 1935 präsentierten P 4 angesiedelt. Der Olympia, ebenfalls 1935 der Öffentlichkeit vorgestellt, ist der erste deutsche Wagen mit einer selbsttragenden Karosserie. Anstatt eines Fahrgestells mit einem Aufbau wirkt die Karosserie nun selbst als tragendes Element. Genügend Verwindungssteifheit verleiht ihr ein Stahlrohrrahmen, der sämtliche Teile des Wagens mit Halt versorgt. Diese Technik ist neu und zugleich Wegbereiter. Opel steht mit ihr an der Spitze des modernen Automobilbaus in Europa. Mit der selbsttragenden Karosserie ist es erstmals möglich, wirklich große Stückzahlen schnell vom Band rollen zu lassen. Gleichzeitig wird das Automobil leichter, damit billiger, sparsamer und schneller. Heute wird jedes Auto nach diesem Prinzip gefertigt, einige Exoten wie die englischen Lotus und Morgan ausgeklammert. Der Kadett erbt natürlich die neue Technik.

Basistriebwerk aus dem P 4

Im vorderen Teil der Karosse rackerte der schon aus dem P 4 bewährte Vierzylinder-Antrieb. Aus 1074 cm^3 schöpft der Kadett-Motor 23 PS, die ausreichen, den Wagen auf die

Der 38er Olympia: Äußerlich kaum vom Kadett zu unterscheiden.

„erstaunliche" Höchstgeschwindigkeit von 96 km/h zu katapultieren. Die Leistung wird über eine Kardanwelle an die Hinterräder weitergegeben. Deren zwei Gelenke sind, und das ist schon fast High Tech, dauergeschmiert. Die Gemischaufbereitung übernimmt ein Fallstromvergaser, der nach einer Lizenz des Spezialisten auf diesem Gebiet, „Carter", gebaut wird. Die seitlich stehenden Ventile werden über eine seitliche Nockenwelle gesteuert. Deren Antrieb erfolgt über Stirnräder. Um die Geschwindigkeit auch sicher auf die Straße zu bringen, ist der Kadett mit der Opel-Synchronfederung und einer blattgefederten Hinterachse ausgerüstet. Damit das Abbremsen des 745 kg schweren Kleinwagens genauso gut klappt wie das Beschleunigen, spendiert Opel dem Kadett serienmäßig eine hydraulische Vierradbremse

1234
Komb.
Pos.

Vorherige Seite: Kadett-Produktion in Rüsselsheim 1936. Oben: Ging leider nie in Serie: Kadett Roadster.

und Ballonreifen der Größe 4,50 x 16. Gemessen an den heutigen Verhältnissen sind diese 16-Zoll-Räder etwas wuchtig. Allerdings: Die Straßen zur Blütezeit des ersten Kadett sind mit denen aus unseren Tagen nicht zu vergleichen. Die großen Räder werden, ähnlich wie heute die der Off-Road-Fahrzeuge, besser mit dem schlechten Wege-Netz fertig. Die Zeitschrift „Motor und Sport" resümiert 1937, dem Jahr der

Crashtest: Schon 1938 wurde auf Herz und Nieren getestet.

großen Luftschiff-Zeppelin-Katastrophe in Lakehurst USA, über die Fahrwerkskonstruktion des neuen Kadett: „Der eingebaute doppelt wirkende, hydraulische Stoßdämpfer sorgt dafür, daß die weichen Schwingungen schnellstens zur Ruhe gelangen und die Abstimmung der Vorderfedern, mit den langen halbelliptischen Federn der starren Hinterachse, gefällt uns an diesem Wagen besonders gut. Im Verein mit dem die beiden hydraulischen Stoßdämpfer verbindenden Stabilisator, einem einfachen Torsionsstab, ist eine Federungseigenschaft geschaffen, die ein klein wenig härter als an den größeren Opel-Wagen anmutet, aber den großen Vorteil hat, eine recht gute Kurvenlage zu bewirken."

Der Kadett im Test

Auch der folgende Absatz aus demselben Testbericht des Jahres macht klar, welch positive Resonanz der neue Opel selbst in Fachkreisen erntet. „Wir haben den Wagen auf kurvenreichen, bergigen Strecken Thüringens hergenommen, in rücksichtsloser Weise, wie ihn wohl der Privatbesitzer kaum fahren würde. Bei Eis und Schnee in Kurven und auf Steigungen zeigte er eine vorbildliche Straßenlage und keinerlei Neigung zum Schwänzeln. Die Lenkung ist leicht, ohne zu leicht zu sein, und arbeitet äußerst genau, so daß man das Fahrzeug sehr gut in der Hand hat... Wir sind uns bewußt, daß unser Bericht bisher eine einzige Lobeshymne auf den Wagen ist. Aber an einem Wagen, bei dem alle lebens- und betriebswichtigen Dinge mit so großer Sorgfalt und Liebe durchgebildet sind, ist nichts auszusetzen." Doch nicht nur die gelungene Technik, nein das ganze Konzept Kadett kommt an. Es ist wirklich alles dran an ihm, was in den dreißiger Jahren das Fahren angenehm und sicher macht. So gibt es bereits serienmäßig einen Fahrtrichtungsanzeiger, über dessen Tätigkeit (und das war Luxus pur) eine Signallampe in den Armaturen informiert. Daß es auch schon vor über 50 Jahren klevere Werbestrategen gab, beweisen nochmal die Felgen des Neuen: Die gelochten Stahlscheibenräder vermarktet Opel eiskalt als „Stahl-Speichenräder".

Das Beste am ersten Opel Kadett ist aber der Preis. Mit 2100 Reichsmark sicherlich noch nicht für jeden Deutschen erschwinglich, ist er dennoch sensationell billig. „Motor und Sport" läßt sich regelrecht zu Begeisterung hinreißen: „Man kann getrost ebenso kritisch die Karosserie und die Ausstattung unter die Lupe nehmen und wird auch hier, insbesondere wenn man den Preis von 2100 Reichsmark in Betracht zieht, zu einem recht günstigen Urteil gelangen… Im übrigen zwar schlicht, aber keineswegs ärmlich! Ein Wagen, der eine Bereicherung des deutschen Kleinwagenmarktes bedeutet – und das will bei der bekannten Güte dieser Wagenklasse viel sagen!" In der Tat baut die ersten Volkswagen nicht VOLKSWAGEN, sondern Opel. Den großen Konkurrenten aus Norddeutschland brauchen die Rüsselsheimer in

Kadett-Viertürer: Ihn konnten die Kunden ab 1938 kaufen.

den dreißiger Jahren noch nicht zu fürchten. Er ist ein rein imaginärer Gegner und steckt noch tief in den automobilen Kinderschuhen.

Bis 1938 bietet Opel vom Kadett nur zwei Versionen an: die zweitürige Limousine und die Cabrio-Limousine, die lächer-

Das Ende an der Front: Die meisten der 107 000 Kadetten fielen dem zweiten Weltkrieg zum Opfer.

liche 50 Reichsmark mehr kostet. Das ist auch in den dreißiger Jahren eine kleine Sensation, ermöglicht die Cabrio-Limousine doch bei zurückgerolltem Verdeck den schon damals beliebten Sonntags-Ausflug mit Blick in den Sommer-Himmel. So einen Cabrio-Dumping-Preis wird es nie wieder in der Auto-Geschichte geben. Ab 1938 wird das Angebot in eine Normal- (Serie KJ 38) und eine Spezial-Limousine (Serie K 38) gesplittet. Zusätzlich gibt es eine viertürige Version, die allerdings nur als Spezial vom Werk augeliefert wird. Ab Jahrgang 1938 ändert Opel auch die Getriebeübersetzungen. Für lange Strecken ist zudem der neue Tank mit 31 statt bisher 27 Litern Inhalt eine Hilfe. Etwas moderner wird er auch, in diesem Jahr '38. Der Spitzkühler hält Einzug in die Kadett-Front. Nach dem Krieg kann man sie im 1,5-Liter-Olympia wiedersehen. Anstelle der Lochfelgen wird der Kadett nun mit Scheibenrädern bestückt, heute würden wir schlicht Stahlfelge sagen. Die Normal-Limousine ist in der Tat normal, sie verzichtet sogar auf Radkappen und Stoßstangen. Mit ihr will Opel den in der Produkt-Hierarchie niedrigeren P 4 ablösen, preislich gibt es zwischen den beiden kaum noch einen Unterschied. Doch zur Ablösung kommt es nicht mehr. Heute ist der erste Kadett bei den meisten Opel-Fahrern in Vergessenheit geraten, für sie beginnt die eigentliche Geschichte des Erfolgsautos aus Hessen 1962 mit dem Kadett A. Schuld ist der Krieg, der die Karriere-Leiter des kleinen Opel plötzlich umwirft. Ein paar Zahlen aus jenen Jahren verdeutlichen aber, wie gut der Kadett beim deutschen Auto-Fahrer ankommt: 1938 liegt der Marktanteil des fortschrittlichen kleinen Wagens in seiner Hubraumklasse bei immerhin 58 Prozent. Der Spezial ist der meistverkaufte Kleinwagen im Deutschen Reich. Und damit ist er fast so populär wie Vivien Leigh und Clark Gable, die mit dem Film „Vom Winde verweht" die Kino-Besucher dahinschmelzen lassen.

Das viel zu frühe Ende

Bis die Produktion kriegsbedingt im Mai 1940 zum Erliegen kommt, verlassen über 107 000 Kadett die Montagebänder in Rüsselsheim. Von nun an ist die „braune Macht" Herr in der Adam Opel AG. Die Montage-Bänder werden umgebaut, und aus der einstigen Auto-Fabrik wird ein Rüstungsunternehmen. Den Volkswagen von Opel gibt es nicht mehr. Und auf den anderen Volkswagen werden die Kunden noch Jahre warten müssen. Immerhin, sie können schon fleißig Marken kleben und damit eine Option auf den künftigen Käfer erwerben. Doch wie so vieles nach dem Kriege sind auch die gesammelten Marken für den KdF-Wagen wertlos. Bei Opel macht sich Resignation breit, man weiß, was kommen wird. Der Vertreter des GM-Konzerns gibt in diesem kritischen Moment eine bezeichnende Erklärung ab: „Nicht ohne Bedauern müssen wir feststellen, daß Herr Hitler Chef in unserem deutschen Unternehmen ist..." In den folgenden Jahren werden die meisten Kadett an der Front als Einsatzwagen verheizt. Den traurigen Höhepunkt des Untergangs vom erfolgreichen Kadett müssen die Opel-Leute im Juni 1946 über sich ergehen lassen. Den Russen fallen sämtliche Konstruktionszeichnungen und die kompletten Produktionsanlagen in die Hände. Am 14. Juni ist es so weit: Verstaut in 56 Eisenbahn-Waggons verlassen die für den Kadett benötigten Produktionsanlagen Rüsselsheim mit Ziel Moskau.

Ein Volk ohne Volkswagen

Den Käfer gibt es noch nicht, den Kadett gibt es (vorerst) nicht mehr. Er hätte schneller als jedes andere Automobil die Deutschen wieder mobil machen können. Mit der Demontage der Produktionsstraßen aber ist Deutschland sein erster Volkswagen und Opel fast die Existenz-Grundlage genommen. Erst 16 Jahre später wird Opel die Geschichte des Kadett weiterschreiben.

Machte offen eine ausgesprochen gute Figur: der nie gebaute Roadster-Kadett.

Ein Bild der Verwüstung: die Rüsselsheimer Werkshallen nach Kriegsende.

Planung ohne Zukunft

Was bisher unbekannt war und noch nie veröffentlicht wurde, ist mittlerweile durch den Fund von ehemals streng geheimen Dokumenten aus den Jahren 1938 und 1939 bewiesen: Es hat in Rüsselsheim für den Vorkriegs-Kadett bereits einen fertig entwickelten Nachfolger gegeben. Eckhart Bartels, Vorsitzender der Alt-Opel-IG, der durch einen Zufall in den Besitz dieser Dokumente kam, schildert die Entwicklungsgeschichte des Prototyps, der nie gebaut wurde:

Im Juli 1940 ist Krieg in Europa. In Rüsselsheim müssen die im Vorjahr getroffenen Entscheidungen zum Kadett-Nachfolger korrigiert werden. Der neue Kadett mit der Opel-internen Typenbezeichnung 4400 bleibt im Versuchsstadium des Prototyps. Stattdessen sollen in einem „Friedens-Übergangsprogramm" der bisherige Standard-Typ 3300 und die Luxus-Version 3200 mit der Synchronfederung weitergebaut werden. Doch der Krieg dauert unerwartet länger. So werden auch nach dem ursprünglich geplanten Produktionsstopp am 20. November 1939 noch weitere 376 standard- und 899 synchrongefederte Kadetts des alten Typs ausgeliefert. Nur die zeitbedingten Vorschriften durch den Generalbevollmächtigten für das Kraftfahrtwesen führen zu Ersatz- und Austauschwerkstoffen bei devisenpflichtigen Materialien.

Dabei waren die Planungen 1939 schon sehr weit fortgeschritten: Die kleinen Opel-Modelle hatten ein Jahr zuvor den stolzen Marktanteil von 58,8 % in der 1-Liter-Klasse erobert – eine Klasse, die nach dem Willen der Reichsregierung künftig dem K.d.F.-Wagen vorbehalten sein sollte. Man mußte sich also zwangsweise nach oben orientieren und den Kadett-Motor auf 1,2 Liter aufbohren. Dies erlaubte gleichzeitig eine vergrößerte Karosserie bei geändertem Modellprogramm: Lediglich das besser ausgestattete 2-türige Modell als Limousine und Cabrio-Limousine sollten auf der IAMA 1940, der Internationalen Automobil- und Motorrad-Ausstellung in Berlin, gezeigt werden.

Größer, stärker, komfortabler

Der neue Kadett in der dritten Generation hatte sich erneut dem amerikanischen Karosserie-Stil angepaßt. Bauchige Kotflügel und senkrecht betonte Kühlergitterspielereien waren die markanten Modellmerkmale. Bei unverändertem Chassis war eine neue, quergefederte Vorderachse bei gleichzeitig verbreiterter Spur und größerem Radstand für mehr Fahrkomfort geplant. Damit wollte man wie beim Kapitän von 1939 die seit sechs Jahren als „Opel-Synchron-Federung" gepriesene Dubonnet-Kniefederung der Vorderachse endgültig verlassen. Gleichzeitig paßten die Ingenieure die einzelnen Bauteile des Opel-Programms unterein-

Größerer Motor, breitere Front: Eine 1,2-Liter-Maschine sollte den nötigen Abstand zum 1-Liter-Volkswagen schaffen.

ander weiter an, da zeitgleich mit dem Kadett Typ 4400 ein neuer „Olympia“ und „Super-Olympia“ in Produktion gehen sollten. Beide Modellreihen, in Karosseriedesign und Konstruktion identisch, sollten zur besseren Auslastung der Maschinenstraßen und zur Rationalisierung der Ersatzteilhaltung bei den Werkstätten beitragen.

Das neu konstruierte 3-Gang-Synchron-Getriebe war in einzelnen Schritten für jedes Opel-Modell vorgesehen. Es besaß bereits die Anschlüsse für eine Lenkrad-Schaltung, die jedoch laut Planung zunächst nur im Olympia-S-Modell 1940 zur Serienausstattung zählte. Lediglich Kapitän und Admiral sollten in einem kurzen Zeitabstand ebenfalls dadurch verbessert werden. Sofern der Markt und die Preiskalkulation es erlaubten, konnte auch der Opel-Kleinwagen davon profitieren.

Das komplette Getriebe ergab geringe Einbaumaße mit niedrigem Tunnel. Die alltagstauglichen Übersetzungen entsprachen fast dem alten Bautyp:

1.	3,55:1 (3,56)	Gang
2.	1,76:1 (1,73)	Gang
3.	1,00:1	Gang

Durch eine Erhöhung der Verdichtung von 6,75:1 (vorher 6:1) sollte eine Leistung von 28 PS (vorher 23 PS) erzielt werden. Dazu trug auch ein neu geformter Auspuff mit geringerem Kraftverlust bei. Das elektrische System, im wesentlichen unverändert, konnte auf Wunsch um eine Öldruckkontrollampe ergänzt werden, da der Kadett ein dem Kapitän ähnliches Einblickkombiinstrument für Tacho, Benzinuhr und Kilometerzähler erhalten sollte. Gleichzeitig besaß das Armaturenbrett erstmals vorbereitete Öffnungen für Heizer, Gebläse und sogar ein Radio.

Die Summe der geplanten Verbesserungen sollte auch dem kleinsten Opel-Nutzfahrzeug zugute kommen: Den bisher mit Opel-P4-Front gebauten 1,3-Liter-Geschäftswagen plante man ebenfalls nach Anlauf der 40er Modelle in einem Abstand von 4 bis 6 Monaten mit der vorderen Karosserie und der Technik des Opel Kadett zu liefern. Dafür konnten weiterhin die kurzen Vordertüren des alten 4-Türer-Modells verwendet werden. Der als Typ 4420 vorgesehene 0,5-t-Lieferwagen – praktisch ein Vorkriegs-Combo – kam jedoch über den Planungszustand auf dem Papier nie hinaus. Nur einem Zufall ist es zu verdanken, daß die geheimen Unterlagen der Entwicklungsabteilung dem Inferno des Krieges nicht zum Opfer fielen. Sie sind für uns heute automobilhistorisch interessante Dokumente einer dunklen Epoche.

Kotflügelform und Kühlergrill verraten amerikanischen Einfluß.

War im Gegensatz zum Vorgänger nur zweitürig geplant: Prototyp von 1940.

Die „Kriegs-Version“: Für den Fall, daß der „Blitzkrieg“ länger dauern würde, hatten die Ingenieure diese, etwas einfachere Version als Alternative geplant – Rohstoffe sparen, hieß die Devise. Stattdessen stoppten die Nazis das ganze Projekt: Zivil-PKWs wurden ab 1940 nicht mehr gebaut.

Die zweite Karriere des Kadett als Moskwitsch

Nur der Schriftzug verrät den Unterschied: Vorkriegs-Kadett als Moskwitsch 400.

Den ersten Kadett jedenfalls erkannten seine Freunde nicht mehr, als er nach dem Krieg als Moskwitsch auf dem Brüsseler Automobilsalon auftauchte.

Von Opel selbst gibt es kaum Unterlagen über dieses dunkle Kapitel Automobil-Vergangenheit. Fest steht, daß der Moskwitsch mit dem Kadett identisch war. Fest steht, daß einige von Rußland aus in den Westen zurückexportiert wurden, und fest steht, daß die russische Firma die Frechheit besaß, in der Werbung darauf hinzuweisen, daß für den Moskwitsch leicht über jeden Opel-Händler Ersatzteile zu bekommen sind.

Überliefert ist im Opel-Archiv der Bericht eines Mannes, der als Deutscher in russischer Kriegsgefangenschaft war. Er erlebte den Alltag im Moskwitsch-Werk aus nächster Nähe. Es gilt allerdings zu bedenken, daß die Sowjetunion vor vierzig Jahren von Glasnost und Gorbatschow so weit entfernt war, wie Opel in jenen Tagen vom Vectra 2000:

Vor einem Jahr noch fiel in Moskau der große Prozentsatz kleiner Opel-Fahrzeuge vom Typ „Kadett" auf, die dort in allen Straßen zu sehen waren. Verwunderlich war nicht die Tatsache, daß ausgerechnet Opel-Erzeugnisse in diesen Mengen anzutreffen waren, sondern daß alle diese Wagen fabrikneu zu sein schienen.

Wer Rußland als das Land der „unbegrenzten Unmöglichkeiten" kennengelernt hatte, konnte auch nicht überrascht sein, wenn er sich von Einheimischen darüber aufklären lassen mußte, daß er hier einen Wagen der SMA, Typ „Moskwitsch", vor sich hatte.

Hoffnungsvolle Moskauer sprachen sogar von dem „Volkswagen" der Sowjet-Union, und die Presse sparte nicht mit Berichten und Bildern, in denen man unter anderem auch einen Kolchosbauern mit Moskwitsch – böse Zungen sagten, Moskwitsch mit Kolchosbauern – sehen konnte.

Sohn Moskaus (russisch Moskwitsch), dein geistiger Erzeuger hat zwar weit, weit im Westen, sicher in einem der Rüsselsheimer Büros Opels gearbeitet, doch läßt sich auf der anderen Seite nicht leugnen, wenn man deine Radkappe und dein Kühlerschild ansieht, daß da tatsächlich „Moskwitsch" eingraviert ist und daß du anscheinend doch hier in der Metropole der UdSSR hergestellt worden bist.

Von der letzten Tatsache kann man sich leicht überzeugen, wenn man einmal in den Südwesten Moskaus fährt. Über hartes Kopfsteinpflaster rollt der Bus, am Fleischkombinat, dem zweitgrößten der Welt, und an Bretterzäunen und verfallenen Hütten vorbei. Auf der rechten Seite der Straße sieht man dann auf einmal einen mehrstöckigen Häuserblock aus Stein auftauchen und dahinter riesige Fabrikhallen. Hier ist das Ziel, und dann steht man vor einem hohen Torbogen, der diesen Häuserblock durchbricht. Ein schmiedeeisernes Tor bietet Durchblick auf eine typische Fabrikstraße, wie sie allen Anlagen dieser Art in der Welt eigen ist. Über dem Torbogen steht in goldenen Lettern: „Sawod Malolitraschnich Awtomobilei". „Fabrik für Kleinwagen" könnte man es übersetzen. Hier ist für den gewöhnlichen Sterblichen, der nicht mit dem Betrieb zu tun hat, die Welt mit Brettern vernagelt, denn ein gestrenger Portier würde nach den Wünschen fragen, und ein Besuch wäre immer verdächtig.

Und doch hatten in dieser Zeit täglich Hunderte von Ausländern Gelegenheit, sich in dem Werk umzusehen – das waren die Gefangenen, die ihre Norm an den Werkbänken oder anderen Arbeitsstellen abarbeiteten.

Wir müssen nun, um hereinzukommen, an dem Häuserblock zurückgehen und dort, wo er aufhört, ist ein Brettertor, das nicht so pompös aussieht, und wir gehen mit den Gefangenen hinein. Es steht auch hier die unvermeidliche „Budka" mit den Wächtern, die zählen und notieren. Gleich dahinter erscheint als riesiger Block die Hauptfabrikhalle, vielleicht 400 Quadratmeter im Ausmaß, mehrstöckig, graugrün abgeputzt. Hämmern und Dröhnen hört man aus den offenstehenden Türen, und durch die Fenster sieht man die blauweißen Flammen von den Schweißbrennern.

Vor der ganzen Front der Halle stehen die fertigen Wagen in Reih und Glied ausgerichtet, Opel Kadetts, Limousinen und Cabrio-Limousinen. Der Eingang in die Haupthalle ist an der waagerecht zur Straße gelegenen Front. Es ist eine Fabrikhalle mit Drehbänken, Pressen, Stanzen, Schleifmaschinen und allen anderen Anlagen, die man sich in einer solchen Fabrik denken kann.

Kleine Elektrokarren fahren umher und haben Ersatzteile oder Abfälle geladen. Der Rhythmus der Arbeit klingt einem im Ohr, solange das Auge noch nichts gesehen hat; doch dann, wenn man sieht, erkennt man immer wieder dasselbe: die Diskrepanz zwischen dem ersten Eindruck und den wirklichen Tatsachen.

Auffallend sind viele Plakate, die anzeigen, daß hier ein Stachonawarbeiter sein Soll mit 150 Prozent übererfüllte, dort einen Aufruf zum Vorwärtsschreiten bis zum Endsieg des Kommunismus unter dem Banner Lenins und Stalins, woanders wieder die Leistungskurven, und nicht zu vergessen, die großen Tafeln, an denen man die erfüllten und nicht erfüllten Normen der Brigaden ablesen kann. Ein Blick auf die Maschinen zeigt, daß sie weder deutschen noch amerikanischen Ursprungs sind. Frauen und Männer arbeiten hier im Sinne der Gleichberechtigung ohne Rücksicht auf die Art der Beschäftigung. Selbst am Sandstrahlgebläse arbeitet eine Frau, wenn auch nur sechs Stunden, so weiß doch jeder, der diese Tätigkeit ausgeübt hat, wie schädlich und anstrengend sie ist. An vielen Maschinen liegt der Abfall herum, und man sieht, daß er schon einige Tage dort liegt, denn die Eisenspäne haben sich mit dem Schmieröl zu einer Masse verbunden. Es besteht wohl die Pflicht, den Arbeitsplatz sauber zu verlassen, doch ist die Organisation der Arbeit nicht so, wie man sie aus westlichen Betrieben gewöhnt ist.

Die Pressen, die die riesigen Blechquadrate zu Kotflügeln, Tanks, Radkappen und anderen Teilen formen, werden an einigen Tagen so beansprucht, daß sich die Materialteile zu hohen Bergen anhäufen und man von einem Arbeitsplatz nicht zum anderen sehen kann. Es wird eben Norm gemacht. Abfälle werden dann in der Eile in irgendeine andere freie Ecke geschoben, und an einem anderen Tag haben die Arbeiter wieder damit zu tun, karrenweise den Schmutz zu entfernen. Man kann auch nicht weitermachen, denn keiner kann sich rühren, es ist alles verstopft. Es ist auch in einem solchen modernen russischen Betrieb so, daß immer irgend etwas den normalen Ablauf der Arbeit hindert, so daß die Leitung oder der Meister die Gabe der Improvisation in verstärktem Maße besitzen muß.

Am saubersten erschien die Härterei und Chromerei zu sein. In der ersten erhitzen große elektrische Öfen die Materialien, und in Ölbehältern werden sie dann gekühlt.

Es arbeiten nicht alle Maschinen täglich in der großen Halle. Viele Drehbänke standen tagelang still. Obwohl ein kompletter Opel-Betrieb hier aufgebaut war, lief das Band noch nicht lückenlos. Betriebswirtschaftlich darf man sich da keine Gedanken machen, denn sonst würden einem die Augen übergehen. Doch hier muß man russisch denken: nitschewo, es wird schon, Väterchen Staat zahlt. Die große Halle war in Kriegszeiten eine Panzerreparaturwerkstätte gewesen, und man hatte jetzt dort die riesigen deutschen Pressen aufgestellt. Auch hier nur einmal ein näherer Blick auf so eine Maschine. Die Druckknöpfe, die beim Niederdrücken das große Schwungrad in Bewegung setzen, sind in ihrer Kapsel lose; wie lange sind sie es nur schon? Noch funktionieren sie ja, und wenn es durchaus nicht mehr geht, dann meldet man es eben. Ebenso bei einer Reparatur des Sandstrahlgebläses. Ein Arbeiter müht sich, drei Schrauben von einem mit Dichtung versehenen Verschlußdeckel zu entfernen; da die passenden Schlüssel fehlen, tun es Hammer und Meißel auch. Die eine Schraube bricht ab, und da man beim Einsetzen keine passende mehr findet, kommt eben eine andere mit Gewalt hinein, wenn auch das Schraubengewinde dieses wertvollen Apparates zum Teufel geht; bis zur nächsten Reparatur sitzt die Dichtung schon. So darf man nirgends zu nahe hinschauen, sondern lieber auf den Normtafeln die Überprozente ablesen. Da hat man allerdings den Eindruck, daß die Produktion im vollsten und besten am Laufen ist. Auch in der großen Halle, in der die Automaten stehen – alle deutscher Herkunft – sieht es nicht anders aus.

Im offenen Rechteck um die Haupthalle herum, durch Schiebetüren abgetrennt, ist das eigentliche Fließband, wo die Wagen zusammengesetzt werden. Niethammer und Punktschweißer verbinden die Einzelteile zur Karosse. Der Motor wird eingebaut, und schließlich landet der Wagen in der Endstation, der Spritzerei. In dieser großen Halle findet also in der Hauptsache der Produktionsprozeß statt. Doch werden in der Tiefe des Geländes noch weitere Hallen gebaut. Auch stehen auf dem Werkplatz noch andere Gebäude, in denen sich die Schmiede, Gießerei und ähnliche Fertigungszweige befinden. Links neben dem Haupttor ist die Schreinerei und Modellwerkstatt. Hier werden die Holzkarossen der kleinen Lieferwagen hergestellt. Interessant sind in dieser Werkstatt einige Photographien, die an den Wänden hängen, auf denen einzelne Fertigungsstücke, wie Kotflügel, Chassis, Motorhaube usw. in den Entstehungsphasen abgebildet sind. Der Text spricht für sich. Da heißt es ungefähr: Der Ingenieur (russischer Name) hat in der kameradschaftlichen Zusammenarbeit mit der Brigade (russischer Name) die auf dem Bild gezeigten Teile in mühevoller Arbeit konstruiert und für die Produktion entwickelt. So kann die SU nun auch zu ihren großen Erfindern, denn diese haben doch nach sowjetischer Darstellung die Glühbirne, die Dampfmaschine und alles andere, was überhaupt erfunden wurde, erfunden, auch die Konstrukteure des Opel Kadett zu den ihren zählen.

Die fertigen Wagen sieht man nun wieder auf der langen Fabrikstraße auf den Käufer warten. Vorläufig werden es wohl nicht die Kolchosenbauern sein, sondern Parteifunktionäre. Immer wieder ist man frappiert, wenn man die kleinen Wagen sieht, der dem Opel so ähnelt, wie es ähnlicher gar nicht mehr geht. Nur muß man die glücklichen Besitzer bedauern, denn schon oft, eigentlich sehr oft, mußten die Zylinder solcher Wagen schon nach 5000 – 7000 km ausgeschliffen werden.

Doch auch hier wird wieder ein Russe „nitschewo" denken, denn die Propaganda und die Statistiken wissen ihm klarzumachen, daß die SU nur das Beste produziert, dank ihrer neuen und höheren Arbeitsmoral, die dem westlichen Menschen fremd ist. Doch daß all diese Organisationsfehler von dem Arbeiter selbst bezahlt werden müssen mit seinem niedrigen Lebensstandard, wird nicht gesagt. Wenn nicht vielleicht sogar durch eine Statistik bewiesen wird, daß der russische Arbeiter den höchsten Lebensstandard in der Welt habe. Auf alle Fälle ist der böse Westen mit seiner Friedenssabotage, der Zusammenballung des Kapitals und der Knechtung der Arbeiter an allem schuld.

Doch darf man nicht in den Fehler verfallen und in westlicher Denkweise den Schluß ziehen, daß eine solche Wirtschaft durch ihre hohen Selbstkosten einem Bankrott entgegengeht. Der Managerstaat Rußland hat durch die uns unverständliche Art der Beherrschung seiner Arbeitskräfte, deren Dasein er in jeder Form bestimmt und ausrichtet, einen so elastischen Faktor auf der Sollseite seiner Gewinn- und Verlustrechnung in der Hand, daß es ein Arbeiten mit Verlust in seinem Sinne praktisch nicht geben kann."

Vorkriegs-Kadett im Exil: Niederländische Moskwitsch-Werbung.

Zweiter Anlauf: Nur mit wenigen Modifikationen versehen, baute Opel den Vorkriegs-Olympia ab 1947 weiter.

Die fünfziger Jahre – Opel ohne Kompaktwagen

Historischer Moment: Der erste Nachkriegs-Opel läuft vom Band.

Vor dem Zweiten Weltkrieg hatte Opel sich mit Modellen wie Laubfrosch, P 4 und vor allem Kadett und Olympia um die Volksmotorisierung verdient gemacht. In den Fünfziger Jahren dagegen laufen in Rüsselsheim nur Mittel- und Oberklassefahrzeuge vom Band, die Volksmotorisierung besorgt das Volkswagenwerk in Wolfsburg. Die Gründe dafür liegen in der Zeit unmittelbar nach Kriegsende:

Brot für Deutschland – Hoffnung für Opel: Der Marshall-Plan

Schon 1945 treten zwischen den einstigen Verbündeten USA und Sowjetunion Spannungen auf. Die Unterschiede der Gesellschaftssysteme treten jetzt, nachdem der gemeinsame Feind besiegt ist, deutlich zu Tage. Ein „Eiserner Vorhang" trennt bald das von den vier Siegermächten besetzte Europa. Dem starken Einfluß der UdSSR auf die „Ost-Zone" wollen die USA eine Einflußnahme ihrerseits auf die Westzonen entgegensetzen: Eine wirtschaftliche Anbindung an die USA soll die zusammengelegten West-Zonen zum „Bollwerk gegen den Kommunismus" machen. Schon 1946 haben viele Amerikaner die Überzeugung gewonnen, ein wirtschaftlich starkes Deutschland sei langfristig für sie von größerem Wert als der „Bauernstaat", den der Morgenthau-Plan hervorgebracht hätte. Deshalb weigern sie sich auch, der von den Sowjets geforderten Demontage des Rüsselsheimer Opel-Werkes zuzustimmen. Ein wirtschaftlich starker Staat aber braucht eine Industrie: Mit dieser Erkenntnis und der Konsequenz, dem Marshall-Plan, ist die politische Voraussetzung dafür geschaffen, daß es weitergehen kann: mit Deutschland und mit der Adam Opel AG.

Zwar läuft, nachdem im Werk der gröbste Schutt beseitigt – und Blechformteile in mühsamer Handarbeit hergestellt sind – der unverändert aus der Vorkriegszeit übernommene Blitz-Lieferwagen seit dem 15. Juli 1946 wieder vom Band. Mit der Herstellung von Lastwagen wollen es die Rüsselsheimer auf Dauer aber nicht bewenden lassen. Das Ziel ist klar definiert: Personenwagen sollen bei Opel wieder vom Band laufen. Noch wagt niemand, an eine Neukonstruktion zu denken, aber es bestünde ja, ebenso wie beim Blitz, die Möglichkeit, ein Modell aus der bewährten Vorkriegsproduktion wieder auf Band zu legen. Große Auswahl haben die Opel-Chefs dabei allerdings nicht: Die Produktionsanlagen des Kadett sind demontiert, der Herstellung von Admiral oder Kapitän steht das amerikanische Besatzungsstatut entgegen, das deutschen Herstellern eine Produktion von Fahrzeugen über 1,5 Litern verbietet. Bleibt also nur noch der Olympia.

Opel baut wieder Personenwagen

Mit dem Olympia hatte Opel in der Vorkriegszeit immerhin eine der modernsten Automobilkonstruktionen in der Produktpalette. Seine Vorstellung 1935 war eine Sensation: Der Olympia debütierte als erstes Großserienfahrzeug mit selbsttragender Karosserie. Trotz anfänglicher Skepsis gegenüber

Äußerlich kaum verändert: Nachkriegs-Kapitän von 1948.

Mit Opel-typischer Haifischschnauze: Kapitän von 1954.

dieser neuartigen Bauweise geriet der kompakte Viersitzer während seiner vierjährigen Bauzeit zum bis dahin erfolgreichsten Opel: Über 86 000 Fahrzeuge hatten das Rüsselsheimer Werk bis 1940 verlassen.

Doch auch an einem so fortschrittlichen Auto wie dem Olympia gehen die Zeichen der Zeit nicht spurlos vorüber. Die Entwicklungsabteilung unter Dr.-Ing. e. H. Karl Stief spendiert der angejahrten Vorkriegskonstruktion deshalb eine Doppel-Querlenker-Vorderachse und eine verbesserte Lenkung. Weil es im ausgebombten Werk nicht genug Büros gibt, entstehen die Planzeichnungen für den Olympia in den Wohnstuben der Entwicklungsingenieure. Leicht modifiziert begründet der Olympia schließlich ab Dezember 1947 die deutsche Mittelklasse. Die ersten Exemplare müssen kaufkräftige Interessenten noch mit Reichsmark bezahlen.

Nur wenige Deutsche sind aber Mitte 1948 überhaupt in der Lage, sich Gedanken über den Kauf eines Autos zu machen. Sicher, die Währungsreform vom 20. Juni hat die größten Notstände beseitigt: Immerhin gibt es jetzt in den Geschäften wieder ein Warenangebot, das vorher dem Schwarzmarkt vorbehalten war. Und auch der Marshallplan bringt die deutsche Wirtschaft mit insgesamt 1,8 Milliarden Dollar Hilfe kräftig in Schwung. Aber vom Wohlstand sind die deutschen Arbeiter und Angestellten zu dieser Zeit noch weit entfernt. Bei ihnen reicht es zumeist höchstens für ein Fahrrad.

Denen, die bereits wieder „obenauf" sind, bleibt allerdings auch nicht viel Auswahl. Aus deutscher Produktion gibt es Mitte 1948 ganze drei verschiedene Fahrzeugtypen zu kaufen, ausnahmslos Vorkriegskonstruktionen: Der VW 1200 – mit 25 PS und Seilzugbremse – steht mit DM 5300 zu Buche. Der Opel Olympia, mit 37 PS aus 1500 cm^3 schon deutlich stärker, kostet DM 6785 und Mercedes markiert schon 1948 mit dem 170 V die preisliche Oberklasse: DM 8180 kostet nach der Währungsreform das Vergnügen, den Stern zu fahren, wohlgemerkt: Mit 38 PS und einer Höchstgeschwindigkeit von 110 km/h! Ende 1948 laufen auch bei Ford in Köln die Bänder wieder. Der Taunus zielt mit DM 6965 genau auf den Olympia, hat aber nur 34 PS und 1200 cm^3.

Dank der Aufhebung des amerikanischen Besatzungsstatuts kann in Rüsselsheim auch die Wiederaufnahme der Kapitän-Produktion erwogen werden. Das kaum veränderte Vorkriegs-Modell läuft ab Oktober 1948 vom Band. Die Sechszylinder-Maschine aus dem Blitz-Lastwagen leistet 55 PS aus 2400 cm^3. Mit ihr soll die fast DM 10 000 teure 4-türige Limousine Mercedes Konkurrenz machen.

Das erste vollständige Jahr der PKW-Nachkriegsfertigung verläuft für Opel ausgesprochen positiv. 5762 Olympias und immerhin schon 266 Kapitäne verlassen das Werk. Plötzlich hat auch General Motors, offiziell immer noch Besitzer der Adam Opel AG, wieder Interesse an der deutschen Tochter. Die Amerikaner hatten in der politisch und wirtschaftlich wirren Nachkriegszeit, und noch unter dem Schock der Hitlerschen Zwangsenteignung, wenig Lust gezeigt, in Rüsselsheim erneut die Regie zu übernehmen. Das ändert sich 1948: Durch Währungsreform, zunehmende gesellschaftliche und wirtschaftliche Stabilisierung, sowie ersten Anzeichen für den beginnenden Aufschwung, ist Deutschland als Industrie-Standort und Konsumgütermarkt wieder interessant. GM-Präsident Wilson und Alfred P. Sloan jr., der Sohn des ehemaligen GM-Präsidenten, der 1929 die Amerikaner an den Main gebracht hatte, überzeugen in wochenlangen, harten Verhandlungen den GM-Finanzausschuß, einem finanziellen Engagement bei der deutschen Tochter zuzustimmen. Am 1. November 1948 ist es soweit: Die Adam Opel AG ist wieder offizielles Tochterunternehmen der General Motors.

Inbegriff des Reisewagens: Typische Kapitän-Werbung.

Konkurrenzlos in der Mittelklasse – Erfolgreich in der Oberklasse

Sind die 1948er Verkaufszahlen noch als „bescheidene Anfangserfolge" zu bezeichnen, geht es unter GM-Federführung ab 1949 rapide aufwärts: Der Olympia verkauft sich glänzend. Zwar krabbelt der Wolfsburger Käfer mit seinen Verkaufszahlen allen anderen davon, aber in der Mittelklasse ist Opel nicht zu schlagen: 1949 produziert das Werk schon über 20 000 Olympias, das ist bereits mehr als die Jahrespro-

Eine Karosserie — aber zwei Typen: links der Rekord P 1, rechts der Käfer-Konkurrent und Kadett-Vorgänger Opel 1200.

duktion der Vorkriegszeit! In den nachfolgenden Jahren pendelt sich die Produktion bei 40 000 ein. Zusammen mit dem Kapitän kommt Opel schon 1950 auf eine Jahresproduktion von 65 000 Fahrzeugen, und ist damit hinter dem Volkswagenwerk größter deutscher PKW-Hersteller.

Die Erfolge machen Appetit auf mehr: 1950 modifizieren die Rüsselsheimer die Vorkriegskonstruktion des Olympia noch einmal kräftig, 1951 bekommt er sogar einen von außen zugänglichen Kofferraum verpaßt. Doch die Modifikationen sind nur die Vorboten eines Modells, das im Rüsselsheimer Entwicklungszentrum langsam Formen annimmt. Hinter den Kulissen entsteht nämlich Opels erste komplette Neukonstruktion nach dem Krieg. Wie Borgward schon 1949 beim Hansa 1500 — der ersten deutschen Nachkriegskonstruktion — und Ford 1952 beim 12 M entscheidet sich auch die Opel-Designabteilung für die moderne Pontonform. Im März 1953 ist es endlich soweit: Die Serienfertigung des ersten komplett neuen Opels nach dem Krieg läuft an.

Mit ihm ging's bergab: glückloser Kapitän P von 1958.

Der „Olympia Rekord", mit seinem charakteristischen Haifischmaul, ist stilistisch und technisch auf der Höhe der Zeit. Die 40 PS aus dem modifizierten Kurzhuber des Vorkriegs-Olympia treiben ihn immerhin auf 120 km/h, seine Zuverlässigkeit ist schon bald sprichwörtlich. Das honoriert auch die Kundschaft: Der Olympia Rekord übertrifft die optimistischsten Erwartungen. Im ersten Jahr werden bereits fast 80 000 Exemplare produziert, im zweiten Jahr bereits über 100 000.

Ein Jahr nach Präsentation des Olympia setzt Opel noch einen drauf: Ein neuer Kapitän erscheint, mit Haifischmaul und Pontonkarosserie ganz im Stil des Olympia. Das Vorgängermodell, fast unverändert aus der Vorkriegsproduktion übernommen, hat es bis 1953 immerhin auf beachtliche 80 000 Exemplare gebracht. So greift auch der Neue konstruktiv auf Bekanntes zurück: Er hat immer noch die bewährte 2500-cm³-Langhuber-Maschine des Vorkriegs-Kapitäns mit mittlerweile 68 PS. Und das Rezept stimmt: 1954 verkauft der Kapitän sich bereits 44 000 mal. Damit ist die fast DM 10 000 teure Limousine in der Zulassungs-Statistik hinter Käfer und Olympia auf dem dritten Platz! Der direkte Vergleich zur Konkurrenz sagt alles über Opels Stellung in der Oberklasse: Mercedes produziert vom 220 im selben Jahr ganze 4600 Stück, der BMW-Barockengel bringt es gerade mal auf 3400 Exemplare.

Die Aufwärtsstimmung, die bei Opel und in Deutschland allenthalben herrscht, nimmt auch die Detroiter Konzern-

Zentrale zur Kenntnis: 1954 verabschiedet General Motors ein Investitionsprogramm in Höhe von 360 Millionen Mark, das Opel langfristig seine führende Rolle in Deutschland erhalten soll. Das Rüsselsheimer Werk expandiert, neue Fertigungsanlagen werden aus dem Boden gestampft, um die ständig steigende Nachfrage zu befriedigen.

1955 spendiert die Designabteilung dem Olympia Rekord eine größere Heckscheibe und einen neuen Kühlergrill, der allerdings 1956 und 1957 erneut geändert wird. Die Motorleistung steigt auf 45 PS, und auch die Produktionszahlen steigen unaufhaltsam: Über 140 000 Exemplare schrauben die Rüsselsheimer Fließbandarbeiter 1956 zusammen. Damit macht der Olympia seinem Beinamen „Rekord“ alle Ehre: Das Konkurrenz-Modell, der Ford 12M/15M bringt es schließlich „nur“ auf knapp 65 000, Borgwards Isabella auf 21 000 Exemplare. Im August 1957 dankt Opels erste Nachkriegskonstruktion ab. In fünf Jahren hat es der Olympia Rekord auf die überwältigende Stückzahl von 560 000 Fahrzeugen gebracht und damit die Mittelklasse konkurrenzlos beherrscht.

Auch der Kapitän muß 1955 Änderungen über sich ergehen lassen. Die stilistischen Modifikationen von Kühlergrill und Karosserie lassen ihn gestreckter erscheinen und gleichen ihn optisch dem Olympia an. 75 PS leistet der bewährte Sechszylinder, ab Mai 1957 ist er sogar mit Halbautomatik lieferbar. Die Nachfrage nach dem komfortablen Reisewagen bleibt ungebrochen: Der Kapitän ist der meistgekaufte seiner Klasse.

Der Rekord P: Mittelklasse im Traumwagenstil

1957 ist die Zeit reif für den Nachfolger des so erfolgreichen Olympia-Rekords. Der werksintern „Rekord P“ genannte Neuling ist größer als sein Vorgänger. Deutlich erkennbar sind die Einflüsse der amerikanischen Muttergesellschaft: Die kniescheiben-mordenden Panorama-Fenster und die angedeuteten Heckflossen folgen dem aus den USA importierten modischen Trend. Das „Traumwagendesign“ begeistert nicht nur das Publikum der Frankfurter Automobil-Ausstellung. Der P 1 avanciert sofort zum Bestseller und setzt die Erfolgsserie seiner Vorgänger fort.

Größte Baustelle Europas: Opel-Werk in Bochum 1961.

Als Antrieb werkelt immer noch die alte 1500-cm³-Konstruktion von 1936 unter der Motorhaube. DM 5785 will der Opel-Händler für die zweitürige Grundversion haben. 1958 liefert Opel schon über 260 000 Exemplare aus. Und ab 1959 können Opel-Kunden einen viertürigen Rekord bestellen. Außerdem können sie, auch das ist bei Opel Premiere, bei einem Modell zwischen mehreren Motor-Versionen wählen. Neben dem mittlerweile 50 PS leistenden 1,5-Liter-Motor offerieren die Rüsselsheimer noch einen ebenfalls auf der Vorkriegs-Konstruktion basierenden 1700-cm³-Motor mit 55 PS. Damit ist der Rekord immerhin 132 km/h schnell.

Auf einen neuen Rekord folgt immer ein neuer Kapitän: Folgerichtig erscheint 1958 auch Opels Größter in einer neuen Auflage, und: der Tradition entsprechend mit großer Ähnlichkeit zum Rekord. Doch der Kapitän P gerät beinahe zum Flop: Einstieg und Sichtverhältnisse werden heftig kritisiert. Die Reaktion der Opel-Verantwortlichen: Schon 1959 löst der Kapitän P-LV den glücklosen Kapitän P ab, mit größerer Karosserie und endlich auch angemessener Motorisierung. 90 PS aus 2600 cm³ Hubraum reichen für 150 km/h und lassen den Kapitän wieder zum Verkaufserfolg werden. 1960 rollen bereits wieder über 47 000 Exemplare vom Band.

Der hektischen Folge von Modellwechseln in jenen Jahren fällt aber auch der Rekord P nach nur drei Jahren zum Opfer: 1960 erscheint sein Nachfolger, der Rekord P II.

Der Opel 1200: Warten auf den Kadett

Mit dem Verlauf der fünfziger Jahre können die Rüsselsheimer zufrieden sein. Der Rekord beherrscht die Mittelklasse, und der Kapitän erringt in der Oberklasse ebenfalls mehr als nur Achtungserfolge. „Opel – der Zuverlässige“ ist zum Schlagwort geworden, allerdings bescheren die technisch arg konservativen Konstruktionen der Marke Opel auch jenes „Hosenträger-Image“, das den Autos mit dem Blitz noch in den achtziger Jahren zu schaffen macht. Und: Gegen das meistverkaufte Auto der fünfziger Jahre, den VW Käfer, hat die Adam Opel AG kein Fahrzeug im Programm. 1959 ist der Käfer schon für DM 3790 zu bekommen, der Rekord P II soll nach seiner Einführung 1960 dagegen über DM 6000 kosten. Die Kapazitäten in Rüsselsheim sind jedoch voll ausgelastet: Der Verkaufserfolg von Rekord und Kapitän läßt eine Produktionsausweitung durch eine dritte Modellreihe nicht zu.

Andererseits verspricht der Automobilmarkt noch unvorstellbares Wachstum: Der Kleinwagen- und Zweiradboom ist abgeebbt, und die prosperierenden Fahrer der oft skurrilen Kleinstfahrzeuge drängen zu vollwertigen, viersitzigen Autos der Einliter-Klasse. Dieser Trend ist auch anderen Herstellern nicht verborgen geblieben: BMW bringt den 700, Lloyd die Arabella und DKW den Junior, mit Motorleistungen zwischen 30 und 40 PS alles direkte Käfer-Konkurrenten. Vor dieser Entwicklung kann sich die zweitgrößte Automobilfabrik Deutschlands nicht verschließen: Opel Generaldirektor Edward W. Zdunek beschließt deshalb 1959 den Bau eines völlig neuen Werkes zum Bau eines völlig neuen Autos. Die Weichen für den Kadett sind gestellt.

Bis der neue Opel vom Band laufen kann, wollen die Rüsselsheimer die wartende Kundschaft mit einem besonders preisgünstigen Einsteiger-Modell vertrösten. Als 1960 der Rekord P II erscheint, läuft in Rüsselsheim der erfolgreiche P I in einfacher Ausstattung und unter anderem Namen weiter vom Band: als Opel 1200. Die Ingenieure haben sich wieder des Vorkriegs-Motors aus dem Olympia bedient, die Bohrung verringert und so ein 1200-cm^3-Aggregat mit 40 PS geschaffen. Damit vermag die etwas schwachbrüstige Limousine die zeitgenössischen Tester zwar kaum zu begeistern, aber immerhin: wirtschaftlich ist der „Kompromiß-Opel". DM 5835 kostet der 1200 im Gegensatz zu DM 6545, die für den Rekord 1500 fällig sind. Der Käfer unterbietet den Preis des kleinsten Opels zwar immer noch deutlich, selbst das Export-Modell kostet nur DM 4600, aber der Ford Taunus 12 M

Diese Entscheidung hat für die Adam Opel AG weitreichende Konsequenzen. Für das neue Auto muß eigens ein neues Werk gebaut werden. Gründe dafür gibt es mehrere: Zum einen sind im Rüsselsheimer Stammwerk keine Kapazitäten mehr frei. Die Verkaufserfolge von Rekord und Kapitän lassen die Fertigungsstraßen auf Hochtouren laufen. Zum anderen aber, und das ist der entscheidende Grund, herrscht 1959 im Rhein-Main-Gebiet bereits ein solcher Mangel an Fachkräften, daß ein neues Automobilwerk personell gar nicht besetzt werden kann. So macht sich eine Studienkommission der Opel-Werke auf die Suche nach einem Standort, der nicht nur baulich geeignet ist, sondern auch ein ausreichendes Reservoir an Arbeitskräften bietet.

Als die Belegschaft noch Fremdfabrikate fuhr: Opel-Firmenparkplatz in Bochum kurz nach der Eröffnung des Werks.

kann's mit DM 5555 auch nicht viel billiger. Auto Union 1000 und Hansa 1100 sind sogar teurer. So überbrückt der 1200 die Zeit bis zum Erscheinen des Kadett. Immerhin 67 952 Wagen produziert die AG bis 1962.

Mit dem Erscheinen des Kadett 1962 schließt Opel die fünfziger Jahre endgültig ab. Nachdem bisher, weniger dem eigenen Willen als dem Schicksal gehorchend, ausschließlich Mittel- und Oberklasse-Fahrzeuge aus Rüsselsheim kamen, schickt sich die Adam Opel AG ab 1962 an, auch die Kleinwagenklasse zu erobern.

Neues Auto – neues Werk

1959 trifft Opel-Generaldirektor Zdunek die Entscheidung, daß dem Wolfsburger Käfer endlich Paroli geboten werden soll. Die Opel-Leute wollen den stark expandierenden Kompaktklasse-Markt nicht länger kampflos dem VW-Konzern überlassen. Eine dritte Modellreihe soll die Marke Opel auch in unteren Preisregionen etablieren. „Kadett" soll das neue Modell heißen und damit die Nachfolge des vor dem Krieg in über 100 000 Exemplaren gebauten „volkstümlichen" Opels antreten.

Zur selben Zeit, in der Opel den Standort für ein neues Werk sucht, sind im Ruhrgebiet die Anfänge einer Entwicklung erkennbar, die Mitte der achtziger Jahre ihren vorläufigen Höhepunkt gefunden hat: Die Struktur-Krise im deutschen Steinkohlen-Bergbau ist in Ansätzen bereits 1957 zu beobachten. In Bochum schließen die ersten Zechen – die im Wirtschaftswundertaumel liegende Öffentlichkeit nimmt kaum Notiz davon. Unter den Folgen aber leiden Arbeiter, Familien, Kommunen und die gesamte Region, allein in Bochum haben bis 1959 13 700 Bergleute ihren Arbeitsplatz verloren.

Zum Glück denken aber schon 1957 vorausschauende Politiker daran, das Schicksal des Reviers nicht allein den oft beschworenen Selbstheilungskräften der Sozialen Marktwirtschaft zu überlassen. Bochum soll nicht auf ewige Zeiten von Stahl und Kohle abhängig sein. Die Stadt wirbt um die Ansiedelung branchenfremder Großbetriebe mit zukunftsträchtiger Technologie. Als Wachstumsbranche erscheint Ende der fünfziger Jahre vor allem die Automobilindustrie – gilt sie doch als Motor des Wirtschaftswunders. Ausgerechnet an diesem Wirtschaftszweig aber hat die größte Industrieregion der Bundesrepublik keinen Anteil, von der DKW-Produktion in Düsseldorf einmal abgesehen. Die Fleischtöpfe der Automobilindustrie auch ins kriselnde Ruhrgebiet zu holen: Das ist erklärtes Ziel der nordrhein-westfälischen Landesregierung.

Aus diesen Umständen heraus erscheint es fast zwangsläufig, daß die Studienkommission der Opel-Werke sehr schnell, schon am 18. März 1960, mit Vertretern des Landes Nordrhein-Westfalen und der Stadt Bochum an einen Tisch kommt. Schließlich hat der eine, was der andere braucht: Das Revier die Arbeitskräfte, die Adam Opel AG die Arbeit! Bleibt also nur noch ein geeigneter Standort zu suchen.

Als Idealfall schwebt der Studienkommission ein zusammenhängendes Gelände von etwa 150 ha vor. Damit kann Bochum, wahrlich nicht auf der grünen Wiese gelegen, allerdings nicht dienen. Die Stadtväter schlagen zwei ehemalige, nur 4,5 km auseinanderliegende Zechengrundstücke vor. Mit 710 000 m^2 und 680 000 m^2 erscheinen sie der Rüsselsheimer Delegation als tragbarer Kompromiß, wenn auch Beeinträchtigungen im Materialablauf wie in der innerbetrieblichen Kommunikation in Kauf zu nehmen sind.

Bevor die Ehe Opel-Bochum aber besiegelt werden kann, sind noch einige Schwierigkeiten aus dem Weg zu räumen. Schließlich ist nicht jeder glücklich über die neue Verbindung. Die Bergbau-Lobby wehrt sich zunächst gegen das Eindringen eines artfremden Großbetriebes in ihr angestammtes Territorium. Sie befürchtet, außer dem möglichen Verlust an Einfluß und Bedeutung, daß bei eventuell auftretenden Bergschäden im neuen Opel-Werk unabsehbare Schadenersatzforderungen auf sie zukommen. Umfangreiche Sachverständigen-Gutachten, aufwendige Sicherungsmaßnahmen sowie eine vernünftige Regelung der Risikoübernahme bei dennoch möglichen Bergschäden ebnen allerdings die Wege. Am 20. 05. 1960 gibt die Stadt Bochum auf einer Pressekonferenz die Unterzeichnung des Vertrages mit der Adam Opel AG bekannt. Im Oktober 1960 ist es dann soweit: Nach dem Abbruch der alten Zechenanlagen können die Erdarbeiten für das Bochumer Opel-Werk beginnen.

High-Tech im Ersatzteillager anno 1966: Wie von Geisterhand gesteuert transportieren ferngelenkte Elektrokarren Teile von allen Opel-Fahrzeugen von den Regalen zur Verladestation.

Werksaufbau im Eiltempo

Die Verkaufsabteilung drängt zu größter Eile. Nachdem bekannt ist, daß auch Ford künftig mit dem 12 M in die Käfer-Klasse einsteigen will,würden die Opel-Händler den neuen Kadett lieber heute als morgen in ihren Hallen stehen sehen. Und tatsächlich: Die Errichtung des neuen Werkes bricht alle Rekorde. Rund um die Uhr arbeiten auf der größten Baustelle Europas 5600 Arbeiter. Schon im August 1961, ganze 10 Monate nach dem ersten Spatenstich, verlassen die ersten Kühler für den Rekord die Hallen des Werks Bochum-Laer. Am 12. 04. 1962 ist in beiden Werken, in Laer und Langendreer, Richtfest. In Bochum-Laer entsteht das Preßwerk, die Sattlerei, die Endmontage und die Verladeeinrichtung. Im Werk II in Langendreer sollen Motoren, Getriebe, Achsen, Gelenkwellen, Lenkungs- sowie weitere Fahrwerksteile hergestellt werden.

Doch auch außerhalb der Werksanlagen ist noch viel zu tun: Straßen müssen die nötige Verkehrsanbindung herstellen. Die Südostumgehung Bochums sichert die Verbindung des Werks mit dem Ruhrschnellweg. Noch umfangreicher gestaltet sich die Schienenanbindung. Zwischen beiden Werken baut Opel extra eine Bahnstrecke mit einer Brücke über die Hauptlinie Dortmund-Köln. Die überregionalen Anschlüsse sind über den Bahnhof Langendreer hergestellt.

Tausend Rädchen im Getriebe

Das Errichten eines Automobilwerkes besteht allerdings nicht nur im Gießen von Betonwänden, dem Errichten von Straßen- und Zugverbindungen oder dem Aufstellen von Werkzeugpressen. Die größten Probleme ergeben sich aus der Koordination und der Integration der fast unübersehbar vielen Arbeitsabläufe, die eine Automobilproduktion begleiten. Schließlich steht in Bochum keine eingespielte Mannschaft zur Verfügung. Um in dem aus dem Boden gestampften Werk dennoch von Anfang an Qualitätsarbeit zu leisten, bieten sich der Adam Opel AG drei Wege an:

- die Versetzung qualifizierter Fachkräfte aus Rüsselsheim nach Bochum
- die vorbereitende Schulung einheimischer Fachkräfte für Betrieb und Verwaltung im Stammwerk
- das Anlernen an Ort und Stelle.

Von der ersten Möglichkeit wird nur wenig Gebrauch gemacht. Die vorbereitende Schulung genießen nicht nur die Führungskräfte. 370 Meister und 2000 Mitarbeiter in ausführenden Funktionen drücken ab 1961 in Rüsselsheim die Schulbank für ihren späteren Einsatz in Bochum. Die so Vorbereiteten können dann den größten Teil der Belegschaft vor Ort ausbilden.

Am 10. 10. 1962 schließlich, nur zwei Jahre nach dem ersten Spatenstich, ist feierliche Eröffnung. 9300 Arbeiter und Angestellte hat Opel zu diesem Zeitpunkt schon eingestellt. Die Investitionen für Bauten und Maschinen, maschinelle Ausstattung und Einrichtung beider Werke haben die gigantische Summe von 1,3 Milliarden Mark verschlungen. Der neue Produktionsstandort ist auf eine Kapazität von 14 000 Beschäftigten bei einer Tagesproduktion von 1000 Fahrzeugen ausgelegt.

Entwicklung im Eiltempo

Kein Atemholen gibt es für das Bochumer Werk nach der Eröffnung. Das rasante Tempo der Werkserstellung hält an: Der Kadett gerät zum Riesen-Verkaufserfolg. Bereits nach zwei Monaten ist Kadett Nr. 10 000 produziert. Und schon im Sommer 1963 ist die Kapazitätsgrenze erreicht. Sichtbares Zeichen: der 100 000ste Kadett läuft vom Band, drei Monate vor dem ursprünglich anvisierten Termin.

Konsequenz dieser Entwicklung ist, daß die Opel-Manager schon 1964 eine Erweiterung der Arbeitsfläche von 500 000 m² auf 700 000 m² in Angriff nehmen. 1966 entsteht das Ersatzteilzentrum mit einer Kapazität von 70 000 m². Im selben Jahr, am 11. Oktober, haben die Opel-Mitarbeiter Grund zum Feiern: Eine Million Fahrzeuge haben seit Produktionsbeginn die Bochumer Hallen verlassen. 1680 Fahrzeuge werden 1967 Tag für Tag in der Verladeeinrichtung in Bochum-Laer auf Waggons der Bundesbahn gefahren. Sind es in den ersten Jahren ausschließlich Kadetts, die als fertige Autos die Hallen verlassen, gesellt sich ab 1968 ein zweites Modell hinzu: Auch der Opel GT wird von nun an in Bochum produziert – später auch Manta und Ascona. 1969 überschreitet die Beschäftigtenzahl die 18 000er Grenze, über 2000 Fahrzeuge rollen täglich vom Band. Damit ist Opel nicht nur größter Arbeitgeber, sondern auch vom Umsatz her der größte Industriebetrieb der Stadt: Der Umstrukturierungsprozeß ist erfolgreich verlaufen. Von der sich ständig verschärfenden Strukturkrise an der Ruhr bleiben die Bochumer weitestgehend verschont, dank Opel.

Von Bochum in die Welt: Opel Kadett Caravan 1000 – zeitgemäß mit Weißwandreifen – in ländlicher Idylle.

Das Werk Bochum – Aushängeschild für Europas Autoindustrie

1962, bei seiner Eröffnung, gilt das Opel-Werk in Bochum als eines der modernsten Automobilwerke der Welt. Das war für die Opelianer aber kein Grund, sich auf ihren Lorbeeren auszuruhen. Mehr als vier Milliarden Mark investierte der Konzern seit 1962 in die Produktionsstätte an der Ruhr. Mit neuen Technologien haben neue Fertigungsmethoden in Bochum Einzug gehalten. Computer steuern und optimieren Arbeitsabläufe. Roboter übernehmen viel von der früheren, harten Knochenarbeit. Dank umfangreicher Umbauten und Modernisierungsmaßnahmen ist das Werk auch heute noch ein Aushängeschild für die europäische Automobilindustrie.

PIS: Vom Auto von der Stange zur Maßkonfektion

Schon 1962 war die Adam Opel AG stolz darauf, den Kadett A in mehreren Ausstattungsvarianten mit einer Vielzahl von Extras anbieten zu können. Diese Vielfalt hat sich noch gesteigert: 9 Karosserievarianten, 14 Außenfarben, 13 Motorvarianten, zahlreiche Ausstattungsvarianten stehen dem Kadett-Kunden 1988 zur Auswahl. Die Opel-Arbeiter von 1962 wären , trotz ihrer Zählkarten mit 68-stelligem Code, wohl durcheinander gekommen. Möglich geworden ist die Kadett-Vielfalt auch erst durch PIS, das neue Produktions-Informations-System. Der PIS-Computer behält den Überblick im scheinbaren Chaos, er wacht darüber, daß die Roboter am Fließband immer genau die Teile zugeteilt bekommen und einbauen, die der Kunde bestellt hat. Er erkennt dies, ähnlich wie ein Scanner einer modernen Supermarktkasse einen Strichcode liest, an der Identifikationsnummer, die jedes Fahrzeug auf seinem Produktionsprozeß begleitet. 70 Lesestellen an den verschiedenen Produktionsstätten im Werk erkennen an dieser, auf den ersten Blick unverständlichen Visitenkarte, was sie zu tun haben. PIS weiß, ob eine 2-oder 4-türige Karosserie gepreßt werden soll. Ebenso weiß er, welche Sitzbezüge zum Einbau kommen, in welcher Farbe die Karosserie lackiert werden soll oder ob der Kunde ein Schiebedach bestellt hat. Drei Hochleistungsrechner regeln den Materialfluß und steuern die wichtigsten Fertigungsabläufe. Dabei sind riesige Datenmengen zu bearbeiten: Jeden Tag treffen in Bochum 216 Lastwagenladungen und 34 Bundesbahnwaggons mit Zulieferteilen ein – neben den 70 Eisenbahnwaggons aus anderen Opel-Werken.

Mit elektronischer Präzision: Lackierroboter im Einsatz.

Ergonomie: Cockpit-Funktions-Kontrolle vor dem Einbau.

Umweltschutz: Auch bei der Autoproduktion ein Thema

Umweltschutz – das beschränkte sich 1962 noch auf das Anlegen von Naturschutzgebieten und Tierparks. Heute haben wir gelernt, Aspekte des Umweltschutzes in allen Bereichen des Lebens zu berücksichtigen. Auch die Adam Opel investiert dafür Millionen. Das Bochumer Werk ist hierbei wieder einmal Vorreiter für eine neue Technologie, die (noch) einzigartig auf der Welt ist. Jeder, der einmal bei der Lackierung eines Autos zugesehen oder selbst mit der Sprühdose eine Roststelle ausgebessert hat, weiß, wie unangenehm und schädlich die Lösungsmittel sind, die dabei verdunsten. Als die Errichtung einer neuen Lackierhalle in Werk 1 anstand, hatte die Umweltverträglichkeit oberste Priorität. Die Ingenieure entwickelten einen Metallic-Basis-Lack, der nicht, wie bisher, mit Lösungsmitteln, sondern zu 80 % mit Wasser verdünnt ist. Die vollautomatisierten Spritzanlagen lackieren in einem siebeneinhalbstündigen Prozeß die Kadett-Karosserien. Davon profitiert nicht nur die Gesundheit der Mitarbeiter: Auch Pflanzen leiden nicht mehr unter den giftigen Ausdünstungen der Lösungsmittel.

Montagewagen statt Fließband

Die Einführung des Fließbandes war für Henry Ford 1912 der Schlüssel zum Erfolg. Für die Welt bedeutete das den Weg in die Massenmotorisierung. Doch wie bei vielen Neuerungen treten die Nachteile oft erst später zutage. Die Monotonie des Fließbandes ist sprichwörtlich, ebenso wie seine negativen Wirkungen auf die Arbeitszufriedenheit. Erkenntnisse der modernen Arbeitsplatzforschung forderten auch hier ein Umdenken: In Bochum ist das Fließband nun teilweise wieder abgeschafft. Neue Technologien haben auch hier noch effektivere Arbeitstechniken geschaffen. Die Monteure bauen Türen und Cockpit auf einem von 160 batteriebetriebenen Montagewagen komplett zusammen, nicht wie früher in gebückter Haltung im Innern des Autos. Ein Check-System kontrolliert dann die Funktionen der Cockpit-Instrumente. Dieses „Modulbauweise" genannte Verfahren, bei dem schon in der Konstruktionsphase auf eine Vereinfachung der Arbeitsprozesse Wert gelegt wird, läßt früher zeitaufwendige Arbeiten – wie das Verlegen von Kabelbäumen – mit wenigen Handgriffen erledigen. Die Montagewagen mit den fertigen Cockpits und Türen rollen dann, vom allmächtigen PIS-Computer über Induktionsschleifen im Fußboden wie von Geisterhand gesteuert, zum Montageband. Dort warten bereits die frischlackierten Karosserien. In wenigen Minuten ist das komplette Cockpit montiert: PIS paßt auf, daß das LCD-„Mäusekino" auch immer zu einer GSi-Karosserie findet, und anschließend in der Endmontage auch mit dem richtigen Motor „verheiratet" wird. 1100 mal geschieht das in Bochum – pro Tag!

Nicht nur Kadett-Produktion

Die Kadett-Produktion ist noch immer die Stütze des Bochumer Werks. Im Laufe seiner Entwicklung hat dies aber immer mehr Aufgaben übertragen bekommen. Das Modellbaukastensystem, das weite Teile der Opel-Produktion vereinheitlicht, legt die Verwendung der einzelnen Baugruppen nicht mehr auf einen Fahrzeugtyp fest. So fertigt das Werk Langendreer Motoren, Getriebe und Achsen auch für andere Opel-Werke. Der 2.0-Liter-Motor aus dem Kadett GSI wird in Rüsselsheim auch in den Omega eingebaut, nach Saragossa (Spanien) gehen 1.2- und 1.3-Liter-Motoren für die Corsa-Produktion, und Antwerpen (Belgien) erhält Motoren für die Kadett- wie für die Ascona-Produktion. Auch die britischen Vauxhall-Werke erhalten Motoren der Bochumer Produktion. Bochum ist im GM-Konzern der größte europäische Hersteller von Motoren und Achsen. Automation und modernste Fertigungstechniken sind auch hier die Aushängeschilder.

Jubiläums-Kadett von 1983 mit hessischem Ur-Ahn als Gratulanten: 5 Millionen Opel hat Bochum in 21 Jahren produziert.

Das Werk I in Bochum 1986: Autoproduktion auf über 700 000 Quadratmetern.

Über 470 000 Motoren jährlich sind das gigantische Resultat dieser überlegenen Technologie.

Das 1966 errichtete Ersatzteilzentrum kann ebenfalls mit Rekordzahlen glänzen: In den Hochregalen lagern über 26 000 Artikel, alle per Computer-Zugriff verfügbar. Rund 100 Eisenbahn-Waggons und 18 Lastzüge verteilen die Einzelteile täglich zu Opel-Händlern in ganz Europa. Komplette, bis auf die letzte Schraube vorgefertigte Autos, werden, in Einzelteile zerlegt, als sogenannte CKD-Bausätze nach Portugal, Südafrika und Thailand geschickt. Die Opel-Montage-Werke bauen die CKD-Bausätze dann zusammen, um sie als

7 Schichten, die das Blech schützen: Karosserieblech (1), Zink-Nickel-Beschichtung (2), Zinkphosphatierung (3), kataphoretische Tauchlackierung (4), Füllgrund (5), wasserlöslicher Metallic-Basis-Lack (6), Klarlack (7), Wachs (8).

Kadett „Made in Thailand“ zu verkaufen und damit die hohen Einfuhrsteuern zu umgehen. Das CKD-System hat in den letzten Jahren an Bedeutung gewonnen: Insgesamt sind schon 8,1 Millionen komplette Teilesätze aus Bochum verschickt worden, allein 1987 über 420 000 Stück.

Der Mensch im Zentrum

Der Mensch war von Anfang an Mittelpunkt der Planung des Bochumer Opel-Werks. Gerade weil die Planer keine Rücksicht auf bereits seit Jahrzehnten bestehende Gebäudestrukturen nehmen mußten, konnten Erkenntnisse der Ergonomie und der Arbeitsplatzforschung in die Planung mit einfließen. Auch heute gelten Arbeitsschutz, Arbeitssicherheit und die Arbeitsplatzgestaltung als vorbildlich. Extra für diesen Zweck eingestellte Fachkräfte kontrollieren in verschiedenen Arbeitsbereichen die Arbeitssicherung. Kommt es doch einmal zu einem Betriebsunfall, stehen zwei Sanitätsstationen mit fünf Ärzten und 40 Fachkräften zur Verfügung. Beschäftigt sind die Sanitätsstationen aber auch, wenn keine Unfälle passieren: Über 20 000 Vorsorgeuntersuchungen führen sie pro Jahr durch. Auch sonst hat das Opel-Werk, fast eine eigene kleine Stadt, einiges an Infrastruktur zu bieten. 27 Lehrer bilden zusammen mit 350 Betreuern in eigens eingerichteten Unterrichtsräumen Berufsanfänger und Umschüler aus. Das firmeneigene Bildungszentrum kann seine Schüler in zehn Berufsgruppen ausbilden.

Opel – die Bedeutung für Bochum

Opel beschäftigt heute in Bochum rund 17 500 Mitarbeiter. Damit ist die AG mit Abstand größter Arbeitgeber der Stadt. Und auch einer der beliebtesten: Über 70 Prozent der Belegschaft sind schon zehn Jahre oder länger dabei. Beim 25jährigen Firmenjubiläum 1987 waren immerhin noch 2550 Mitarbeiter Männer und Frauen „der ersten Stunde“. Kein Wunder, denn Opel-Angestellte verdienen gut: Im Durchschnitt DM 20,58/Std. gegenüber DM 16,39 im Durchschnitt der gesamten deutschen Industrie. Die Arbeitszeit betrug bereits 1985 39,5 Std./Woche.

Wegen der Sozialleistungen und der hohen Löhne ist Opel als Arbeitgeber im Umkreis von 35 Kilometer attraktiv. Sicher auch wegen der immer weniger werdenden Alternativen: Die Strukturkrise im Ruhrgebiet hat ihren Höhepunkt noch nicht erreicht. Nach dem Zechensterben der fünfziger und sechziger Jahre drohen Ende der achtziger Jahre auch die Stahlwerke dichtzumachen. Unter den hohen Arbeitslosenzahlen leiden längst nicht mehr nur die Arbeiter und deren Familien. Auch der Handel und die vielen Kleingewerbetreibenden bekommen den Einfluß der Rezession zu spüren. Städte wie Duisburg oder Oberhausen stehen kurz vor dem Zusammenbruch. In Bochum sieht es da besser aus: Hier haben die Stadtväter rechtzeitig auf die Automobilindustrie gesetzt. Damit hat sich die Stadt allerdings von einer Monokultur in die andere begeben. Bochum ohne Opel ist heute kaum denkbar, oder - wie der Pressesprecher der Stadt Bochum, Wicking, sagt: „Die Stadt Bochum hängt an Opel wie an ihrem Leben.“

Kadett A (1962–1965)

Das Jahr 1962 läßt die Deutschen an der Pressefreiheit zweifeln. Grund: Redakteure des Nachrichten-Magazins „Der Spiegel" werden wegen schweren Landesverrats angeklagt, weil sie über die bedingte Schlagkraft der Bundeswehr berichten. Verleger Rudolf Augstein und vier weitere Kollegen werden verhaftet. Aber das Vorgehen von Bundeskanzler Adenauer bleibt nicht ohne Kritik – es kommt zu einer ernsthaften Regierungskrise.

Mit Opel indes geht es bergauf. Die Anlaufschwierigkeiten nach dem Ende des zweiten Weltkrieges sind vergessen, von Krise ist keine Rede mehr. Im Gegenteil, es darf gefeiert werden, und zwar gleich zweimal. Seit 100 Jahren existiert die mittlerweile zum amerikanischen General-Motors-Konzern gehörende Automobilfirma. Gleichzeitig stellt sie ihr jüngstes Kind vor, den Opel Kadett A.

Genau am 20. August 1962 macht die Opel-Presseabteilung Schluß mit den mannigfaltigen Gerüchten, die über den neuen kleinen Kadett durch die Fachpresse ziehen. Nach fünfjähriger Entwicklungs- und Konstruktionszeit präsentiert Opel nun offiziell den neuen Kadett. Opel bleibt auch bei seinem jüngsten Modell der Grundkonzeption einer selbsttragenden Karosserie mit Kurzhub-Motor treu. Eigens für den künftigen Superhit haben die Ingenieure einen neuen Motor entwickelt. Das 992-cm^3-Triebwerk preisen die Werbemannen im Prospekt als „einen robusten, kraftvollen, elastischen, leisen und anspruchsvollen Motor". Sie haben recht, denn in den sechziger Jahren gehört das neue 40-PS-Triebwerk zum Modernsten, was in der Leistungsklasse zu haben ist. In der Werbung gilt es, vor allem dem Volkswagen Konkurrenz zu machen. Während das Wolfsburger Erfolgsauto mit luftgekühltem Heckmotor das Band verläßt, arbei-

Die ersten Erlkönige des Kadett A verlassen das Werk.

Der Kadett A in seiner ersten L-Ausstattung mit Zweifarben-Lackierung und Weißwandreifen.

Kadett L: Mittelschaltung und modischer Breitbandtacho.

tet im Kadett ein klassischer Frontmotor mit Wasserkühlung. Dieses Prinzip stellt der Kadett-A-Prospekt ganz besonders heraus: „Gewiß, denn dank seiner Wasserkühlung läuft dieser kräftige Motor in allen Drehzahlbereichen leise. Wasserkühlung bietet aber mehr als das: Sie gewährleistet eine materialschonende, gleichmäßige Temperierung des Motors – sehr wichtig! – eine Heizung, die nicht riecht." Der Hieb gegen VW hat gesessen.

Neue Erfolge mit neuer Technik

Serienmäßig verläßt der neue Kadett mit einem Vier-Gang-Getriebe mit Mittelschaltung das Werk. Der Stab zum Einlegen der Gänge endet direkt, ohne irgendwelche Umwege über Zwischengestänge, im Getriebe. Vier Gänge zur Zeit des Kadett A sind bei weitem keine Selbstverständlichkeit. So müssen die Fahrer des viel teureren Opel Rekord bis weit in die sechziger Jahre diesen Luxus mit Aufpreis bezahlen. Wie zu jener Zeit 75 Prozent aller Automobile, treibt der Motor die Hinterachse an. Vom Vorderradantrieb halten die Ingenieure noch nicht viel, im Gegenteil: „... der Hinterradantrieb hat die bestmögliche Gewichtsverteilung zur Folge und gestattet die vorteilhafte Ausnutzung der Karosserie für einen großen Passagierraum in Verbindung mit einem groß bemessenen Kofferraum," preist damals die Presseerklärung den gewählten Antrieb.

Natürlich sind die Werbestrategen des Hauses Opel auch auf die neue und moderne Karosserie stolz, endlich können sie zum Kampf gegen den erfolgverwöhnten Käfer blasen: „Die beiden Panoramascheiben ergeben mit den großen seitlichen Glasflächen eine ausgezeichnete Rundumsicht, die durch schmale Türsäulen und Fensterpfosten nicht beeinträchtigt wird. Die Sicht nach oben ist ausgezeichet, so daß das grüne Ampellicht ohne Verrenkungen erwartet werden kann." Im schon damals etwas veralteten Käfer-Konzept ist das tatsächlich nicht so leicht möglich. Käfer-Fahrer werden davon ein Lied singen können, zumal wenn sie nicht eben kleinwüchsig sind.

Opel legt Wert darauf, daß der Neue mit dem Kadett der dreißiger Jahre nur noch den Namen gemeinsam hat. Von Aerodynamik will zwar noch keiner etwas wissen, aber von „Peilecken". Die als kleine Heckflossen ausgebildeten Kotflügelenden bekommen mit dem Begriff Peilecke nicht nur optische Bedeutung, sondern auch praktische. Sie sollen das Rangieren in engen Parklücken leichter machen. Der 62er-Kadett-Prospekt läßt auch in den weiteren Kapiteln keine Chance aus, Ohrfeigen in Richtung Wolfsburg auszuteilen. „Der Kofferraum? Ein richtiges Gepäckabteil. Die Koffer werden nicht mühsam verstaut, sondern bequem hingelegt. Eine Kleinigkeit, die wichtig ist: Der Tankverschluß liegt außen. Nie haben Sie Benzingeruch im Kofferraum." Im guten alten Käfer muß das Gepäck zu dieser Zeit immer noch unter der Fronthaube verstaut werden, eben genau neben dem Benzin-Einfüllstutzen.

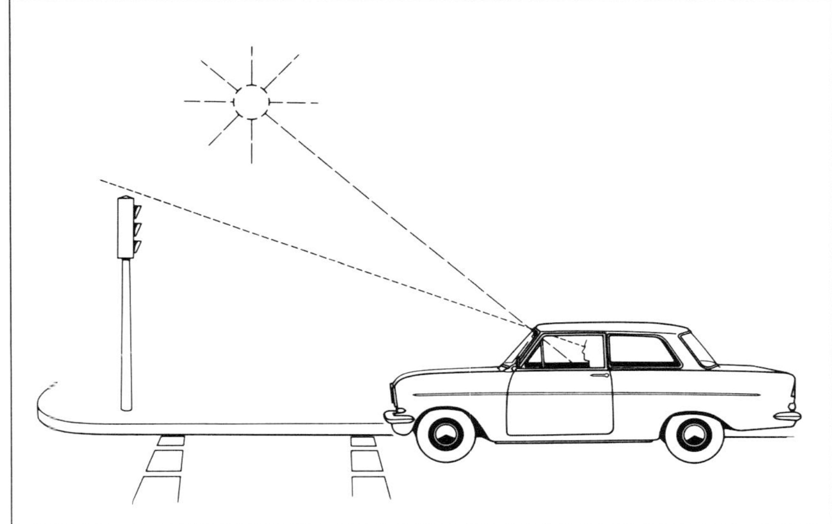

Davon konnten Käfer-Fahrer nur träumen: Gute Sicht ohne Blendung.

Der 3923 mm lange und 1470 mm breite Wagen ist der erste Opel mit dem Mini-Reifen-Maß von 5.50 – 12.00. Die schlauchlosen Reifen bezeichnet Opel 1962 als „besonders kurvenstabile Niederquerschnitts-Reifen." Schon die Konzeption des Kadett A ist äußerst modern angelegt: Die Karosserie besteht nur aus 12 Hauptteilen. In den sechziger Jahren nicht eben selbstverständlich: Die Seitenwände vom Heck bis zur Windschutzscheibe sind aus je einem Preßteil gefertigt, um Maßgenauigkeit und Steifheit zu verbessern. Aber nicht nur in der Konstruktion denkt die Opel-Entwicklungsabteilung modern. So schreibt die Berliner Morgenpost im August 1962: „... Was unter der Plane, mit viel Beifall begrüßt, zum Vorschein kam, war ein formschöner, moderner Wagen. Zum zweitenmal gab es spontanen Beifall, als der Preis bekannt wurde: 5075 DM." Zu einem solchen Basispreis muß der Kadett A die Konkurrenz kaum fürchten. Immerhin kostet 1962 ein Renault 8 genau 5990 DM, ein Goggo Isar 1004 S 5865 DM und ein Auto Union 1000 S gar 7135 Mark. Nur der Käfer krabbelt für 95 Mark weniger in die Garage. Dafür gibt es in Wolfsburg allerdings auch weniger nützliche Ausstattungsdetails. Wird der Neuwagenkäufer mit dem Opel-Händler vertragseinig, bekommt er immerhin eine Heizung mit Gebläse, die im Winter auch als Defroster ihren Dienst tut, ein Thermometer für das Kühlwasser, eine Benzinuhr, Lenkradschloß, eine Scheibenwaschanlage, komplett umklappbare Einzelsitze vorn, gepolsterte Armaturen und schon damals ein Einschlüssel-System, Schlösser inklusive Zündschloß.

Das ist wichtig, wird mit ihm doch der vollkommen neu entwickelte Vierzylinder-Motor mit 993 cm³ Hubraum aktiviert. Mit 72 mm Bohrung und 61 mm Hub ist er ein überquadratischer Kurzhuber. Seine Leistungsausbeute beträgt 40 PS bei 5000 U/min und einem maximalen Drehmoment bei 2000 U/min von 7,2 mkg. Die hängenden Ventile werden von einer obenliegenden Nockenwelle über „ultrakurze" Stößelstangen angetrieben. Dabei stellt sich der Kettenantrieb der Nockenwelle automatisch nach. Die Ölwechselintervalle sind jeweils nach 5000 Kilometern fällig.

Im Urteil eines Profis

1962 bringt Opel einen Nachdruck der Illustrierten „Bunte" heraus, in der sich Hans Hermann, damals Deutschlands einziger Grand-Prix-Fahrer, über den Motor ausläßt: „Es ist ein sehr elastischer Motor, der einen sympatischen Summton hat und im Leerlauf fast nicht zu hören ist. Selbst stark gedroschen verläßt ihn seine Laufruhe nicht. Seine Elastizität ersieht man schon daraus, daß man mit ihm bei einer Besetzung von zwei Mann im vierten Gang bis auf 35 km/h herunterschalten kann, und wenn man dann Gas gibt, kommt er bald wieder auf Touren. Im dritten Gang kann man bis auf 110 km/h drehen, obwohl seine Grenze mit 92 km/h angegeben ist. Er ist schon ein kleines Wunder, dieser Opel-Motor." Das beweist auch ein Vergleichs-Test der Zeitschrift „auto, motor und sport" aus dem Jahre 1962 zwischen dem Kadett, Ford 12 M und VW Käfer. Für die Beschleunigung von 0–60 km/h ermitteln die Tester 7,5 Sekunden mit dem Kadett. Damit nimmt der Rüsselsheimer dem Wolfsburger zwei, dem Kölner gar 2,5 Sekunden ab. Auf 100 km/h ist der Kadett in 25,5 Sekunden. Der Ford braucht 30, der VW 36 Sekunden. Er deklassiert seine Konkurrenten sowohl deutlich als auch kultiviert. Zum einen ist es wesentlich leiser als der Ford und der VW, zum anderen auch sparsamer: ams ermittelt 1962 einen Durchschnittsverbrauch von 8,3 Litern auf 100 Kilometer. Der wesentlich schwächere VW verlangt nach einem halben Liter mehr.

Hans Hermann vergißt in seinem „Bunte"-Bericht auch Getriebe und Schaltung nicht: „Beim Kadett ist Opel von der Lenkradschaltung abgegangen. Die Knüppelschaltung dieses Autos läßt sich so angenehm handhaben, daß man gern schaltet. Der Schaltknüppel ist unten abgebogen und stößt schräg nach vorn. Aber immer so, daß man sich nicht vorzubeugen braucht, wenn man schaltet, und daß er auch dann das Knie nicht stört, falls man einmal von rechts zusteigen muß, weil der Nachbar auf der linken Seite beim Parken zu dicht herangefahren ist." Auch über die Schaltbarkeit weiß Hermann nur gutes zu berichten: „Alle Gänge sind exakt und kurz, und es macht Freude, wenn man von einer Lenkradschaltung wieder auf eine gute Knüppelschaltung überwechseln kann."

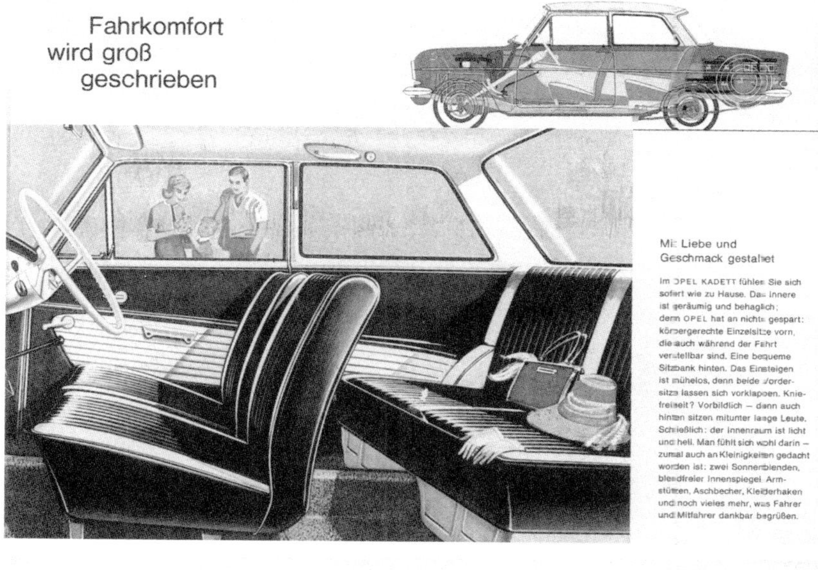

Ein zeitgenössischer Prospekt der Normal-Ausführung.

Abgebremst wird der für damalige Verhältnisse recht schnelle Wagen über eine hydraulische Vierrad-Gleitbackenbremse. Mit 200 mm Durchmesser sind die Bremstrommeln ebenso groß dimensioniert wie beim Modell Rekord. Die Verteilung der Bremswirkung ist von den Technikern so ausgelegt, daß sie zu 67 Prozent auf die Vorderräder wirkt. Da es das ABS-System noch nicht gibt, entscheiden sich die Techniker für diese Lösung, um das Blockieren der Hinterräder zu vermeiden. Die Opel-Mannen sind auf jedes Entwicklungsdetail am und im neuen Kadett stolz. So erklärt der Opel-Pressetext, daß „durch die Wirkung der Zentralgelenkachse ein Heben des Wagenhecks beim Bremsen weitgehend verhindert wird." Werner K. Strobel, stellvertretender Chefingenieur, führt auf dem Presse-Empfang anläßlich der Präsentation des neuen Kadett A weiter aus: „Die Zentralgelenkachse besteht aus einer Hypoid-Starrachse mit nach vorn verlängertem Gehäuse, das am Ende ein Gelenk trägt, nämlich das Zentral-

Aller Kadetten Anfang: Betti-Schnittzeichnung vom Vorkriegs-Kadett.

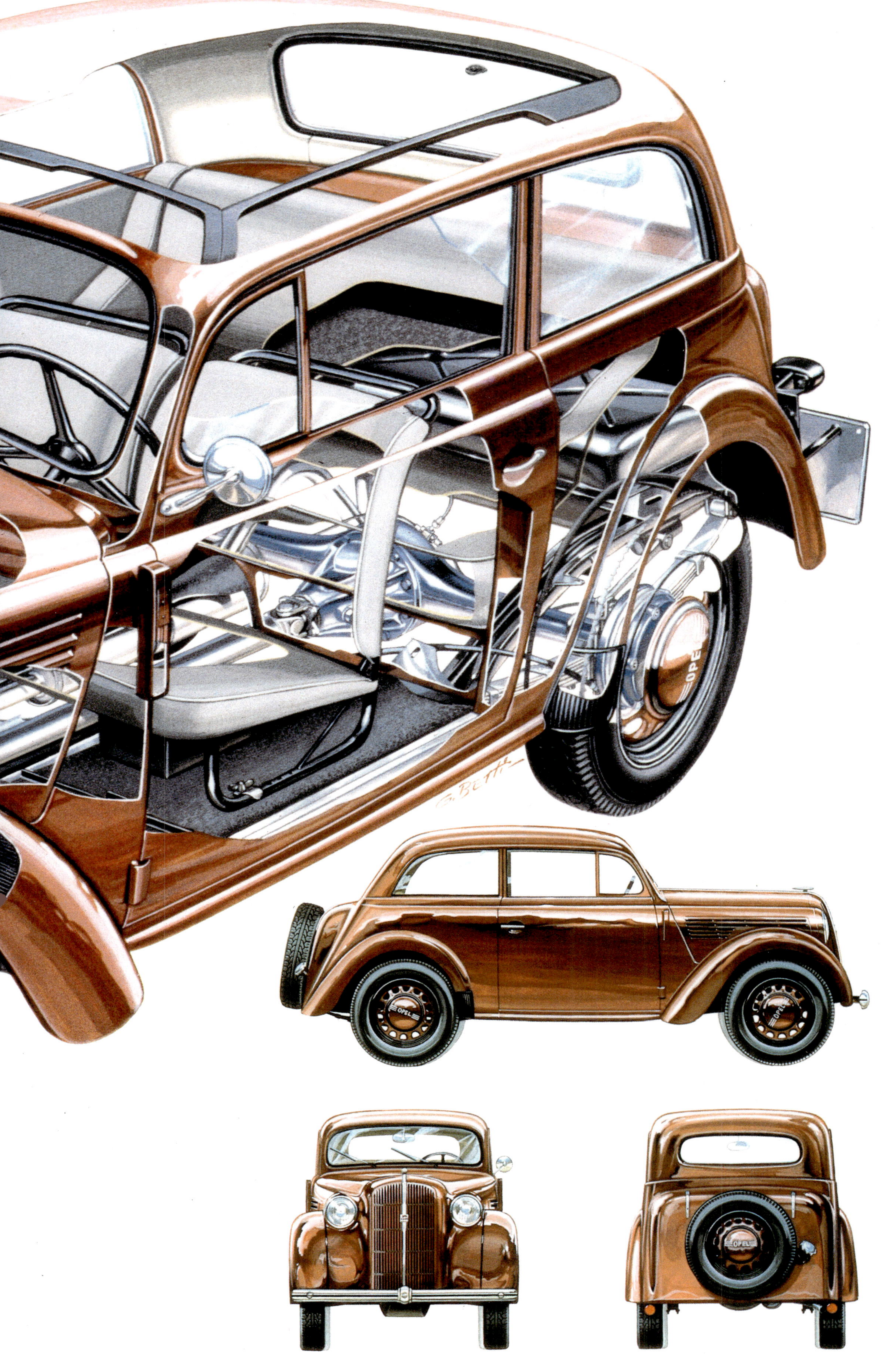
OPEL
G. Betti

Wir fuhren Opel Kadett

Testbericht A-Kadett 1963

Die kantige Karosserie traf durchaus den Geschmack der Testredakteure.

Nur zweimal in der Geschichte des Automobils ist es vorgekommen, daß eine Fabrik eigens dafür geschaffen und eingerichtet wurde, ein ganz bestimmtes Automobil zu produzieren. Zwischen der Entstehung des VW und des Opel Kadett lassen sich, wenn man will, noch weitere Parallelen ziehen. Es hat eine Weile gedauert, ehe man sich in Rüsselsheim entschloß, ins kalte Wasser zu springen – sprich über eine Milliarde DM für dieses Projekt in die Waagschale zu werfen. Schon vor Jahren wurde geflüstert, bei Opel befasse man sich ernsthaft mit einem neuen Kadetten. Mancher wollte sogar Versuchsfahrzeuge gesehen haben, andere berichteten über angebliche Konstruktionsdetails.

Dann kam der große Tag, an dem er in Rüsselsheim der Öffentlichkeit präsentiert wurde, und damit trat die Frage in den Vordergrund:

Auch im Test stellte der Kadett A seine Qualitäten unter Beweis.

Kann der Kadett – wie der VW – einen neuen Maßstab schaffen?

Die Antwort auf diese Frage wird von zwei Gesichtspunkten maßgeblich beeinflußt: dem technischen und dem wirtschaftlichen. Vor allem wird es – bei beiden – um den Vergleich mit dem Volkswagen gehen, der nun einmal als „Normalelle" für den Motorisierungswunsch des „kleinen Mannes" gelten muß.

Der Kadett wird – von Details abgesehen – ein konservatives Auto. Das dürfte weniger der Einstellung seiner Schöpfer als der Tatsache zuzuschreiben sein, daß ein für die Großserie vorgesehenes Automobil eine längere Reifezeit braucht als eines, das von einem kleineren Werk in bescheidenen Stückzahlen gefertigt werden soll. Eine Automobilfabrik, die auf eine Produktion von 1000 Einheiten pro Tag ausgelegt ist, muß, wenn sie einmal in Gang gesetzt ist, reibungslos laufen. Da kann nicht mehr viel geändert oder verbessert werden. Aus diesem Grunde ist es leicht verständlich, wenn Opel bei der Konstruktion des Kadett jedes technische Risiko nach Möglichkeit zu vermeiden trachtet und das neue Modell erst in Produktion nimmt, wenn es wirklich ausgereift erscheint. Die Gunst der Käufer ist eine launische Dame. Nach der näheren Bekanntschaft mit dem Kadett hegen wir aber keinen Zweifel daran, daß sie dem jüngsten Rüsselsheimer Kind zufallen wird.

Dieser Kadett ist kein „Opel"!

So paradox diese Behauptung klingen mag – sie hat ihre Berechtigung. Es läßt sich nicht leugnen, daß jede große Automobilfabrik „typische Autos" baut, Autos also, die über Jahre und manchen Modellwechsel hinaus ganz bestimmte Eigenarten, gewissermaßen „Familienmerkmale" zeigen. Der Kadett ist nun plötzlich ganz anders. Er weist zwar rein äußerlich gewisse Rüsselsheimer Linien auf, aber was sich unter der äußeren Schale verbirgt, ist ein Rebell! Die bisherige Opel-Linie ließe sich mit dem der aktuellen Politik entlehnten Slogan „Nur keine Experimente" kennzeichnen. Was man in Rüsselsheim vom Band schickte, war in jahrzehntelangen Erfahrungen gereift, grundsätzlich aber das gleiche, was man schon vor zehn Jahren gemacht hatte:

Eine Storchschnabel-Verkleinerung eines um zwei Zylinder beschnittenen USA-Autos der unmittelbaren Nachkriegszeit mit einiger europäischer Fertigungsfinesse.

Da ist der Kadett ganz etwas anderes. Er hat, um mit dem Triebwerk zu beginnen, den ersten Hochleistungsmotor, der bei Opel für die Serie geschaffen wurde. 40 PS/l sind zwar noch kein weltbewegender Wert, aber es sollte nicht übersehen werden, daß es sich hier um die „Ausgangsbasis" handelt. Dieses noch dazu bei einem Auto, das auf einen bestimmten Preis hin konzipiert wurde. Es kann keinen Zweifel daran geben, daß in diesem Motor noch erhebliche Reserven stecken, die nach und nach angezapft werden sollen. Mit diesem Motor ist ein vollsynchronisiertes Vierganggetriebe verbunden, das über einen Mittel-Schalthebel bedient wird. Das ist wiederum ein Bruch mit der Opel-Tradition (und ein genauso erfreulicher, wie der erste!). Der dritte Punkt, in dem wir einen technischen Kurswechsel zu erkennen glauben, ist das Gewicht: Was Opel mit dem Kadett vorexerziert, ist konsequenter Leichtbau. Früher hatte man sich in Rüsselsheim in dieser Richtung nicht über das allgemein übliche hinausgewagt — beim Kadett ergibt sich aus den Komponenten gute Motorleistung und geringes Eigengewicht ein für diese Hubraumklasse ungewöhnliches Temperament.

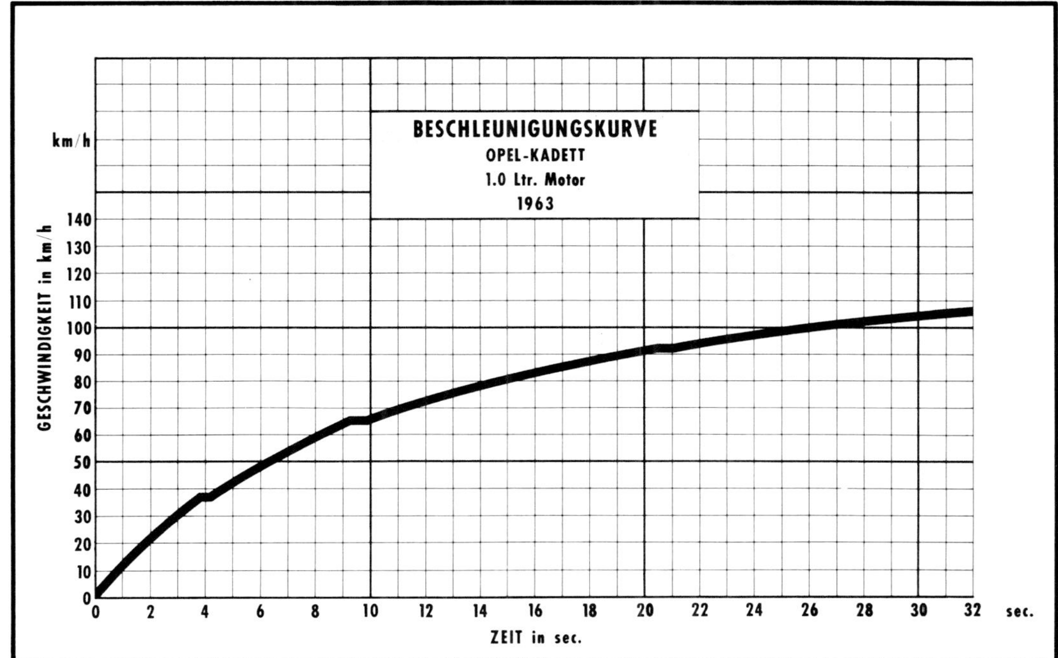

In knapp 27 Sekunden beschleunigte der 1,0-Liter-Kadett von 0—100 km/h.

Die Gerüchte-Mühlen klappern

Kaum hatten die Rüsselsheimer ihre Katze aus dem Sack gelassen, da begannen auch schon die (konkurrenzbeflügelten) Gerüchtemühlen zu „arbeiten".

„Man" erzählte sich allerhand Schauermärchen. Die Karosserie sei so leicht gebaut, daß die Türen sich bei Belastung mit vier Personen verklemmten, die Fahreigenschaften seien nicht die besten, es habe Kurbelwellenbrüche gegeben usw...

Dieser und ähnlicher Unsinn löst sich schon bei der ersten Bekanntschaft mit dem Kadett ganz von selbst auf — man wundert sich nur über die Einfälle...

Wir haben insbesondere die Verwindungssteifigkeit der Karosserie mit einigermaßen brutalen Mitteln geprüft: Das Auto wurde an einem Hang so schräg aufgefahren, daß ein Vorderrad frei in der Luft hing und das Hinterrad der gegenüberliegenden Seite den Boden nur noch leicht berührte. Auch bei dem in diesem äußersten Verwindungszustand belasteten Wagen ließen die Türen sich vollkommen normal öffnen und schließen, wenn jemand schon Kadett-Kurbelwellen zerbrochen hat, dann wüßten wir gern, wie er das anfing...

Erster Eindruck — nicht immer der beste

Der Kadett gefällt uns gut —, das soll aber nicht heißen, es sei nichts an ihm auszusetzen. Noch ehe man einen Meter gefahren ist, fallen zwei Dinge unangenehm auf: das weiße Lenkrad und die wenig praktischen Riegel, mit denen die Vordersitze gegen unerwünschtes Vorklappen gesichert sind. Es ist nun aber wirklich an der Zeit, daß die unsinnigen elfenbeinfarbenen Lenkräder, Schalter und Zugknöpfe verschwinden. Beim Kadett wird die Sicht unter bestimmten Umständen sogar am Tage durch Spiegelungen in der Windschutzscheibe gestört. Was die Sitzarretierung betrifft, so ist eine solche zwar wünschenswert, sie muß aber so beschaffen sein, daß der Lösehebel des Beifahrersitzes vom Fahrersitz aus ohne Verrenkungen betätigt werden kann. So, wie die Sache hier gemacht ist, muß der Fahrer, wenn er einen „unwissenden" Fahrgast in den Fond einsteigen lassen will, entweder aussteigen und die Manipulation vornehmen, oder einen entsprechenden Vortrag halten, was bei untechnisch eingestellten Menschen gelegentlich Nerven und Zeit kosten kann.

Wir sitzen nun also im Auto. Nicht übel: Die Vordersitze passen sich der Anatomie des „Besitzers" gut an, die Rückenlehnen scheinen tief genug gewölbt, um den Körper auch beim Wirksamwerden von Seitenkräften zu stützen. Das Lenkrad könnte zwar ein wenig weiter vorn liegen, Schalthebel und Pedale liegen dort, wo man sie sich wünscht. Wenn man von der Enttäuschung mit der Verriegelung des Sitzes absieht, so ist der Einstieg zum Fond recht bequem für einen doch immerhin kleinen zweitürigen Wagen.

Die Raumverhältnisse im Fond könnten bei einem Auto dieser Dimension schwerlich besser sein. Das betrifft sowohl die Kopffreiheit als auch Ellenbogenbreite und Knieraum.

Ordentliche Ausstattung, sauber verarbeitet

In Wolfsburg hat man uns vorexerziert, daß ein populärer Preis nicht durch magere Ausstattung und schlampige Detailverarbeitung erkauft werden muß. Der Kadett kann den gleichen Nachweis führen. Bis auf eine Lichthupe ist alles vorhanden, was man sich an Ausstattung wünscht, und es ist nett und appetitlich serviert. Die ausgezeichnete Heizanlage ist mit einem Zweistufen-Gebläse versehen, die Intensität der Armaturenbeleuchtung kann mittels eines Drehknopfes individuellen Wünschen angepaßt werden, die Innenbeleuchtung geht beim Öffnen der Türen automatisch an, wobei eine Linse in der durchsichtigen Lampenkuppel einen Lichtstrahl auf das Armaturenbrett wirft. Das wurde von den größeren Opel-Modellen übernommen: eine bei Dunkelheit recht nützliche Sache. Für alle Schlösser: Tür, Lenkung, Gepäckraum, gibt es den gleichen Schlüssel. Leider ist dieser Schlüssel unsymmetrisch, so daß es nicht gleichgültig ist, in welcher Stellung er eingesteckt wird. Lenk- und Zündschloß sind in einer Weise kombiniert, die manches für sich hat. Wird die Lenkung blockiert, ist gleichzeitig auch der Zünd- und Anlaß-Schalter verriegelt,

Comeback nach mehr als zwanzig Jahren: Betti-Schnittzeichnung vom Kadett A. ▶

BB-JK 455

in der Nullstellung läßt sich der Motor auch ohne Schlüssel anlassen. Man kann also, z. B. in einer Werkstatt, den Schlüssel abziehen, wonach zwar der Motor angelassen und das Auto gefahren werden kann, der Gepäckraum aber nicht zugänglich ist.

Unerwartet leiser Motor

Wir erhielten unseren Testwagen zu einer Zeit, als der Winter schon seine Vorboten ausgesandt hatte: Es gab Frostwetter, Matsch und glatte Straßen. Obwohl es nachts gelegentlich schon kräftig fror und unser Kadett, zwar unter Dach, aber im Freien übernachten mußte, hatten wir morgens mit dem Anspringen nie Schwierigkeiten. Wenn der Choke gezogen war, „kam" der Motor zuverlässig nach den ersten Umdrehungen des Anlassers. Nach einer Fahrstrecke von einem knappen Kilometer wanderte der Zeiger des Kühlwasserthermometers meist schon in das grüne Feld der normalen Betriebstemperatur. Auf die Choke-Hilfe konnte praktisch nach zehn Sekunden Standlauf verzichtet werden; es erwies sich aber als nützlich, den Knopf um einige Millimeter gezogen zu lassen, um die Leerlaufdrehzahl zu steigern.

Der Kadett-Motor läuft nicht nur sehr ausgeglichen und in seinem ganzen nutzbaren Drehzahlbereich vibrationsfrei, er ist auch erstaunlich leise. Selbst bei Höchsttempo – bei 120 km/h kommt er auf etwa 4700 U/min – bleibt er in seinen Lebensäußerungen dezent. Das Werk gibt 5000 U/min als Nenndrehzahl an. Die Achsuntersetzung wurde mit 3,89:1 so „lang" gewählt, daß der Motor bei der vom Hersteller genannten Maximalgeschwindigkeit seine Nenndrehzahl nicht erreicht. Das bedeutet vor allem: Es bestehen keine Bedenken, dem Kadett auf der Autobahn 120 km/h als Dauertempo zuzumuten. In den unteren Gängen überschreitet er mühelos 5000 U/min und erreicht z. B. im 3. Gang 105 km/h.

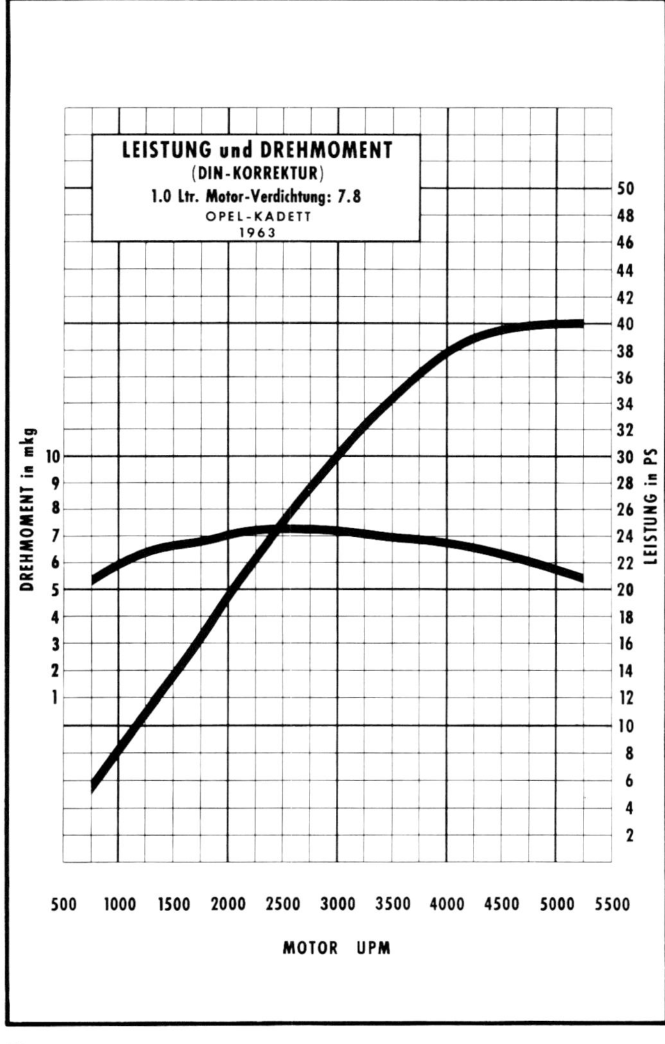

Ein ausgeglichener Drehmomentsverlauf.

Eine der Ursachen des ausgeglichenen und ruhigen Motorlaufs ist sicherlich die originelle Aufhängung des Triebwerkes an zwei Gummielementen beiderseits des Motors und an einem dritten am Ende des Rohres, das die Kardanwelle vom Getriebe bis zur Höhe der vorderen Befestigung der Längsblattfedern für die Hinterachse umhüllt. Alle Schwingungen in der Längsachse werden hierdurch auf eine sehr lange Ebene verteilt.

Musterhaftes Getriebe

Es ist das erstemal, daß wir hier einem Getriebe hinsichtlich Schaltbarkeit, Laufruhe und Stufung jeweils das Maximum an Gutpunkten zubilligen konnten. Das heißt nichts anderes als: Das Kadett-Getriebe ist hervorragend! Ehe man es voll würdigen kann, muß man sich allerdings an zwei Eigenheiten gewöhnen: Die sehr enge Schaltkulisse (eher ein Vorteil als ein Nachteil!) und ein seltsames knisterndes Geräusch des Schaltmechanismus. Die Synchronisierung aller vier Gänge ist praktisch nicht mehr zu verbessern, die Abstufung der einzelnen Gänge wird auch einer ausgesprochen sportlichen Fahrweise gerecht. Beim Anfahren am Berg neigte die Kupplung unseres Testwagens gelegentlich zum Rupfen.

Auch der Lenkung gebührte ein „sehr gut", bis auf die Einschränkung: Sie leidet wie alle Zahnstangen-Lenkungen darunter, auf rauher Straße nicht ganz stoßfrei zu sein. Die leichte Härte, die den Fahrer über den Straßenzustand aufklärt, ist uns aber tausendmal lieber als mangelnde Präzision, zumal die Stöße kaum noch störend empfunden werden, wenn man das Rad locker hält.

Die Fahreigenschaften

Wie wir schon feststellten, ist der Kadett ein konventionell konzipiertes Auto. Es wäre deshalb unbillig, von ihm Außerordentliches in Richtung Straßenlage zu erwarten. Daß man sich in Rüsselsheim große Mühe gegeben hat, diesem fahrwerksmäßig konservativen Auto eine möglichst gute Straßenlage zu geben, beweist allein schon die Art der Radführung. Die Vorderräder werden in der gleichen Art wie bei den größeren Opel-Modellen an Lenkertrapezen geführt, die Abfederung erfolgt allerdings durch eine Querfeder, deren Blätter sich nicht berühren, womit die Eigendämpfung durch Reibung ausgeschaltet ist und ein leichtes Ansprechen erreicht wird. Die Starrachse der Hinterräder weicht dagegen vom üblichen Opel-Stil ab. Sie ist beinahe eine Schubrohr-Achse. Bei einer solchen würden die Vortriebskräfte von der Achse über ein die Kardanwelle umgebendes Rohr auf den Wagenkasten übertragen – eine Rolle, die bei dem sogenannten „Hotchkiss"-Antrieb von den Längsblattfedern übernommen wird, die allerdings starken Seitenkräften gegenüber eine gewisse Toleranz zeigen. Der Kadett hat an seiner Triebachse eine Art von Schubrohr, das die Kardanwelle zwischen Achse und der starr gelagerten Wellenhälfte zwischen Getriebe und Verbindungsgelenk verbindet. Dieses „Zentralgelenk" ist damit das einzige in der Kraftübertragung, während das Hüllrohr die Achse an unkontrollierbaren und deshalb unerwünschten Bewegungen jenseits der konstruktiv vorgesehenen Kinematik hindert. Die ungefederten Massen werden durch diese Konstruktion zwar vergrößert – ein Nachteil, der nach unseren praktischen Erfahrungen mit dem Kadett allerdings nicht merklich ins Gewicht fällt.

In der Vergangenheit pflegte man den Rüsselsheimer Wagen eine „amerikanische Weichheit" der Federung nachzusagen. Inzwischen trifft dieser Vorwurf nicht mehr zu – ganz gewiß nicht auf den Kadett, dem man eher eine sportliche Straffheit ankreiden könnte. Auch mit nur zwei Personen besetzt, wird der Kadett kaum als hart gefedert empfunden werden. Die Dämpfung läßt keine Nick- oder Rollschwingungen aufkommen.

Nach langer Zeit ist der Kadett ein neues Modell, das in seinem Lenkverhalten leicht übersteuernd ausgelegt ist. Er fährt sich auf kurvenreichen Straßen ungemein leicht und läßt sich – wenn man einmal des Guten etwas zuviel riskierte – mit einer leichten Lenkbewegung wieder fangen.

Temperament und Kraftstoffverbrauch

Ein gut eingefahrener Kadett wird die meisten Mitteklassewagen hinter sich lassen. Das ist eine Folge seines günstigen Leistungsgewichtes. Wir können die Opel-Werke nur beglückwünschen, daß sie nicht, dem gängigen Trend folgend, ein möglichst großes Auto zu dem kalkulatorisch festgesetzten Preis zu schaffen versuchten. In der weisen Beschränkung auf die Kadett-Dimensionen opferte man zwar den sicherlich zugkräftigen Ansehensfaktor, gewann damit aber eine u. E. sehr wesentliche Qualität: Ein geradezu sportliches Temperament. Der Kadett ist munter. Der mit rund 3000 km auf dem Zähler noch keineswegs eingefahrene Wagen brauchte von 0-80 km/h nur 14,5 sec. und erreichte in 25,3 sec. echte 100 km/h. Die Beschleunigungszeiten aus dem Stand über 400 und 1000 m erwiesen sich mit 21,6 und 41,0 sec. als für einen Einliterwagen genauso ungewöhnlich. Weniger günstig zeigte sich der Kraftstoffverbrauch mit Werten zwischen acht und neun Litern je 100 km –, doch hier spielt ohne Zweifel die Witterung eine Rolle. Der Durchschnittsverbrauch dürfte in der wärmeren Jahreszeit erheblich absinken.

Die Bremsen zeigten sich den Fahrleistungen gewachsen, obwohl die wirksame Bremsfläche von 480 cm^3 eher knapp als großzügig gewählt erscheint. Schon bei geringen Pedaldrücken ergaben sich sehr gute Verzögerungswerte. Um erste Anzeichen eines Nachlassens ihrer Wirkung zu erzielen, bedarf es einer ausgesprochenen Mißhandlung der Bremsen.

Erfreuliche Neuerscheinung – Kauf unbedenklich

Der Opel Kadett stellt eine wirkliche Bereicherung des deutschen Typenprogramms dar. Daß es sich um ein überdurchschnittlich gelungenes Fahrzeug handelt, zeigt allein schon die Summe unter dem Strich unserer Punktwertung. Was die äußere Gestalt betrifft, möchten wir kein Urteil abgeben, weil es hier um Fragen des persönlichen Geschmacks geht – eindeutig ist aber, daß es sich um ein mit Sorgfalt gebautes Auto handelt, das, an seiner Konkurrenz gemessen, jede Mark seines Preises wert ist. Uns ist bei der Beurteilung des Fahrverhaltens, der Fertigungsqualität oder der Leistungen niemals der Gedanke gekommen: „Das ist ja nur ein 5000-Mark-Auto, also kann man nicht mehr verlangen."

So robust, sogar für griechische Schotterpisten geeignet.

Wer neue Automodelle als unabhängiger Journalist prüft, von dem erwarten die Leser u. a. eine klare Antwort auf die Frage: „Können wir uns den gleich kaufen oder sollen wir lieber ein Jahr warten, bis er ausgereift ist?"

Nach Ansicht des Schreibers schließt der Kauf eines Kadetts aus der ersten Serie kaum ein Risiko ein. Wie bereits am Anfang unserer Betrachtung gesagt, muß ein so gewaltiges Vorhaben wie der Bau und die Inbetriebnahme einer blitzneuen Fabrik für ein einziges Automodell so gründlich vorbereitet und so sorgfältig geplant sein, daß Rückschläge mit nahezu hundertprozentiger Sicherheit ausgeschlossen sind. Das würde bedeuten, daß der Kadett schon heute einen höheren Stand technischer Reife erlangt hat, als ihn manches in kleiner Serie erzeugte Auto nach zweijähriger Produktion vorweisen kann. Was uns am Kadett am besten gefallen hat: Er fährt sich flüssig und leichtfüßig. Er ist nicht nur ein preisgünstiges und zweckmäßiges Gebrauchsauto, sondern auch ein Wagen, den flott zu fahren wirkliches Vergnügen bereitet.

aus: „Automobil" 1/1963; Autor: Olaf von Fersen

1963: Endmontage im modernsten Autowerk Europas.

Wirtschaftswundertraum: eigenes Haus und Auto.

Leider ein Einzelstück: Vignale Spider auf Kadett-A-Basis.

gelenk, um das die ganze Achse schwingt. Es ist über eine Brücke am Wagenkörper befestigt, umschließt das einzige vorhandene Kardangelenk und stellt gleichzeitig die Verbindung mit dem schon erwähnten Stützrohr dar.“ Über die Federung des hinteren Kadett-Abteils weiß er folgendes zu berichten: „Die Hinterachsfederung selbst besteht aus zwei wartungsfreien Zweiblattfedern, natürlich ebenfalls korrosionsgeschützt, die außermittig so mit der Hinterachse verbunden sind, daß sie eine Kurvenstabilisierung ergeben. Durch Anlenken der Hinterachse im Zentralgelenk ergibt sich eine verbesserte Achs- und damit Radführung und eine Entlastung der Hinterfedern von Brems- und Antriebsmomenten.“

Die Vorderräder sind einzeln aufgehängt. Die gesamte Vorderachse ist inklusive Trägertraverse und angebauter Lenkung eine Montageeinheit. Eine neuartige Weitspalt-Blattfeder übernimmt die Abfederung des ganzen. Als Lenkung setzt Opel eine herkömmliche Zahnstangenlenkung ein, die mit einem Schwingungsdämpfer und automatischer Nachstellung des Zahnspiels durchaus Maßstäbe in der Klasse setzt. Besonderes Plus: Das Lenkgestänge ist über die gesamte Lebensdauer wartungsfrei.

Stolz auf GM

Was heute selbstverständlich erscheint, war vor einem viertel Jahrhundert durchaus erwähnenswert. Daß die modernen Wagen unserer Tage Millionen von Kilometern als Erlkönige abspulen, ist Voraussetzung für einen fehlerfreien Produktionsstart - nur vermarktet diese Leistung keine Firma mehr. Anders Opel im Jahr 1962, damals noch stolz auf den großen Bruder General Motor aus Detroit, USA (heute ist eher GM stolz auf die Tochter aus Germany): „Auf dem Rüsselsheimer Prüffeld wurde die Konstruktion des Kadett auf weit über 1,5 Millionen Fahrkilometern und in getarnten Karosserien auch auf offenen Straßen verschiedener europäischer Länder auf das Härteste erprobt; außerdem wurden Versuchsfahrzeuge einem Dauertest auf dem General Motors Proving Ground bei Detroit unterworfen.“

Und gleichzeitig glänzt Opel mit etwas, bei dem nur VW gegenhalten kann, und über das sich heute so manch japanischer Hersteller freuen würde: „In nicht allzu ferner Zukunft wird die Gesamtkapazität der Werke Rüsselsheim und Bochum etwa 650 000 Wagen pro Jahr ausmachen. Dementsprechend wurde gleichlaufend mit dem Bau der Bochumer Werke auch die Kundendienst-Organisation aufgebaut. Allein in der Bundesrepublik Deutschland und in Berlin stehen heute schon über 1600 Opel-Kundendienst-Werkstätten, im europäischen Ausland weit über 1000, zur Verfügung.“ Die Werkstattkosten zur Zeit des „Gelsenkirchener Barock“ lassen uns heute nur mit den Ohren schlackern: Alle 5000 Kilometer Prüfdienst: 5,50 Mark; alle 10 000 Kilometer Wartungsdienst: 23,00 Mark; alle 10 000 Kilometer ein neuer Ölfilter: 7,50 Mark. Diese Beträge werden heute schon fällig, wenn der Mechaniker einen Putzlappen verbraucht.

Was nicht so ganz unter dem Kapitel erfolgreich läuft, ist die Gestaltung der Innenausstattung des A. Deshalb wünscht sich auch die Frankfurter „Motor Rundschau“ in ihrer Ausgabe 4/65: „... einen Beifahrer-Haltegriff sowie etwas höhere, längere und besser geformte Vordersitz-Flächen sowie einstellbare Vordersitzlehnen.“

US-Werbung für den Kadett. Vertrieben wurde er dort über das Buik-Händlernetz.

Die L-Ausstattung: der Kadett wird luxuriös

„Ich bin ein Berliner", ruft der amerikanische Präsident John F. Kennedy vor dem Schöneberger Rathaus den Berlinern zu. Im März desselben Jahres bietet Opel den Kadett zusätzlich in einer besser ausgestatteten Version an, dem Kadett L. Für nur 450 Mark Aufpreis kann der Opel-Kadett-L-Fahrer des Jahres 1963 über Veloursteppiche, ausstellbare Seitenfenster hinten, Rückfahrscheinwerfer, Radzierringe (besonders schick mit Weißwandreifen), ein beleuchtetes Handschuhfach, Zeituhr und last but not least als Gipfel des Luxus zwei Aschenbecher im Fond verfügen.

Ab 1963 hat auch die L-Limousine den Frontgrill des Kadett-A-Coupés.

Kadett Caravan

Wer viel transportiert und auf Luxus weniger Wert legt, bekommt für 5445 Mark den ersten Kadett Caravan des Opel-Programms. Als Lastesel ist er natürlich mit stärkeren Federn und größeren Reifen der Dimension 6.00 - 12 ausgerüstet. Das ist gut für die Zuladung, der Kombi darf 430 kg Gemüse, Kinder oder Urlaubsgepäck transportieren. Die praktische Kombinations-Limousine wächst gegenüber der Stufenheck-Version um 24 mm in die Höhe und 13 mm in die Breite. Doch auch wer Caravan fährt, kann im Kadett luxuriös das wieder aufgebaute Deutschland erfahren. Statt der L-Ausstattung der Limousine muß er nur die „Privat-Ausstattung" in seinem Kaufvertrag ankreuzen. Selbst kinderreiche Familien kann Opel glücklich machen: Gegen Aufpreis gibt es eine gegen die Fahrtrichtung montierte dritte Sitzbank. Und was dem Kadett-Fahrer des Jahres 1988 der 2.0i-Club ist, ist für den Caravan-Fan 1963 der Kombi mit verschiebbaren Seitenfenstern und der Gepäck-Galerie. Von Dachreling spricht vor 25 Jahren noch niemand. Das die Caravan-Version überhaupt in den Verkehr kommt, verdanken die Kunden dem Durchsetzungsvermögen der Opel-Spitze gegenüber dem allmächtigen GM-Konzern. Der will einer Caravan-Entwicklung nämlich partout nicht zustimmen. Doch die Deutschen sind den Amerikanern im Automobilbau-Know How auch in den sechziger Jahren schon einiges voraus. So planen und entwickeln sie den Caravan auf eigene Faust und weihen GM erst ein, als die ersten Prototypen fertig sind. Dem amerikanischen Management bleibt nichts anderes übrig, als Opel zum neuesten Zögling zu gratulieren.

Kadett A-Coupé mit 48 PS

Schon ein Jahr nach der Präsentation des Kadett schlagen die Herzen der mittlerweile recht großen Fan-Gemeinde höher: Der Kadett wird schneller und schöner, er bekommt

Ein hübsches Auto? Ein elegantes Auto? Ein Auto, das nicht jeder fährt? Gewiß aber sagen wir lieber: ein temperamentvolles Auto. Denn das KADETT Cou gefällt einem nicht nur, wenn man davorsteht. Es gefällt einem noch mehr, we man drinsitzt. Und erst recht, wenn man damit losfährt. Es ist sozusagen e »heißer« KADETT. Ein Auto mit den anerkannt hervorragenden KADET

Die Opel-Werbung wurde nicht müde, das Temperament des A-Coupés zu betonen.

A-Kadett von vorn . . .

ahreigenschaften und einer 48-PS-Maschine. 8 PS mehr als beim KADETT? ie müssen sich aber bemerkbar machen. Tun sie auch, und zwar im Rücken: ie werden in Ihren Sitz hineingedrückt, wenn dieses Auto so richtig loslegt. evor Sie sich jedoch mit den Fahrleistungen beschäftigen, wollen wir das ADETT Coupé von einer anderen Seite betrachten. Von der Komfort-Seite.

... und von hinten.

Vorherige Seite: Kadett-Palette für den amerikanischen Markt. Oben: Erprobung auf dem Dudenhofener Prüffeld.

eine 48-PS-Maschine, und es gibt ihn ab sofort auch als Coupé! Der neue Motor gibt seine höchste Leistung jetzt bei 5400/min ab und erreicht eine Höchstgeschwindigkeit von 136 km/h. Damit ist er so etwas wie der GTI der frühen sechziger Jahre. Serienmäßig läuft das Coupé in der L-Ausstattung vom Band und kostet in dieser Basis-Version 5775

Für 5445 Mark wurde der Caravan 1000 zum beliebtesten Kombi Deutschlands.

Mark. Doch nicht nur das fließende Heck unterscheidet das Coupé von der Stufenheck-Limousine. Die Scheinwerfer sind in den über die gesamte Breite des Wagens laufenden Grill integriert. Zusätzlich läßt sich das optisch ohne hin schon ansprechende Coupé mit Weißwandreifen und einer Zweifarben-Lackierung aufwerten. Die neue Wagenfront kommt beim Publikum sehr gut an, macht es den in der Breite etwas verhungerten Kadett doch optisch ansprechender. Opel registriert und reagiert: Ab sofort gibt es auch die L-Limousine mit dem neuen Grill. Falls heute im Straßenverkehr eine der seltenen L-Limousinen mit einfachem Grill auftaucht, gehört sie zu den ganz frühen, also eine Rarität.

Mehr Modell-Varianten bedeutet im Falle des Opel Kadett A auch höhere Zulassungszahlen. Kann Opel 1962 schon 379 311 Fahrzeuge absetzen, sind es 1963 beachtliche 570 293 Stück. Ab 1964 muß auch die Konkurrenz in Wolfsburg den Kadett fürchten: Opel setzt insgesamt 688 575 Fahrzeuge ab, der Kadett bringt die Rüsselsheimer so weit nach vorn wie noch nie.

Die neue 48-PS-Maschine bleibt allerdings nicht nur dem Coupé vorbehalten. Auch die anderen Versionen können gegen Aufpreis von nur 150 Mark mit dem „Sport-Motor" bestückt werden. Neben dem etwas höheren Anschaffungspreis muß der sportliche Kadettfahrer etwas mehr Geld für den Treibstoff investieren, der Kadett „S" benötigt Super- statt Normal-Benzin. Die Zeitschrift „MOTOR Rundschau" beziffert die monatlichen Betriebskosten im Jahr 1965 für den Kadett mit 40 PS auf 343 Mark pro Monat oder 20,5 Pfennig je Kilometer und auf 407 Mark, beziehungsweise 24 Pfennig, für den 48-PS-Kadett. Als deutschen Konkurrenten in der Leistungsklasse des 48-PS-Kadett gilt es hauptsächlich den 50 PS starken Ford 12 M zu bezwingen.

Um die acht PS mehr aus dem Basis-Triebwerk herauszukitzeln, erhöhen die Opel-Techniker die Verdichtung von 7,8 auf 8,8. Ganz so kultiviert läuft die stärkere Maschine nicht, was die Fans allerdings nicht stört, wird der Sound doch eher sportlich denn als störend empfunden. Die „Motor Rundschau" schreibt 1965: „Bei niedrigen Temperaturen ist er auch nicht ganz so startfreudig, aber damit erschöpft sich bereits die Kritik an diesem Motor, der zu den besten seiner Art gehört." Besonders gefällt der Fachzeitschrift die Drehfreudigkeit: „Bei unseren Beschleunigungsversuchen wurde der Motor sogar bis etwa 6600/min gedreht, ohne daß sich ein Ventilflattern zeigte, und das stellt bereits seinen Konstrukteuren das beste Zeugnis aus." „Aber machen Sie diesen Versuch bitte nicht nach!"

Ebenso schnell wie der Kadett A mit 48 PS beschleunigt, finden die kleinen Opel ihre Käufer. Bis der A 1965 das Staffelholz an Nachfolger B übergibt, sind sage und schreibe 649 512 Kadetts verkauft. Dabei ist Opel durch den Kadett Caravan mit 126 616 verkauften Exemplare zum erfolgreichsten Kombi-Hersteller der immer noch jungen Republik geworden. Mitte der sechziger Jahre kann kein Anbieter in Deutschland Markt mehr Kombi-Fahrzeuge absetzen.

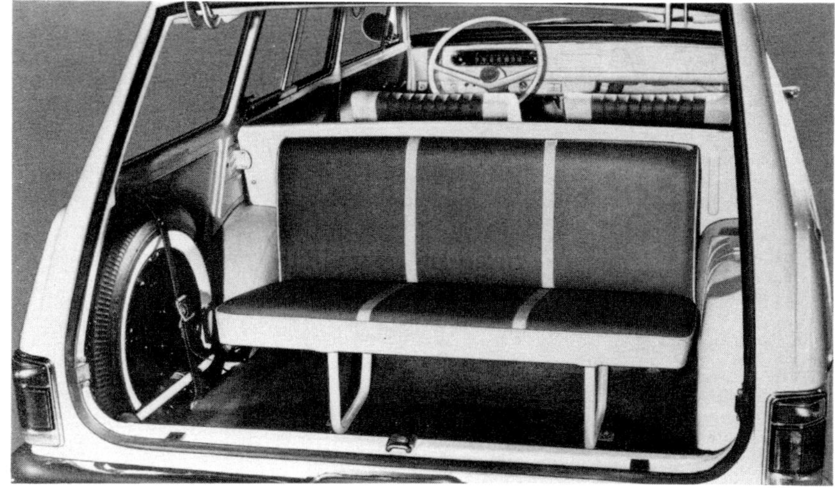
Notfalls Platz für sieben Personen.

Kadett Kombi: per Schiff in die neue Welt.

Born for the USA: Caravan 1000 warten auf Verschiffung.

Für DM 1800,– machte die Firma Welsch den Kadett zum Cabrio.

Kadett Spider von Ital Suisse: blieb leider ein Einzelstück.

Der Kadett Caravan als „Gelber Engel" des ADAC.

Kadett und Rekord vor der Gedächtris-Kirche in Berlin-West.

Kaufberatung Kadett A

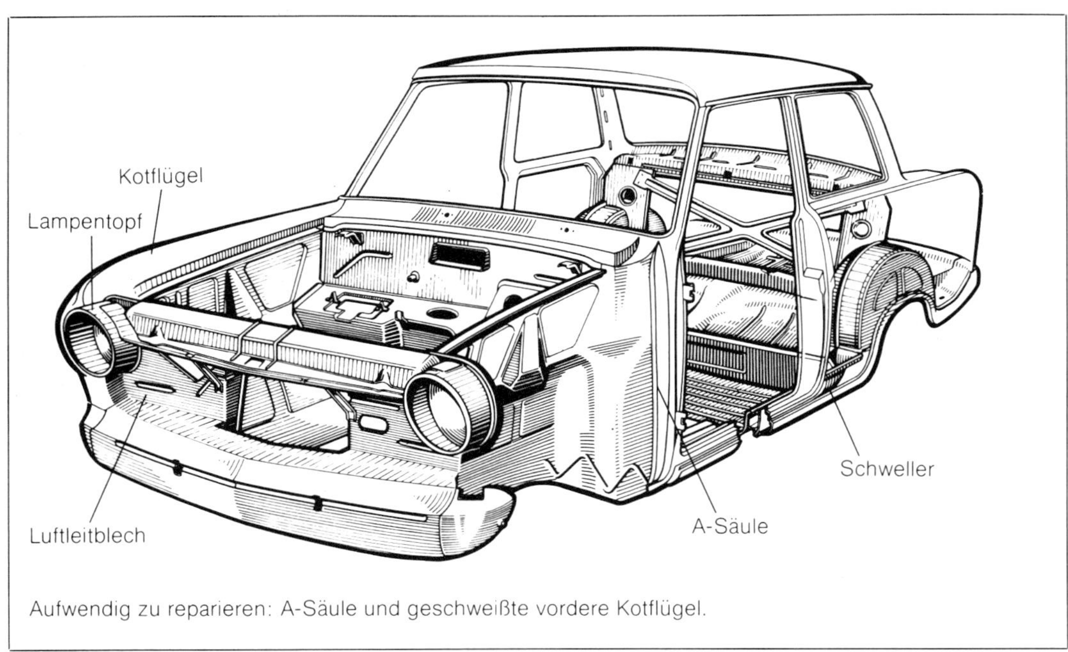

Kotflügel, A-Säule und Lampentopf sind besonders typische Rostnester.

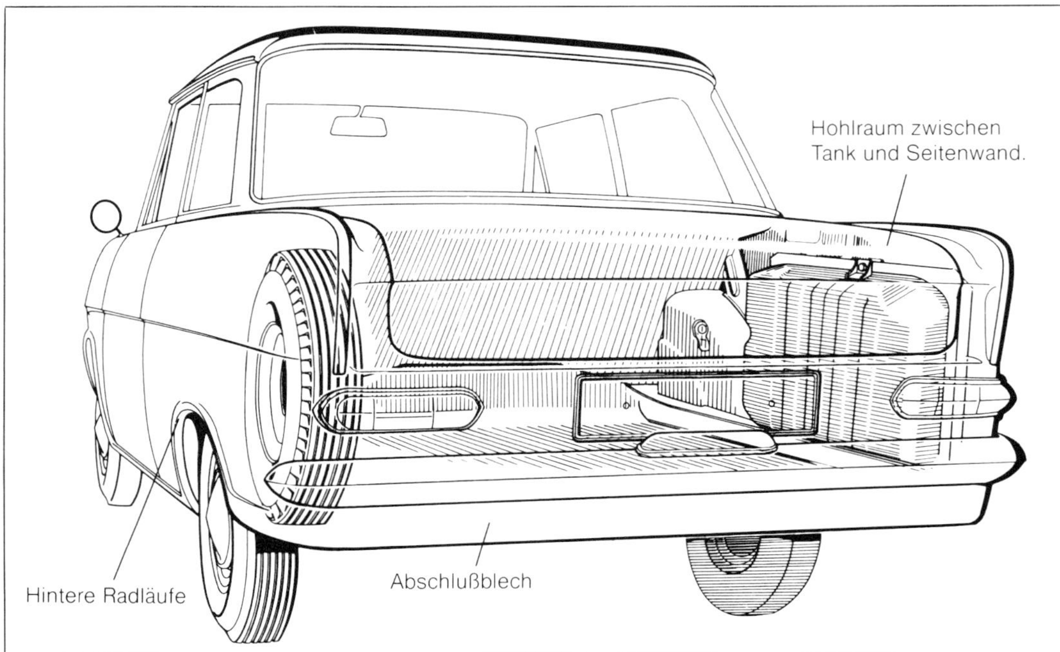

Auf einen Blick: kritische Stellen am Heck.

Haben Sie Appetit auf den Kadett A bekommen? Kein Problem, das Angebot an A-Kadetts ist relativ groß: 1987 waren beim Kraftfahrt-Bundesamt in Flensburg noch über 2000 Fahrzeuge registriert. Damit Sie aber nicht die Katze im Sack kaufen, soll Ihnen diese Kaufberatung helfen, typische Mängel des 1. Nachkriegskadetts zu erkennen.

Wie bei fast allen Oldtimern ist auch beim Kadett die Karosserie der Punkt, dem beim Kauf die meiste Aufmerksamkeit geschenkt werden sollte. Um es gleich zu sagen: Der Kadett rostet nicht mehr und nicht weniger als andere Fahrzeuge aus den Sechzigern. Wie alle selbsttragenden Karosserien rosten auch beim Kadett Schweller und hintere Radläufe besonders gerne durch. Ein paar typische Kadett-Mängel gibts aber auch: Die angeschweißten Kotflügel sind fast immer duchgerostet, ein Problem vor allem deshalb, weil man halbwegs brauchbare Kotflügel kaum herunterbekommt, ohne sie noch weiter zu beschädigen. Das ist auch der Grund, weshalb es auf dem Markt so gut wie keine gebrauchten Kotflügel gibt. Weitaus größere Probleme erwarten den Kadett-A-Liebhaber aber, wenn, wie leider fast immer, die A-Säule durchgerostet ist. Tückisch daran ist, daß der Rost im Verborgenen blüht und von außen kaum sichtbar ist. Ein Tip: Mit einem Schraubenzieher durch den Radausschnitt versuchen, ins Material zu stechen. Wenn der Schraubenzieher durchgeht, wird's schwierig: A-Säulen sind praktisch nicht mehr zu bekommen, hier helfen nur selbstangefertigte Reparaturbleche. Gerne rosten auch die Lampentöpfe durch, weil sich aufgeworfener Schmutz hinter den Blechsicken ansammelt. Hier hilft nur: Scheinwerfer ausbauen und nachsehen. Ist der Lampentopf durch, hat es auch meistens gleich das seitliche Luftleitblech erwischt. Hierfür sind allerdings Bleche erhältlich.

Besondere Aufmerksamkeit ist am vorderen Rahmen-Längsträger angebracht. Besonders dort, wo die Vorderachse festgeschraubt ist, nistet sich gerne der Rostteufel ein. Bei der Reparatur kommt nicht nur der Ausbau der Vorderachse auf den Kadett-Besitzer zu. Der Motor muß ausgebaut werden und die Kotflügel müssen herunter. Der ganze Vorderwagen muß bis auf Innenkotflügel und Rahmenträger demontiert werden. Beim Zusammenbau ist schließlich eine Rahmenlehre unerläßlich. Aber auch das Hinterteil des Kadetten hat seine speziellen Rostnester. Die Seitenwand unten rechts ist bei fast allen angebotenen Kadetten durchgerostet oder zugespachtelt. Ein Hohlraum zwischen Seitenwand und dem heruntergezogenen Bodenblech ist dafür verantwortlich. Auf der Fahrerseite stellt sich das Problem nicht, dank der Reserveradmulde gibt es den Hohlraum hier nicht. Und auch dem Blech unter der hinteren Stoßstange sollte der künftige Kadett-Besitzer Beachtung schenken. Hier gibt es nämlich eigentlich auch nur zwei Möglichkeiten: Rost oder Spachtel!

Das Fahrgestell zeigt sich von einer erfreulich robusten Seite. Lediglich die Gummis der Vorderradaufhängung sind, speziell bei Motoren mit Ölverlust, oft brüchig. Die Gummis sind zwar Pfennigartikel, für ihre Montage muß jedoch die gesamte Vorderachse zerlegt werden. Achten Sie bei der Probefahrt darauf, ob die Hinterachse beim Gaswegnehmen Geräusche macht. Falls ja, müssen meist die Lager der Hinterachswellen erneuert werden.

Unverwüstlich: Der Motor

Der Motor ist die Schokoladenseite des Kadett. Er gilt als unverwüstlich. Probleme gibt es eigentlich nur mit lecken Ventildeckeldichtungen. Für Abhilfe sorgt der Opel-Händler: Die Dichtung vom Corsa 1.0 läßt sich verwenden! Unerfreulich ist, wenn der Krümmer von zu stark angezogenen Schrauben am Anschluß zum Auspuffrohr aufgeplatzt ist. Dann muß der Kadett-Besitzer nämlich den Krümmer vom Zylinderkopf losschrauben, was angesichts der meist total verrosteten Innen-Vielzahn-Schrauben kein Vergnügen ist...

Ähnlich sieht's bei der Kupplung aus. Falls diese erneuert werden muß, wartet ein gutes Stück Arbeit auf den Kadett-Liebhaber. Zuerst muß das Zentralgelenk der Hinterachse gelöst und abgesenkt werden, die Kardanwelle muß raus und zu guter Letzt auch noch das Getriebe. Die gleiche Arbeit steht an, wenn der Tacho nicht mehr geht. Meistens liegt das dann an dem kleinen Kunststoffzahnrad des Tachoantriebes im Getriebe. Das Zahnrad selber ist nicht allzu teuer und paßt auch vom Corsa, wenn die Verschlußkappe mitverwendet wird. Apropos Tacho: Will der Verkäufer einen niedrigeren Kilometerstand vortäuschen, läßt sich meistens an Griffspuren am Lenkrad die wahre Fahrleistung erahnen. Bei einem Kadett, der weit über 100 000 km gelaufen hat, sieht das Lenkrad nämlich aus, als sei es mit einer Feile bearbeitet worden.

Das Getriebe muß sich sauber schalten lassen, andernfalls haben die Synchronisationsringe ihre beste Zeit hinter sich. Heult das Getriebe in den ersten drei Gängen, sind die Nadellager der Nebenwelle meistens hinüber.

Ersatzteile: Kein Problem

In punkto Ersatzteilen ist der Kadett eine der ganz besonders erfreulichen Ausnahmen der Oldtimer-Szene. Es gibt fast alles, und das auch noch preiswert. Weil aber Ausnahmen die Regel bestätigen, seien sie zuerst genannt: Innenausstattungen, also Teppiche, Türverkleidungen oder Original-Sitzbezugsstoffe, sind neu nicht mehr zu bekommen, ebenso wie die A-Säulen. Ähnlich sieht es bei den Kotflügeln aus.

Generell ist der Kadett aber ein besonders preiswerter Oldtimer-Einstieg, vor allem ein Verdienst der Alt-Opel-IG. Für deren Mitglieder hat Typenreferent Stefan Dierkes ein Kadett-A-Ersatzteilregister zusammengestellt, mit dessen Hilfe die AOIG schon viele Ersatzteile für Kadett-A-Besitzer vermitteln konnte. Dierkes kann Kadett-A-Besitzern auch sagen, bei welchen Teilen sie auf Kadett-B- oder -C-Teile, beziehungsweise auf Corsa-Innereien zurückgreifen können. Dessen 1,0-Liter-Motor entspricht nämlich weitestgehend dem S-Motor des A-Kadett, der Einfachheit halber hat Opel die Ersatzteilnummer für manche Teile denn auch gleich unverändert für den Corsa übernommen...

Alt-Opel IG

Wenn auch kein reiner Kadett-Club, so ist die Alt-Opel-IG doch für Fahrer von älteren Kadett-Modellen ein wichtiger Ansprechpartner:

1972 gründeten Eckhart Bartels und Martin Weber die IG als einen der ersten markengebundenen Oldtimer-Clubs in Deutschland. Ziel war die gegenseitige Unterstützung bei der Erhaltung und Restaurierung der noch existierenden ersten Nachkriegs-Opel. Eine solche Idee stieß 1972 auf wenig Verständnis. Viele Kapitäne und Olympias wanderten damals noch in die Schrottpresse. Immerhin 100 Adressen von Gleichgesinnten hatten die Initiatoren aber zusammengetragen. 34 Aufrechte fanden sich beim 1. Alt-Opel-Treffen 1972 in Oberursel ein.

In Reih' und Glied: Kadett-A-Treffen.

Aus der Handvoll Enthusiasten der ersten Stunde ist inzwischen eine international aktive Gemeinschaft geworden. 1400 Mitglieder stark ist die Alt-Opel-IG 1988 und schafft es, zu ihren Jahrestreffen ca. 600 Opel-Fans zu mobilisieren.

Die „Lebenshilfe" für Fahrer alter Opels steht bei der Clubarbeit nach wie vor im Vordergrund. Schon kurz nach der Gründung erschien die erste Ausgabe der Club-Zeitung, dieseit dem im Abstand von zwei Monaten regelmäßig die Mitglieder über Preise, Tips und Trends für Opel-Klassiker informiert. Der umfangreiche Kleinanzeigenteil ist für Ersatzteilsuchende stets eine lohnende Fundgrube. Außerdem veröffentlicht der Club in regelmäßigen Abständen Sonderdrucke wie den „Opel-Marktpiegel", in dem jeder Alt-Opel-Besitzer nachlesen kann, was sein Fahrzeug wert ist. Werkstatthandbücher und historische Reprints vervollständigen das Angebot. Das jährlich aktualisierte Mitgliederverzeichnis gibt dem Alt-Opel-Besitzer schließlich darüber Auskunft, welche Gesinnungsgenossen in seiner Region wohnen. Viele regionale Stammtische haben sich daraufhin schon gebildet.

Für die Vielzahl der verschiedenen Opel-Typen steht jeweils ein Typenreferent zur Verfügung, der meist auch knifflige Fragen zu seinem „Spezialgebiet" beantworten kann. Sogar für Opel-Fahrräder gibt es einen Spezialisten! Wertvolle Hilfe können die Typenreferenten vor allem bei der Ersatzteilbeschaffung leisten.

Das kosten Ersatzteile für den A-Kadett

AT-Motor (neu)	450,–[1]
Motordichtsatz	50,–[2]
Getriebe (gebraucht)	200,–
Auspuff komplett	80,–
Bremsbeläge vorn	20,–
Bremsbeläge hinten	20,–[2]
Bremsschläuche vorn	20,–
Radbremszylinder	20,–
Schweller	50,–
Tür, Rohbau	150,–
Kotflügel vorn	bis 500,–
Seitenteil hinten	200,–
Stoßstangen vorn	40,–
Zierleiste	20,–

1 über Alt-Opel-IG
2 Corsa-Ersatzteil vom Opel-Händler

Nicht geschätzt wird im Club die angeblich so typisch deutsche „Vereinsmeierei". Deshalb ist die AOIG auch nach wie vor kein eingetragener Verein. „Juristische Winkelzüge" hofft man dadurch zu verhindern. Die Aufnahmegebühr beträgt 100 Mark, anschließend ist ein jährlicher Beitrag von 60 Mark fällig. Dafür gibt es allerdings ein 2,3 Kilo schweres Informationspaket und alle zwei Monate das über 50 Seiten starke „Alt-Opel-Magazin".

Informatonen über die Alt-Opel-IG gibt es bei:

Eckhart Bartels
Postfach 13 01 04
3003 Ronnenberg

Die Typenreferenten: Vorkriegs-Kadett:

Freiherr
L. v. Thuemmler
Kolbergstr. 4
3000 Hannover

Kadett A:

Stefan Dierkes
Nieder-Ramstädter Str. 16
6100 Darmstadt
Tel.: 0 61 51/2 43 05

Kadett B:

Frank Wissbröcker
Detmoldstr. 5
3000 Hannover

Autor: Stefan Dierkes

Kadett B (1965–1973)

Die Planung einer neuen Auto-Generation am Reißbrett.

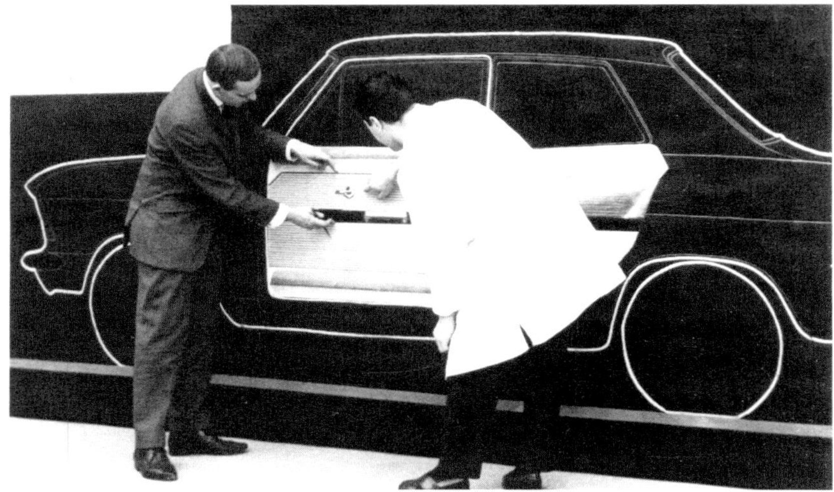

Detailarbeit: die Entwicklung der Türverkleidung im Maßstab 1 : 1.

Nach nur dreijähriger Produktionszeit im Bochumer Kadett-Werk hängen 1965 bei den Opel-Händlern von Husum bis Passau schon wieder bunte Luftballons in den Verkaufsräumen. Grund: Der seit 1962 produzierte Kadett A hat einen Nachfolger bekommen, die Serie B. Das erste, was sowohl Kunden als auch Fachpresse auffällt, ist der Preis des Neuen: mit 5175 Mark ist der größere, schnellere und komfortablere Wagen nur 100 Mark teurer geworden. Die viertürige Limousine kostet noch einmal 350 Mark mehr.

Aus den Auto-Radios der ersten zugelassenen Kadett B ertönen die Beatles mit „Baby You Can Drive My Car". Und ob sie kann, ist doch der um 18 Zentimeter gewachsene Kadett ein Zeichen dafür, daß die Deutschen langsam ihren Vorkriegs-Lebensstandard wiedererlangen. Das Volkseinkommen in der BRD wächst von 139,5 Milliarden Mark auf 345,4 Milliarden Mark. Immer mehr Autos benötigen immer mehr Sprit. Seit 1955 hat sich der PkW-Bestand in Deutschland von 1,7 Millionen auf 9,3 Millionen mehr als verfünffacht. Der Kraftstoffverbrauch verdoppelt sich seit 1959 und wird sich bis 1971 verdreifachen. Kaum einer spricht noch vom Leukoplastbomber Lloyd 300 oder dem Goggomobil. Die Familie braucht Platz und findet ihn im neuesten Produkt aus Rüsselsheim zum Billig-Tarif.

Größer und repräsentativer: Der Kadett B ist fertig.

Immerhin ist die dritte Generation des Kadett nicht nur länger, sondern auch zehn Zentimeter breiter geworden. Erstmals ist der neue Kadett in den Limousinen-Versionen offiziell ein Fünfsitzer. Im Coupé gestattet die Polizei nur einen Ausflug zu viert. Damit das Ganze auch gut aussieht und sicher ist, wächst die Spur vorn um fünf, hinten gar um acht Zentimeter. Daß der Kadett nicht nur größer, sondern auch erwachsener geworden ist, zeigen die besseren Fahrwerkseigenschaften. Das Fahrwerk setzt sich aus einer Einzelradaufhängung an doppelten Querlenkern, Weitspalt-Querblattfedern vorn und Starrachse an Zentralgelenk und Längsblattfedern zusammen. Vorn und hinten sind hydraulische Stoßdämpfer montiert. Der B erweist sich als wesentlich fahrstabileres Automobil, eine Basis, auf der auch erstmals sportliche Varianten denkbar sind.

In der Anzahl der zahlreichen Modell-Variationen gibt es zwischen altem und neuem Modell keine Parallelen mehr. Den Grund erklärt ausführlich die aktuelle Mitteilung der Opel-Presseabteilung an die Fachpresse: „Wenn das Opel-Personenwagen-Programm als Ganzes schon das Bemühen ausdrückt, in vernünftigem Umfang Automobile für jeden Geldbeute, für jeden Zweck und für jede Person zu liefern – um den früheren Präsidenten der General-Motors-Corporation, Gordon, zu zitieren –, dann leitet dies auch zum Ausbau der Kadett-Modellreihe. Zur zweitürigen Limousine ist nun eine viertürige Version gekommen. Beide Limousinen wie auch den Kadett Caravan gibt es in Normal- und Luxus-Ausführung. Das neue Kadett Coupé rundet das Bochumer Produktions- und Lieferprogramm ab."

Opel ist in den sechziger Jahren nicht der einzige Hersteller, der sein Modell-Programm ordentlich erweitert. Der immer individuellere Geschmack der Käuferschicht verlangt nach immer mehr Auswahl. Zu diesem Thema schreibt die „automobil illustrierte" 1965: „Auch die Adam Opel AG., Rüsselsheim, hat, wie viele andere Firmen, kurz vor der IAA das Geheimnis um ihre neuen Typen gelüftet. Im Kampf um den Marktanteil glaubt die Automobilindustrie nur bestehen zu können, wenn sie ihre Typen erweitert – selbst VW schließt sich da nicht mehr aus –, und schafft so für den Käufer eine kaum noch erfaßbare Vielzahl an Typen und Sonderausstattungen." Die Automobil-Hersteller profitieren nicht wenig von ihrer neuen Politik. Mit dem Kadett B gelingt es Opel erstmals, auch die Exportmärkte in der unteren Mittelklasse zu erreichen. Der B wird im Ausland regelrecht ein Hit. Sogar die Amerikaner finden Gefallen an dem kleinen „GM" made in Germany. Für Opel ein wichtiger neuer Markt, den es zu erschließen gilt. Mit 399 938 exportierten Wagen ist VW in den USA die deutsche Nummer eins. Opel hat da mit 16 136 Autos „made in Rüsselsheim, sold in Detroit", noch einiges aufzuholen.

Wieviele Opel in den USA verkauft werden, kann die Rüsselsheimer Zentrale zu jeder Tages- und Nachtzeit abfragen. Grund: Der USA-Satellit „Early Bird" gestattet die erste ständige Funkverbindung zwischen den USA und Europa, da seine Umlaufgeschwindigkeit die konstante Position zwischen den Kontinenten sichert.

Welsch baute nach dem A-Kadett auch den B zum Cabriolet um.

Die äußere Linie des Kleinsten im Opel-Angebot zeigt nun mehr Verwandtschaft mit seinen größeren Brüdern Rekord, Diplomat und Admiral. Die in den sechziger Jahren mit heutigen Fachblättern vergleichbare „automobil illustrierte" skizziert den Neuen 1966 sehr genau und präzise: „Die von Opel dieses Mal vorgenommenen Änderungen gehen beim Kadett, bei dem es ohnehin erstaunlich schien, daß er drei Jahre lang bis auf das Ausmerzen von Kinderkrankheiten kein anderes Profil bekam, sehr in die Weite. Bei Opel wurde allgemein die neue Linie des „Fastbacks" proklamiert. Übernommen von den flachen, reinrassigen Sportwagen italienischer und teils auch englischer Bauart, sieht dort das Fastback mit einer tiefen Gürtellinie wahnsinnig schnell aus. Hier zeigt es Kraft und Geschwindigkeit schon, ehe man den Motor vernommen hat. Das geht aber bei einem Auto der Größenklasse des Opel Kadett auf Kosten der Seitenscheiben und wirkt bei seiner Kürze von 4122 mm doch etwas sehr gedrungen und hochbeinig, obwohl man die Dachlinie um 13 mm tiefergelegt hat. Solche „schnellen Linien" wirken auch nur bei Wagen, die entweder sehr tief liegen, oder man an Platz nicht zu sparen braucht. Trotz allem sind aber die Konturen des Kadett schmiegsamer und flüssiger geworden. Während die Windschutzscheibe um vier Zentimeter in der Höhe vergrößert wurde und eine stärkere Neigung erhielt, erhöhte man die Heckscheibe ebenfalls um 10 Zentimeter. Heck- und Seitenscheiben erhielten rundherum eine konkave Wölbung."

Der Wolfsburger Erzfeind Käfer kann da nicht mehr mithalten, bei ihm hilft nur ein Schiebedach, um hochhängende Ampeln einzusehen. Der Kadett hat auf der ganzen Linie an Stil gewonnen. Seine hohe Gürtellinie endet mit einem eleganten Hüftschwung. Selbst die Tür- und Seitenwandfenster sind gewölbt. So heben sich L-Modell und Coupé von der einfacheren Ausführung äußerlich rein funktionell durch dicke Chromhörner mit Gummiauflage an den Stoßstangen ab. Die schaffen aber nicht nur Abstand zur Masse, sondern auch zu Wänden, kleine Rempeleien bleiben ohne schwerwiegende Folgen.

In dieser Form sollte der Kadett B dem Käfer auch als Polizeifahrzeug paroli bieten.

BO-TK 8

Mit dem Fastback-Coupé ab 1965 auf zu neuen Kunden-Ufern. Typisch: die Kiemen an der B-Säule.

B-Coupé

Besonders stolz sind die Mannen bei Opel auf ihr neues Coupé. Der Pressetext aus dem Jahre 1965 weist unter anderem darauf hin, daß „das Rückwandfenster mit dem Dach eine nach rückwärts in einer Kurve abfallende Hecklinie bildet.“ Was hier so sachlich beschrieben ist, stellt nichts anderes als die Antwort auf den immer mehr Einfluß nehmenden amerikanischen Geschmack dar. Deshalb bekommt das neue Coupé-Heck auch einen amerikanischen Namen – das „Fastback“ ist erfunden. Damit die ganze Sache auch wirklich formvollendet ist, bescheren die Designer der breiten C-Säule des Fließhecks noch ein paar Kiemen.

Für 410 Mark Aufpreis läuft der Kadett als Caravan vom Band.

Kadett Caravan

Der Caravan läuft in den gleichen Versionen wie seine Stufenheck- und Coupé-Brüder vom Band. Mit der 45- und 55-PS-Maschine kann er aber, bedingt durch seine weniger aerodynamische Form und dem höherem Fahrzeug-Gewicht, die Fahrleistungen der anderen Varianten nicht erreichen. Mit 45 PS schafft er 125 Stundenkilometer. Der Aufpreis gegenüber der Stufenheck-Basislimousine liegt bei 410 Mark. Wer sich von den übrigen Maurer-, Maler- und Schreiner-Caravans absetzten will, dokumentiert mit der L-Ausstattung und weiteren 175 Mark Aufpreis für die Dachreeling, daß er einen Luxus-Kombi und keinen Gebrauchs-Lastesel chauffiert. Was es für ihn nicht gibt, ist die kurze Opel-Sportschaltung. Dafür darf er 25 Kilogramm mehr ziehen als alle anderen Kadetts, für den Urlaub mit dem Wohnwagen keine unerhebliche Tatsache. Dazu kommt mit umgeklappter Rücksitzlehne eine 1573 Millimeter lange Ladefläche.

Der Innenraum des aktuellen Kadett hat mit dem des A so gut wie nichts mehr gemein. Das Metall-Zeitalter für Armaturenbretter ist endgültig vorbei, der Kunststoff zieht in unsere Wagen ein. Damit aber zum Glück auch deutlich mehr passive Sicherheit. „Wir wollen nicht nur, daß Sie sich sicher fühlen, sondern, daß Sie auch tatsächlich sicher sind,“ beteuert der Opel-Prospekt. Doch ganz umsonst ist auch die Sicherheit nicht, für die im Falle eines Falles splitterfreie Frontscheibe verlangt Opel 120 Mark mehr, die heizbare Heckscheibe steht mit 90 Mark in der Aufpreisliste. Über die lebenserhaltenden Betriebssysteme und die wichtigsten Momentandaten wie Geschwindigkeit und Kraftstoffvorrat informieren drei große Rundinstrumente. Links davon beherbergt das Cockpit die Kipp-Schalter für Licht und Scheibenwischer. Diese Position wird Tradition bekommen. Auch 1988 sitzt der „Lichtschalter", wenn auch als Drehknopf, noch an der gleichen Stelle. Kurskorrekturen werden über ein großes Dreispeichen-Lenkrad ausgeführt. Das ist zwar etwas dürr, hat aber den Hupkontakt in der Mitte sitzen. Eine Lektion, die einige andere Hersteller selbst in den achtziger Jahren noch nicht gelernt haben werden. Ein Witz ist, daß es die Verstellung für den Beifahrer-Sitz in der Basisversion nur gegen 15 Mark Aufpreis gibt. Arretieren lassen sich die Sitzlehnen im einfachsten Kadett leider auch nicht. Etwas karg sind ebenfalls die schwarzen Gumminmatten statt eines anständigen Teppichs.

L-Ausstattung

Ganz eindeutig die bessere Wahl ist die L-Ausstattung. Für 5625 Mark als Zweitürer und 5975 Mark als Viertürer ist der Kadett wesentlich kompletter ausgestattet. Viele Details wie den Innenzug für die Motorhaube, Rückfahrleuchte oder ein abschließbarer Tankdeckel schaffen sich auch die Käufer der Grund-Version an. Nicht nur die Armaturen des Kadett sind edler und praxisgerechter geworden. Der Prospekt lockt mit weiterem Luxus in der L-Ausstattung: „Auf körpergerechten Sitzen aus ausgesuchten Polsterstoffen oder Kunstleder fühlen Sie sich wohl. Geschmacklich alles aufeinander abgestimmt. Aluminium-eloxierte Fensterrahmen (in der Basisversion sind sie in Wagenfarbe lackiert), Zierleisten aus Edelstahl an Seitenwand und Radausschnitt sowie Radzierringe prägen das Aussehen des Kadett „Luxus" nach außen." In der zweitürigen Version sind die hinteren Fenster zum Ausstellen. In der Basisversion kostet dieser Spaß 48 Mark Aufpreis. Doch wo Licht ist, ist auch Schatten. Kälte im Winter und Hitze im Sommer bleiben nicht ohne Einfluß auf die in einen Klappmechanismus eingeklebten Ausstellfenster. Der Kleber wird spröde, und einige B-Seitenscheiben zerbersten auf der Straße. Eine Frischluft-Öffnung, die diese Probleme nicht kennt, ist das 395 Mark teure Stahlkurbeldach. Für die bequemen Sitze muß die Karosserie natürlich innen mehr Platz bieten. Das weiß auch die Opel-Presseabteilung und schreibt: „Die Komfortmaße haben beachtlich zugenommen. So wurden unter anderem die hintere Hüftbreite um 206 mm, die Schulterbreite vorn um 90 mm und hinten um 73 mm größer. Das Kofferraum-Staumaß wuchs um rund 13 Prozent auf 337 Liter (VDA-Norm)." Wer mehr Raum bietet, muß auch mehr transportieren dürfen. Aus diesem Grund wird die Zuladung auf 415 Kilogramm angehoben.

Motorisierung

Danach ist ein nächster Entwicklungsschritt der Techniker nur allzu logisch: Der Motor muß zum Krafttraining. Die Bauart als Vierzylinder-Kurzhub-Reihenmotor mit obenliegender Nockenwelle und hängenden Ventilen ändert sich nicht. Geschmiedete Kurbelwelle, Zündverstellung selbsttätig über Fliehkraft und Unterdruck, thermostatgesteuerte Überdruck-Flüssigkeitskühlung mit Umwälzpumpe, das alles sind Motorzutaten, die sich über die Jahre nicht wesentlich verändert haben. Die Bohrung wird dagegen auf 75 mm erhöht, der Hub bleibt mit 61 mm der gleiche. Damit wird der Hubraum von 986 cm³ auf 1071 cm³ vergrößert. Die Basisversion leistet jetzt 45 PS bei 5000/min und einem Drehmoment

Kadett on Campus: Auch in den USA wurde der kompakte Deutsche populär.

Sportliche Zeiten für Opel: 1966 kommt der Rallye-Kadett.

von 75 Nm bei 2400 – 3200/min. Da sie im Verhältnis 7,8:1 verdichtet ist, dürstet sie nur nach verbleitem Normalbenzin. Der S-Motor entwickelt jetzt 55 PS bei 5400/min, sein maximales Drehmoment von 81 Nm liegt zwischen 2400 und 3600/min. Um gegenüber der 45-PS-Maschine nochmals einen Leistungsschub zu erzielen, verdichten die Opel-Techniker das Triebwerk mit 8,8:1. Die Operation gelingt, der Patient aber verlangt jetzt Super-Benzin. Als zusätzliche Kraftkur kommen neue Fallstrom-Vergaser von Solex zum Einsatz.

In ihrer Ausgabe 13/1966 veröffentlicht die „automobil-illustrierte" den Test Nummer 313. Testkandidat: das Opel-Kadett-Coupé mit 55 PS. Besondere Aufmerksamkeit schenkt Tester Gerhardt Koop der neuen 1078-cm^3-Maschine, die im übrigen für 158,50 Mark Jahressteuer und 349 Mark Haftpflicht ordnungsgemäß versteuert und versichert ist: „Das Erfreulichste an diesem Auto ist der Motor. Der Ruf von Opel war in dieser Beziehung nie schlecht. Aber dieses Triebwerk wird nicht nur vermutlich lange halten, es ist auch erstaunlich drehzahlfreudig. Die erreichbaren Fahrleistungen können sich sehen lassen. Die Beschleunigungswerte (die Zeitschrift „auto, motor und sport" ermittelt im April 1966 eine Beschleunigung von 0 – 100 km/h in 20,6 Sekunden für die 45-PS-Version und 19,6 Sekunden für die 55-PS-Ausführung) liegen über der Norm dieser Klasse, wenn es auch bessere gibt und die ermittelte Höchstgeschwindigkeit, die fast mühelos auch über längere Strecken gehalten werden kann, dürfte keine Ausnahme für das Exemplar sein. Die vom Werk genannten 146 km/h werden nur wenige besonders gut ausgefallene Coupés erreichen. Über 140 km/h werden sie aber durchweg gehen. Das bedingt natürlich den 1,1-Liter-S-Motor mit 55 PS, der nur in Verbindung mit Reifen der Dimension 155-13 und Scheibenbremsen vorn zum Aufpreis von 280 Mark geliefert wird. Und das Erfreulichste ist, daß der Motor dabei auch noch ausgesprochen sparsam ist. Mit diesen Fahrleistungen, die vor wenigen Jahren einem Mittelklassewagen noch gut zu Gesicht gestanden hätten, begnügt sich das Kadett-Coupé mit neun Litern Super-Kraftstoff. Ein Lob an dieser Stelle." Die gegenüber dem Kadett A um zwölf Prozent gewachsenen Trommelbremsen sind dem höheren Fahrzeuggewicht angepaßt. Auf die vorderen Scheibenbremsen brauchen die Fahrer der Basisversionen zudem nicht zu verzichten, sie gibt es selbstverständlich gegen Aufpreis auch in Verbindung mit dem 45-PS-Motor. Ausschließlich im Ausland ist der Kadett mit einer 1000- und 1500-cm^3-Maschine lieferbar.

Am 11. Oktober 1966, vier Jahre nach der Eröffnung des Werkes Bochum, verläßt der einmillionste Kadett das Fließband (zum Vergleich: Produktion des Vorkriegskadett 1936 bis 1939 = 107 608 Einheiten). Der Jubiläumswagen – ein Kadett Coupé – wird in die USA ausgeführt. Kein Wunder, erreicht doch der Exportanteil der Kadett-Produktion jetzt 50 Prozent in sage und schreibe über 120 Ländern der Erde. Die im Heimatland verbliebenen Wagen bekommen 1966 das Benzin zu 53 Pfennig je Liter eingeflößt, davon kassiert der Staat schon damals 37,5 Pfennig.

Rallye Kadett

1966 bringt Opel ein Fahrzeug, dessen Ur-Ur-Ur-Enkel 20 Jahre später Kadett GSi 16 V heißen wird: der kleine Opel wird sportlich. Erster Body-Builder ist der Rallye 1,1 im November. Nachdem die Techniker dem Basis-Motor zwei Fallstromvergaser spendieren und seine Verdichtung auf 9,2:1 erhöhen, steigt seine Potenz auf 60 PS. Das größte Drehmoment von 81 Nm erreicht er über einen sehr großen Bereich zwischen 3500 und 4500/min. Jetzt darf er sich SR-(Super Rallye)-Motor nennen. Die Luft zum Atmen saugt er durch zwei widerstandsarme Luftfilter an, eine Hochleistungsauspuffanlage sorgt zusätzlich für mehr Power und Sound. Haltbarere Lagerschalen für Kurbelwelle und Pleuellager kompensieren die höheren Lagerdrücke. Über die verbesserten Fahrwerksqualitäten schreibt die Zeitschrift „auto, motor und sport" in ihrer Ausgabe 3/67: „Ebenso einfach wie wirksam sind die Fahrwerksverbesserungen, die man dem Rallye-Kadett angedeihen ließ. Der Wagen erhielt fünf Zoll breite Lochscheibenräder, die man von Haus aus mit Gürtelreifen der Größe 155 SR 13 bestückt hat. Gleichzeitig wurde die Federung des Rallye etwas härter abgestimmt." Damit mischt er unter anderem erfolgreich bei der Rallye Monte Carlo mit, was seine Popularität nicht unwesentlich steigert.

Über die gut abgestimmte Maschine zeigt sich „auto, motor und sport" begeistert: „Als überraschend kultiviert erwies sich der Super-Rallye-Motor, der durch die erhöhte Leistung kaum etwas von seiner Alltagstauglichkeit eingebüßt hat. In jedem Drehzahlbereich nimmt der Motor spontan Gas an und zeigt sich erstaunlich dreh- und leistungsfreudig. Etwas Feingefühl erfordert die Betätigung des Gaspedals, da der Motor so heftig reagiert, daß es leicht zu einem kleinen Übergangsruck kommen kann." Selbst der Sound des Kadett findet Anklang: „Im Ansauggeräusch gibt sich der Rallye-Kadett sportive und kernig, was vor allen Dingen beim Beschleunigen aus niedrigen Drehzahlen auffällt. Beim Fahren mit konstanter Geschwindigkeit ist das Geräusch selbst bei hohen Drehzahlen kaum lästig und nicht zu stark, wie auch die gemessenen Phonwerte nicht viel höher liegen als beim normalen Kadett. In den meisten Fällen dürften sich die Besitzer über den kräftigen Sound ihres Autos freuen und ihn kaum als Nachteil empfinden." Die Stuttgarter Fachzeitschrift stellt weiter fest, daß der Rallye trotz des aufmüpfigen Äußeren kein Blender ist: „Ebenso sportlich wie er tönt, fährt sich der Rallye Kadett auch. Obwohl die gemessenen Fahrleistungen (Höchstgeschwindigkeit 146,5 km/h, Beschleunigung von 0 bis 100 km/h in 15,2 Sekunden) nicht außergewöhnlich sind, fühlt sich der

Kadett wegen seiner Leistungscharakteristik äußerst lebendig an. Dies ist nicht etwa Einbildung, hervorgerufen durch die Geräuschkulisse, denn bei Vergleichsfahrten mit leistungsstärkeren Mittelklasse-Wagen konnte der Rallye Kadett mühelos mithalten." Das „ams"-Fazit lautet: „Mit dem Rallye Kadett ist Opel in ein Gebiet vorgedrungen, in dem manche anderen deutsche Firmen schon längst zu Hause sein könnten. Zwar wurden einige Anläufe in dieser Richtung unternommen, jedoch wurden sie nie mit der Konsequenz ausgeführt, wie sie Opel als Großhersteller walten ließ. Gemessen daran ist der Preis dieses Autos nicht einmal zu hoch. Mit 7175 Mark kostet der Rallye Kadett, der nur als Coupé lieferbar ist, rund 1100 Mark mehr als das normale Kadett-Coupé. Allein schon die zusätzliche Ausstattung würde diesen Mehrpreis fast rechtfertigen, von der höheren Leistung, dem besseren Fahrwerk und nicht zuletzt dem größeren Fahrvergnügen gar nicht zu reden. Dafür nahmen wir sogar die etwas auffällige Lackierung in Kauf, wenn sich auch mancher gewundert hat, daß wir dem Auto nicht in Ringelhemd und gestreifter Hose entstiegen."

Technisch und optisch ist der meist in Silbergrau ausgelieferte Wagen ein kleiner Leckerbissen. Scheibenbremsen vorn mit Zweikreis-Hydraulik und Bremskraftverstärker unterstreichen die sportliche Optik. Außen ist der „Yuppie" mit mattschwarzer Kriegsbemalung in Form von Zierstreifen und reflektionsfreier Motorhaube sowie Zusatz-Fernscheinwerfern ausgerüstet. Innen verleihen ihm der kurze Coupé-Schalthebel, ein Holzlenkrad, Drehzahlmesser und eine Mittelkonsole mit Ampèremeter, Zeituhr und Öldruckmesser einen dynamischen Touch. Das Rezept hat Erfolg: Ende Januar 1967 sind bereits 5000 Exemplare ausgeliefert, am 30. April 1971 werden es 100 000 Stück sein. Den Rallye Kadett befeuert als Alternative zur 1,1-Liter-Maschine ab September 1967 zusätzlich die 1,9-Liter aus dem Rekord C mit 90 PS. Damit ist der nun 168 km/h schnelle B eines der flottesten Automobile seiner Klasse. Der Preis für 20 Stundenkilometer mehr gegenüber dem Rallye 1,1 beträgt 645 Mark und 2,5 Liter Mehrverbrauch auf 100 Kilometern. Der Rallye ist zudem auch Wegbereiter, denn ab Februar 1967 werden alle Kadett mit Zweikreis-Bremssystem plus Bremskraftverstärker und Scheibenbremsen vorn ausgerüstet. Im August desselben Jahres geht es der mittlerweile veralteten Hinterachse mit Längsblattfedern an das Leder. Die neue Achse ist natürlich mit Längs- und Querlenkern für eine bes-

Mit seinem großen Kofferraum war der Kadett B in erster Linie für Familien interessant. Der Wolfsburger Käfer konnte da nicht mithalten.

Den ab September 1967 lieferbaren LS gab es mit einem 55- und 75-PS-Motor. Wegen der kurzen Kofferraumklappe war er wie ein echter Fünftürer.

sere Spurstabilität ausgerüstet, Schraubenfedern sorgen für einen besseren Federungskomfort. Für 213 Mark ist sogar eine Differential-Sperre erhältlich.

Interessant ist die Übersicht einiger wichtiger Rallye 1,9 LS-Ersatzteilpreise aus der „Deutschen Auto-Zeitung" im März 1970. Der Rallye LS 1,1 kostet jetzt übrigens schon 7908,75 Mark, der 1,9 LS schon 8624,70 Mark. Die Ersatzteilpreise sind für heutige Verhältnisse niedrig: Austauschmotor 1780 Mark, Vergaser 83 Mark, Scheibenwischermotor 54

Luxus-Kadett: Von 1967 bis 1971 wurde der Olympia gebaut.

Mark und Bremsbacke mit Belag hinten 8,20 Mark. Zum Wohl aller Kadett-Fahrer der Nation erkennen die Techniker, daß sich in der Lenksäule und im Lenkrad ein großer Gefahrenherd im Falle eines Frontalaufpralls verbirgt. Deshalb laufen ebenfalls ab August 1967 alle Kadett mit einer neuen Sicherheitslenksäule von den Montagebändern. Die Lenkung ist dabei über ein Gelenk mit einer Teleskopspindel verbunden. Bei einem Unfall knickt die Lenksäule so an der Soll-Bruchstelle und gefährdet den Faher nicht mehr. Das neue Dreispeichenlenkrad ist zusätzlich mit einer weichen Polsterauflage abgesichert. Einer der wichtigsten Wegbereiter des Sicherheits-Autos ist der im großen Maße fortschrittliche Ro 80. Der schickt sich im selben Jahr an, mit seinem Wankelmotor die Welt zu erobern. Marketing- und Produktionsfehler lassen den hervorragenden NSU jedoch zum finanziellen Fiasko für die Firma werden.

LS und Olympia

Im September hebt Opel ab. Mit der Einführung der zusätzlichen Modellreihen Kadett LS und dem Olympia beginnt auch in der Adam Opel AG die sogenannte Modellexplosion. Immerhin umfaßt die Kadett-Baureihe jetzt vier Karosserie-Varianten: Kadett, Kadett LS, Olympia und Caravan. Als teuerste Version läuft der Rallye Kadett LS mit 1990-S-Motor von den Bändern. Mit einigen Extras wie Stahl-Kurbeldach, Verbundglas-Frontscheibe, verchromten Scheibenrädern und Sportsitzen läßt sich sein Preis mühelos auf über 9000 Mark schrauben. Für knapp 1000 Mark mehr steht immerhin schon der Opel Commodore 2500 S in der Garage. Der Olym-

Nacktes Blech dominiert 1965 im ersten Kadett B.

Ein Hauch von Luxus: Olympia-Armaturen mit Holzimitat und Rekord-Lenkrad.

Mehr Innenraumsicherheit und Lüftungsklappen bot der 67er Kadett.

Der Kadett L mit kurzem Sportschalthebel.

pia ist der Rolls Royce unter den Kadett B. Die Super-Luxusversion soll den erfolgreichen Namen Olympia, unter dem in den dreißiger Jahren der erste Opel mit selbsttragender Karosserie bekannt wurde, zu neuen Ehren bringen. Die zweitürige Limousine kostet 6835, die viertürige 7215 und das Coupé 7035 Mark. Bei diesen Dumping-Preisen wird es aber nicht bleiben, der Viertürer mit 60 PS kostet im Februar 1970 schon 7620,15 Mark. Der Fahrer des gediegensten aller Kadett kann unter drei Motorvarianten wählen: dem 1,1-Liter SR mit 60 PS, dem 1,7-Liter S mit 75 PS und dem 1,9-Liter S mit 90 PS. Den 1,1-Liter-Motor mit 45 und 55 PS gibt es für den Olympia nicht. Den vermissen die Fahrer allerdings auch nicht, denn der kleine SR-Motor ist durch seine zwei Solex-Fallstromvergaser PDSI-2X derart laufruhig und elastisch, daß der Einsatz der Basis-Maschinchen schon fast ein Frevel wäre. Wie im Rallye erhöhen auch im Olympia Trapez-Doppelquerlenker mit elastisch befestigter Querblattfeder vorn den Fahrkomfort standesgemäß. LS und Olympia haben eine gemeinsame neue Grundform, wobei der Olympia 41 Millimeter breiter ist, als die übrigen Kollegen im Programm. Es gibt sie als zwei- und viertürige Limousinen mit Schrägheck. Gegenüber dem Coupé wird die Dachpartie und die C-Säule stark verändert. Das Fließheck läuft jetzt ohne Knick weich nach hinten aus und läßt die Heckpartie harmonischer wirken. In der C-Säule fallen die Kiemen dem Rotstift zum Opfer. Dafür wird das Fenster länger. Anstatt von unten schräg nach oben anzusteigen, treffen sich jetzt die obere und die untere Fensterleiste in der Mitte. Passend dazu baut das Werk größere Heckleuchten ein. Aber ein wahrer „Olymp" ist nur der, der auch eine andere Frontpartie sein Eigen nennt. Das kann der Olympia: Sein neuer Kühlergrill ist mattschwarz mit querlaufenden Chromleisten und rechteckig eingefaßten Scheinwerfern. Der Clou des Grills ist aber, daß er nicht einfach mit den Chromrändern der Scheinwerfer abschließt, sondern um den Kotflügel herumgezogen ist. Und wo er nicht mehr weiterläuft, sorgen verchromte Zierleisten für elegante Radausschnitte und Karosserieabschlüsse. Der Olympia ist in den Augen der Opel-Marktstrategen der gelungene Kompromiß zwischen dem kleinen Kadett und dem großen Rekord. Im Innenraum bläst dem Olympia-Fahrer im wahrsten Sinne des Wortes ein frischer Wind entgegen, denn gegenüber dem Kadett hat er ein wesentlich leistungsfähigeres Lüftungssystem. Der Rest ist vom Feinsten, zeitgenössische Tester berichten sogar von Parallelen zum Luxus-Schiff Diplomat. Die Armaturen sind sowohl oben als auch unten von einer weichen Polsterung umschlossen, um die Anzeige-

Kadett B- und Olympia-Club

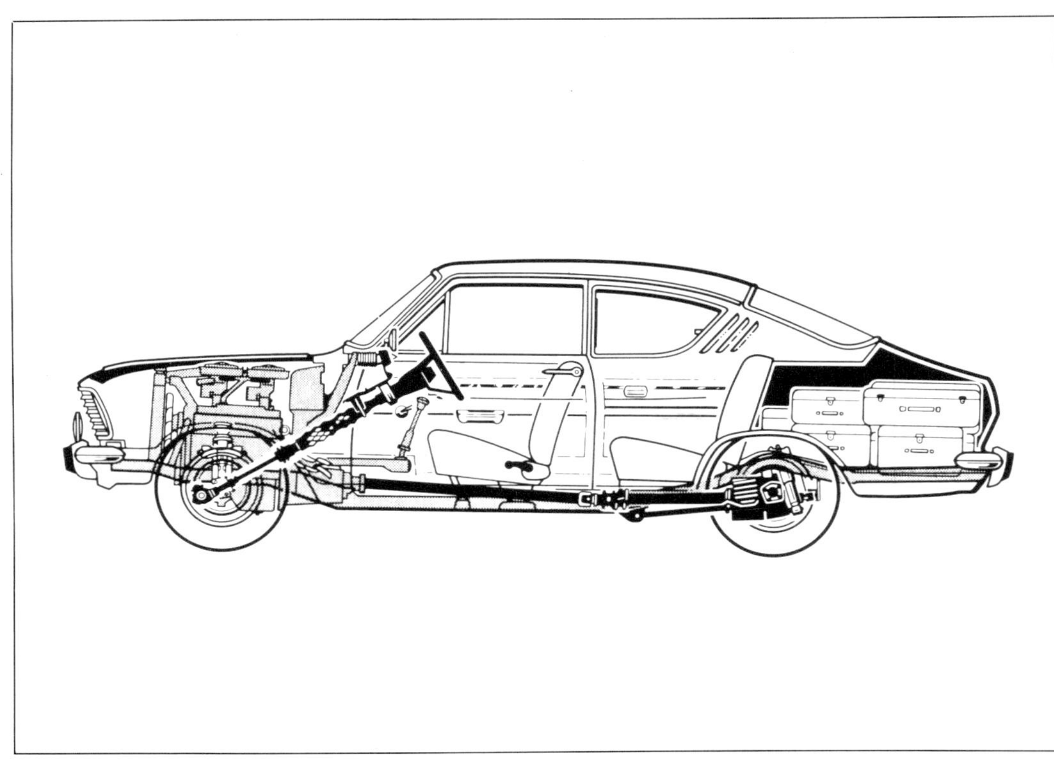

Der Rallye-Kadett steht bei den Kadett-B-Fans ganz besonders hoch im Kurs. Hier die erste Karosserieausführung – aber bereits mit Schraubenfedern.

Er hat schon eine erstaunliche Geschichte mitgemacht, der B-Kadett: Vom Brot- und Butter-Auto, das unzählige zufriedene Besitzer im Alltagsbetrieb schätzen, ist er inzwischen zum Liebhaberobjekt avanciert. Obwohl er Ende der achtziger Jahre als Zeichen der unglaublichen Robustheit seiner Konstruktion immer noch zum alltäglichen Straßenbild gehört, hat sich auch hier schon eine Szene etabliert, die erkannt hat, daß die B-Kadett-Limousinen, -Coupés und -Caravans es wert sind, erhalten zu bleiben.

Andreas Beck aus Langen, in der Nähe von Frankfurt gelegen, ist Vorsitzender des Kadett-B- und Olympia-A-Clubs Rhein-Main. Er und die über sechzig Mitglieder des Vereins versuchen, das ihrige zu tun, um die zahlreichen noch erhaltenen B-Kadett am Laufen zu halten. Dabei bietet der Club ein breites Spektrum der zahlreichen B-Kadett-Varianten: Angefangen von der 1965er Limousine mit schmalen Rückleuchten und Blattfeder-Hinterachse, den ersten Versionen des Rallye-Kadetts mit 1100 cm³, dem Rallye-Kadett mit 1900 cm³, den luxuriösen Olympia-Typen bis hin zum 1973er Kadett 1.2 finden sich fast alle Modelle.

Kadett-B-Treffen: Schrauben gehört dazu.

Dabei ist deren Erhaltung heute gar nicht mehr so einfach. Zwar ist die Beschaffung von Verschleißteilen wie Kupplungsscheiben, Ölfiltern oder Zündungsteilen dank der Tatsache, daß der B-Kadett nach wie vor als preiswertes Fortbewegungsmittel in hohem Ansehen steht, recht einfach. Auch Schrottplätze bieten (noch) ein schier unermeßliches Reservoir an Teilen. Will der Kadett-Fan aber sein Fahrzeug verschönern oder in Neuzustand bringen, müssen selbst die meisten Opel-Händler schon passen. Ein Opel-Meister sagt, wie's aussieht: „Einige Teile für den B-Kadett sind schon schwieriger zu besorgen als für den Opel GT. Versuchen Sie mal, einen Original-Kühlergrill für einen Rallye-Kadett zu besorgen, oder eine Stoßstange, oder Sitzbezüge . . ."

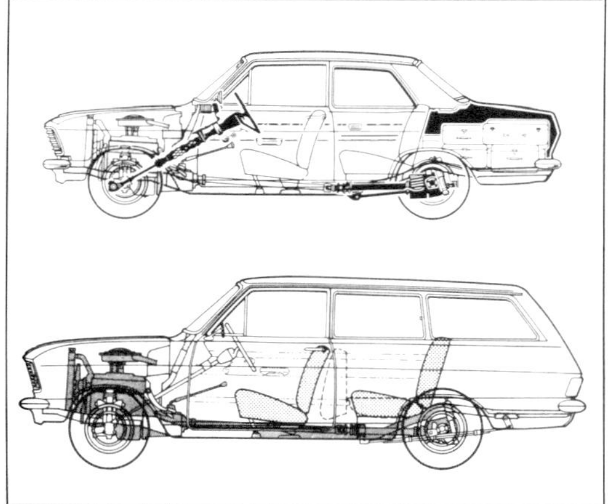

Auch erhaltenswert: Limousinen und Caravans.

Der Club versucht hier, so gut es geht zu helfen. Seine Aktivitäten beschränken sich allerdings nicht nur auf die Vermittlung von Ersatzteilen. Auch das Gesellige darf nicht fehlen. So finden an drei Orten in Deutschland Regionalstammtische statt, in Essen, Neu-Isenburg und Stuttgart. Jeden zweiten Sonntag oder Samstag im Monat treffen sich die Kadett-Fans, um alles über ihre Autos zu besprechen. Neben gemeinsamen Ausfahrten wird einmal im Jahr ein Deutschland-Treffen organisiert, auf dem jeder B-Kadett-Fahrer willkommen ist.

Was Andreas Beck und seine Club-Kameraden allerdings stört, ist die Behandlung, die den B-Kadett-Fahrern beim Opel-Händler oft widerfährt: „Wenn da einer mit einem A-Kadett kommt, oder einem Kapitän, dann kommt der letzte Lehrling aus der Ecke und versucht, noch irgendwie zu helfen. Aber bei einem B-Kadett ist überhaupt kein Engagement da." Das ändert sich höchstens dann mal, wenn es um ein besonders seltenes Stück geht, zum Beispiel einen '66er Rallye-Kadett. Da kommt dann wohl auch manchem Meister die Erinnerung an sein einstiges Traumauto. Der Club will aber nicht nur die seltenen Exemplare erhalten: „Auch eine '71er Limousine mit 45 PS ist es wert, erhalten zu werden."

Besonderer Wertschätzung unter den Club-Mitgliedern erfreut sich auch die legendäre Wartungsfreundlichkeit des B-Kadetts. Der Motorraum ist so großzügig bemessen, daß er dem Monteur fast noch Platz bietet, bei Regen seine Arbeit unter dem Schutz der Motorhaube fortzusetzen – wovon man bei den heutigen Frontantrieblern mit Quermotoren nur träumen kann.

Seine unverwüstliche Konstruktion garantierte dem B-Kadett ja schon von vorneherein ein langes Autoleben. Wenn sich nun auch noch Liebhaberhände seiner annehmen, so ist sichergestellt, daß es die B-Kadetts noch lange geben wird.

Kontaktadresse:

Andreas Beck
Steubenstraße 196
6070 Langen

Olympisches Ringen um Marktanteile

Testbericht Opel Olympia 1970

Opel, zur Zeit der Berliner Olympiade 1936 schon sieben Jahre GM-Tochter, scheute einst weder Mühe noch Kosten, um sein derzeit populärstes Modell in aller Munde zu bringen. Der 500000ste Opel Olympia machte als erstes Automobil der Geschichte im Bauch des Luftschiffes „Graf Zeppelin" eine Reise von Friedrichshafen nach Rio de Janeiro mit, und eine Olympia-Autokolonne fuhr nach Griechenland, um den olympischen Fackelläufer durch Südost-Europa zurück nach Berlin zu begleiten. Solche Pioniertaten brachten dem damals 1450 Reichsmark teuren Wagen eine so große Popularität ein, daß beim Wort Olympia kaum noch jemand an sportlichen Wettkampf, sondern alle an ein bestimmtes Automobil dachten.

Daß solcher Werbewert ungenutzt schlummern sollte, sahen die Opel-Leute nicht ein, zumal es die Jugend der Welt 1972 wieder auf deutschen Boden zieht. Der Name war da, also mußte auch das Auto her, das von der Dimension her unter dem entwachsenen Rekord, jedoch über dem Kadett liegen mußte.

Da aus unerfindlichen Gründen die Konstruktionsabteilung nichts Geeigneteres zur Hand hatte, griffen die Rüsselsheimer Typen-Politiker zu einem Mittel, das bereits im Frühjahr 1967 hervorragend gewirkt und den Commodore hervorgebracht hatte. So wie der Commodore aus Zutaten von Rekord und Kapitän zum hochgelobten Auto wurde, sollte beim Olympia das Werk mit Kadett- und Rekord-Teilen gelingen. Das Rezept, das beim Commodore – vor allem durch den robusten Sechszylinder-Motor – zu einem Auto mit eigenem Charakter führte, hatte beim Olympia jedoch nur eine Kadett-Version mit dem Prädikat „besonders wertvoll" zur Folge.

Die Rüsselsheimer bieten ihren Prunk-Kadett mit drei Motorvarianten an, die im Grunde parallel zum normalen Kadett-Programm geliefert werden: 1,1-Liter-SR (60 PS), 1,7-Liter-S (75 PS), 1,9-Liter-S (90 PS). Auch in der Karosserieform unterscheidet sich der Olympia nicht von der Kadett-Serie, in der es die Limousinen-Fließheck-Form ja auch mit der Bezeichnung LS gibt. Der Olympia hat lediglich einen anders gestalteten Kühlergrill, der sich nicht mit der vorderen Wagenbreite zufriedengibt, sondern noch um die Fahrzeugkanten herumzieht. Auch die Anordnung der Heckleuchten verrät, daß man es nicht mit einem normalen Kadett zu tun hat.

Verhältnismäßig hoch ist die Gürtellinie des Wagens, jedoch trübt sie den Blick zur Außenwelt nicht. Lediglich nach hinten entzieht sich die Wagenbegrenzung sanft dem Auge des Fahrers, und es bleibt seiner Zuversicht überlassen, wie weit er sich an einen Fremdkörper heranwagt.

Wie bei Opel üblich, ist der Olympia-Kofferraum mehr als üppig. Reserverad und Tank sind nach links und rechts an die hinteren Kotflügel verlegt, und so bleibt in der Mitte ein erstaunlich tiefer Nutzraum. Störend sind allein die kleine Haube und die hochgezogene Rückwand, die das Beladen erschwert. Zumindest hier hätte Opel die Chance nützen und das Fließheck mit einer Heckklappe kombinieren sollen. Doch hätten sich damit Probleme mit der selbsttragenden Karosserie ergeben, was tüchtig ins Geld gegangen wäre.

Wenig Hemmungen vor zuviel Aufwand hatten die Konstrukteure jedoch beim Innenraum, dem augenfälligen Unterscheidungsmerkmal gegenüber der Kadett-Serie. Das Armaturenbrett wirkt recht pompös, und der Vergleich zur Luxus-Stufe des Diplomat drängt sich auf. Der Straßenkreuzer-Effekt kommt erst recht zur Wirkung bei der Automatik-Ausführung mit Wählhebel auf der Mittelkonsole, wie wir sie im Testwagen fuhren. Die drei Anzeige-Instrumente direkt im Blickfeld des Fahrers könnten etwas größer sein, doch sind sie so gekonnt verpackt, daß man sich zumindest optisch jederzeit als Kadett-Pilot erster Klasse vorkommt. Neben Ausstellfenstern gibt es in der Mitte des Armaturenbretts zwei Frischluftrosetten, so daß es selbst im Winter keine Probleme mit beschlagenen Scheiben gibt. Der Handschuhkastendeckel hat die Stärke eines kleinen Tresors, doch gemessen an der Fachgröße kommt man zum Fazit: große Klappe, nichts dahinter.

Mehr Ablagemöglichkeiten sind nicht vorhanden, doch ist der Boden derart üppig mit Velours ausgeschlagen, daß die Insassen versucht sind, sogar hier wertvolle Sachen zu deponieren. Der Innenraum entspricht Kadett-Maßen und sollte zumindest auf längeren Fahrten von nicht mehr als vier Personen genutzt werden.

Für den Olympia bietet Opel den 1,1-Liter-Motor, der auch mit 45 und 55 PS lieferbar ist, nur als 60-PS-SR-Ausführung an. Trotz seiner Literleistung von über 55 PS ist das kleine Fronttriebwerk sehr laufruhig und elastisch und eignet sich sehr gut für die Kombination mit dem automatischen Getriebe. Das Triebwerk, das im 1100er Rallye-Kadett auch die Sportlichkeit des Hauses Opel unterstreicht, speisen zwei Solex-Fallstromvergaser 35 PDSI-2x mit Superbenzin.

Mit dem automatischen Dreigangge-triebe erreichte der Testwagen für seine Fahrzeugklasse recht gute Fahrleistungen, was allerdings auch daran lag, daß die automatischen Schaltstufen jenseits von 5000 U/min lagen. Der größte Nachteil der Automatik liegt wohl im satten Preis von 799,20 DM. Zusammen mit dem Grundpreis von 7303,80 DM rutscht der Komfort-Opel über die 8000-Mark-Grenze und kommt damit den großen Brüdern aus der Rekord-Serie kräftig ins Gehege.

Unterscheidungsmerkmal: Blende zwischen den Rückleuchten.

Das Fahrverhalten entspricht dem des Kadett. Der Wagen untersteuert gutmütig und nimmt aufgrund seiner weichen Federungs-Dämpfungs-Abstimmung sowie der Starrachse schlechte Straßen übel.

Der Olympia hat nur als Ergänzungsmodell des Kadett eine Lebensberechtigung. Gemessen an den mäßigen Zulassungszahlen in Deutschland (1969: ca. 8000 Olympia, ca. 120000 Kadett) könnte die zweite Olympiade auf deutschem Boden mit dem endgültigen Abschied von diesem Olympia zusammenfallen.

Olympia als dreitürige Schräghecklimousine.

GG-DE 499

Instrumente ist ein Material verlegt, das wie Edelholz aussieht, und im Fußraum verwöhnt ein dicker Noppenteppich die Füße der Insassen. Allerdings erfüllt der Olympia die Erwartungen seiner geistigen Väter nicht ganz. Die Käufer sehen in ihm die Topversion des Kadett, nicht aber ein vollkommen eigenständiges Fahrzeug. Von 1967 bis 1970 können sich nur 80 637 Kunden zum Kauf eines Olympia entschließen.

Nicht nur die Karosserie- und Ausstattungsvarianten führen zu einer für den Käufer immer unübersehbareren Typenvielfalt. Ihren Anteil daran hat auch die ständig wachsende Motorenpalette. Im Herbst 1968 werden auch den übrigen Kadett-Piloten sämtliche Motoren zum Zugriff freigegeben. Das ist selbstverständlich nur gegen Aufpreis möglich. Mit der PS-Zahl wächst dabei aber auch der Standard von Bremsen und Fahrwerk. Wer sich zwischen dem 1,1-Liter- und dem 1,9-Liter-Motor nicht entscheiden kann, greift zum zusätzlich ins Angebot aufgenommenen 75-PS-Aggregat, ebenfalls aus dem Rekord C. Damit die Kinder nunmehr nicht ständig am Vordersitz der Eltern vorbei die Rücksitzbank erklimmen müssen, läßt Opel auch den Caravan-Kunden eine viertürige Version zukommen. Weniger kinderfreundlich wendet sich der neue Opel GT ab 1968 eher an kinderlose, besser verdienende Pärchen. 90 Prozent der Produktion werden exportiert.

Automatik

Wer des ewigen Schaltens überdrüssig ist, kann erstmals ab November 1968 den Kadett auch mit einem Automatik-Getriebe bestellen. Die 800 Mark teure Arbeitserleichterung stellt die Konzern-Mutter General Motors zur Verfügung, die das Getriebe im französischen Werk Straßburg bauen läßt. Zunächst gibt es die Automatik nur in Verbindung mit dem 1700-S- und 1900-S-Motor, da der Wandler einen großen Teil

LS-Variation zum Thema Kadett-Coupé.

der Motorleistung schluckt. Doch ab 1969 scheint für die Amerikaner plötzlich alles machbar. Grund der Euphorie: Neil Armstrong und Edwin Aldrin betreten als erste Menschen noch vor den Russen den Mond. Die westliche Welt glaubt ab sofort, sie sei technisch unschlagbar. Opels Beitrag zum Mondflug-Jahr '69 ist das Automatikgetriebe, angeschlossen an den 1100-S-Motor mit 60 PS. Über den schreibt ein Journalist in der „automobil illustrierten" 1970: „Mit dem automatischen Dreiganggetriebe erreichte der Testwagen für seine Fahrzeugklasse gute Fahrleistungen, was allerdings daran lag, daß die automatischen Schaltstufen jenseits von 5000/min lagen."

◀ Da ging die Post ab: Rallye-Kadett mit 1900 ccm und 90 PS.

Ein Jahr später wird das innenpolitische Klima in Deutschland schärfer, der Terrorismus beginnt zu keimen. Willy Brand, seit einem Jahr Bundeskanzler, ist machtlos. Der in Berlin inhaftierte Andreas Baader wird von seiner Komplizin Ulrike Meinhof befreit. Diese Art Schlagzeilen werden sich in den nächsten Jahren auf den Titelblättern der

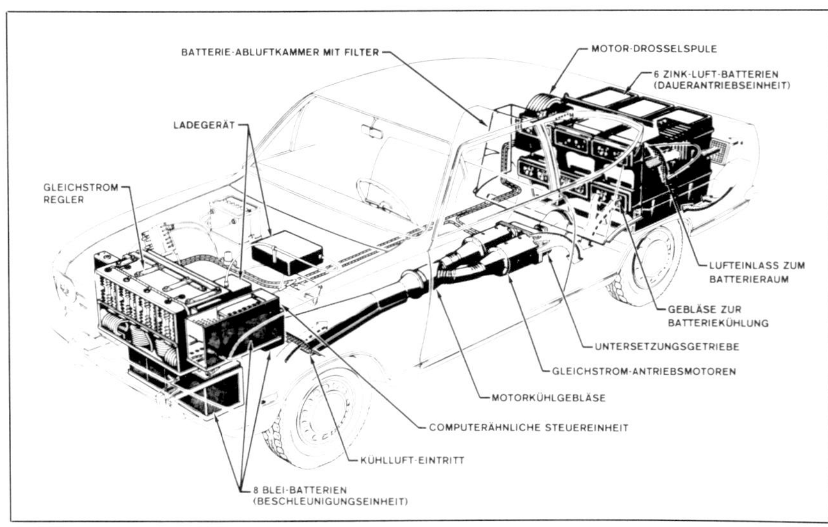

Kadett XEP von 1968: Erreichte mit seinem Elektroantrieb immerhin eine Geschwindigkeit von 90 km/h.

Zeitungen halten. Einer, der sich nicht mehr länger halten kann, ist der Opel Olympia. Der Opel Ascona steht vor der Tür und wird es wesentlich besser schaffen, die Lücke zwischen dem Kadett und Rekord zu schließen. Der Test-Redakteur Günter Wiechmann trifft 1970 den Nagel auf den Kopf: „Der Olympia hat nur als Ergänzungsmodell des Kadett eine Lebensberechtigung. Gemessen an den Zulassungszahlen in Deutschland könnte die zweite Olympiade auf deutschem Boden mit dem endgültigen Abschied von diesem Olympia zusammentreffen." Es ging noch schneller, denn der olympische Geist wird erst zwei Jahre später über Deutschland ziehen. Mit dem Olympia nehmen auch die alte Fastback-Karosserie, der viertürige Caravan sowie der 1700-S- und 1900-S-Motor ihren Abschied. Einzig der Rallye Kadett sichert dem 1,9-Liter-Triebwerk das Überleben in Kadett-Karosserien. Für die übrigen Modelle bleiben der 1100-, 1100-S- und 1100-SR-Motor im Programm. Opel baut damit wieder auf die Elemente, denen der Kunde beim Opel-Händler über die Jahre den Vorzug gegeben hat.

Letzte Modellpflege und 1,2-Liter-Motor

Seine letzte Frischzellen-Kur erhält der Kadett B im August 1971. Mittlerweile immerhin sechs Jahre auf dem Markt, rüstet er sich für den Endspurt seiner Karriere. Der kundige Beobachter erkennt die letzten Jahrgänge des B am schwarz lackierten Kühlergrill mit seiner hellen Mittellinie. Mit einem veränderten Zierstreifen verrät sich der Rallye-Kadett. Mehr Luxus suggeriert weiterhin die L-Version. Das Motorenangebot wird mit einigen Überarbeitungen gestrafft. Als Basis-

Triebwerk dient auch weiterhin der 1078-cm³-Normalbenzin-Motor. Er leistet jetzt aber 50 statt 45 PS. Den S-Motor gleichen Hubraums ersetzt eine neue 1,2-Liter-Maschine, die auch weiterhin 60 PS leistet. Und diesmal ist es gut, daß „er" doch gebort hat, exakter aufgebohrt. Resultat ist die maximale Leistungsabgabe nun schon bei 5400 U/min, 79 statt 75 mm Bohrung haben sich gelohnt. Außerdem wird die Verdichtung von 7,8:1 auf 9,0:1 angehoben. Die Fachzeitschrift „MOT" aus Schwaben hetzt den 1,2-Liter über Stock und Stein, Autobahn und Landstraßen. Danach steht fest: „Trotz eines geringfügig höheren Wagengewichts bring es der Zwölfhunderter auf Fahrleistungen, die deutlich über den Standard dieser Hubraum- und Leistungsklasse hinausragen. Der Testwagen beschleunigte in 16,2 Sekunden vom Stand auf 100 km/h und benötigte für den stehenden Kilometer eine Zeit von 37,8 Sekunden. Die im Mittel mehrerer Messungen ermittelte Höchstgeschwindigkeit von beinahe 150 km/h läßt sich bedenkenlos auch als Dauergeschwindigkeit ausnützen, weil sich dabei durch eine günstige Gesamtübersetzung nur Drehzahlen von knapp 6000/min einstellen."

Der Kadett B in der letzten Generation ist ausgereifter als je zuvor. Eine der schwierigsten Aufgaben im Autobau, die Anpassung des Getriebes an den Motor, gelingt mit dem 71er Modell endlich überzeugend. Die Fachzeitschrift „auto, motor und sport" schreibt: „Einen nicht unerheblichen Anteil an den guten Fahrleistungen hat das hervorragend abgestufte Getriebe, dessen Gänge länger übersetzt wurden. So kann man den ersten bis über 45 km/h, den zweiten Gang bis beinahe 80 km/h ausfahren, und Überholchancen können mit dem bis gut 120 km/h reichenden dritten Gang sicher wahrgenommen werden."

Ein Jahr, nachdem sich Opel seine führende Stellung auf dem deutschen PkW-Markt mit 20,4 Prozent zurückerobert hat, verlassen 1973 die letzten Exemplare des Kadett B die Hallen des Opel-Werkes Bochum, wahlweise mit dem 1200-S- oder 1900-S-Motor. Den Vorteil, bis in die letzte Schraube hinein ausgereift zu sein, überschattet der in die Jahre gekommene technische Standard. Das 1973 trotzdem noch über

Der Kadett 1.2 war am schwarzen Kühlergrill zu erkennen.

Die letzte Überarbeitung 1971: der Kadett B mit der 60-PS-1,2-Liter-Maschine.

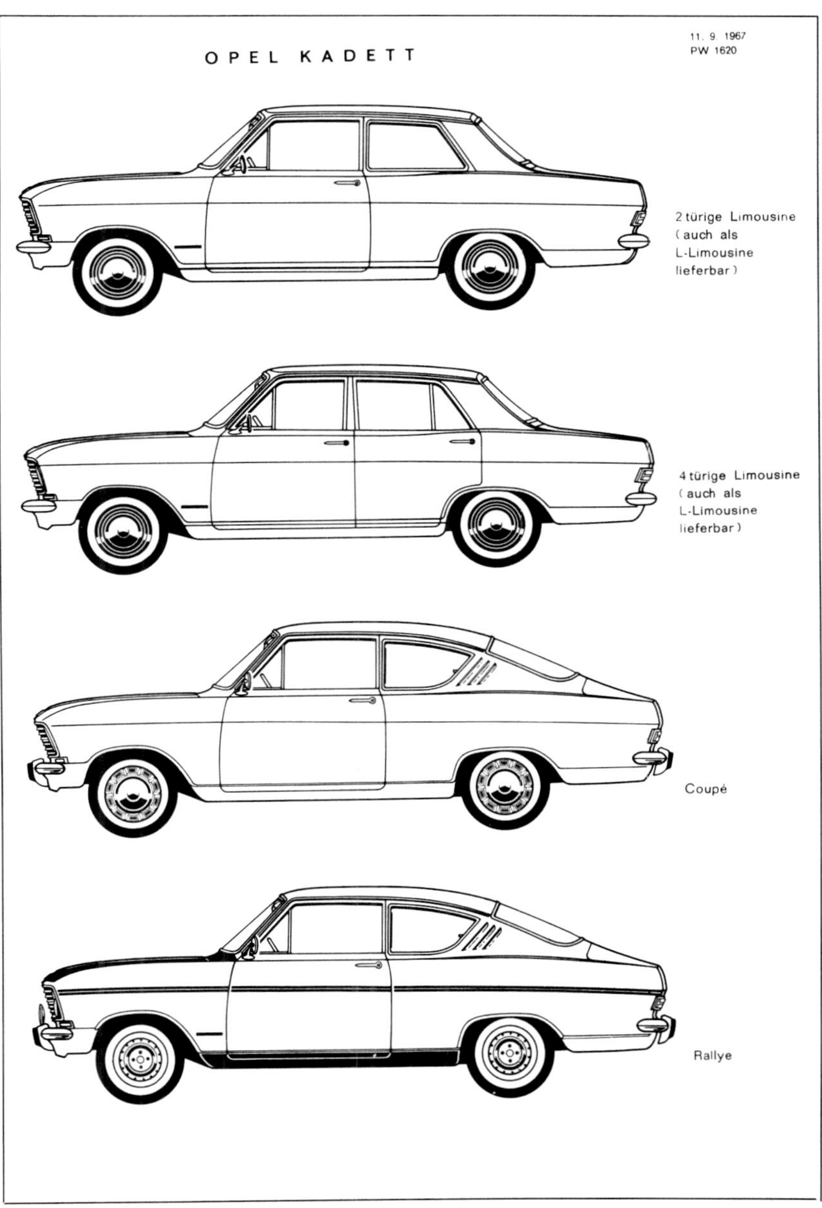

Die Kadett-Modellpalette von 1967: Vier Typen stehen zur Auswahl.

Reiselustig: Auch Paßfahrten brauchten Kadett-B-Fahrer nicht zu scheuen.

Zierlicher und eleganter als der Vorgänger: Kadett C von 1973.

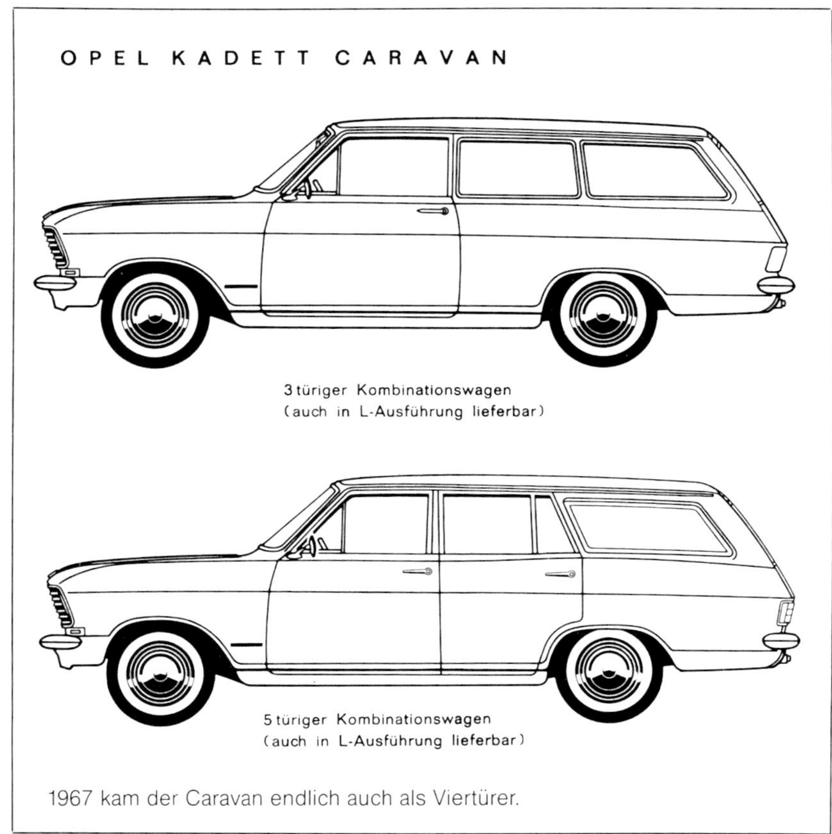

1967 kam der Caravan endlich auch als Viertürer.

147 000 Kadett an den Mann gebracht werden, verdankt der Kadett in erster Linie seiner Zuverlässigkeit, die der des VW-Käfers in nichts nachsteht. Im Juli 1973 übergibt der B das Staffelholz seinem Nachfolger. Die erste B-Version gab es für 5175 Mark, die letzte als Rallye 1900 S kostet 10 320 Mark – fast exakt das Doppelte. In neun Jahren Produktionszeit ist das Modell B nach dem VW-Käfer zum erfolgreichsten Wagen seiner Klasse aufgestiegen. Genau 2 729 138 Autofahrer haben sich in dieser Zeit für den kleinen Opel entschieden. Das entspricht immerhin 22,7 Prozent aller Opel, die je produziert wurden. Damit ist er bis zu diesem Zeitpunkt der erfolgreichste Opel seit Bestehen der seit 1899 Automobile produzierenden Firma. „Opel Kadett, das heißt O.K.", verspricht ein zeitgenössischer Werbeslogan der Adam Opel AG. Dieser Satz hat sich im Hinterkopf der Kadett-Fahrer manifestiert – kein schlechter Nachlaß eines erfolgreichen Automobils an seinen Erben. Es geht weiter, denn im Alphabet folgt dem B zwangsläufig das C!

Der Kadett LS wurde als eigenständige Modellvariante geführt.

Mit Vinyldach und Weißwandreifen: Der Olympia als Viertürer war die luxuriöseste Art, einen Kadett B zu fahren.

Des Kadetten Stiefkinder – Ascona und Manta

Auch wenn es seltsam anmutet, Ascona und Manta in einem Kadett-Buch wiederzufinden – sie gehören hinein. Denn Ascona und Manta sind eigentlich als C-Kadett geplant gewesen.

In den sechziger Jahren ist im deutschen Automobilbau ein ziemlich hektischer Modellwechsel an der Tagesordnung. Bestes Beispiel: Der Ford P7, der nach nur einem Jahr Produktionszeit wieder von der Bildfläche verschwindet, oder auch der A-Kadett, der nur 3 Produktionsjahre überlebt.

Kein Wunder, daß sich da die Rüsselsheimer Entwicklungsingenieure schon bald nach dem Erscheinen des B-Kadetts Gedanken über dessen Nachfolger machen. Früh entstehen erste Styling-Studien, und schon 1968 sind die ersten 1 : 1-Modelle fertig und stehen zur Begutachtung auf dem Hof der Rüsselsheimer Stylingabteilung. Auch beim C-Kadett soll es wieder die Aufteilung in drei Modell-Versionen geben: Standard, Luxus und Olympia. Insgesamt 13 verschiedenen Karosserieversionen, inclusive Coupé und Caravan, hat die Entwicklungsabteilung geplant. Doch mitten in die Vorbereitungen auf die neue Modellreihe platzt eine Bombe: Opels Hauptkonkurrent auf dem deutschen Markt, die Ford-Werke, schocken 1969 mit ihrem Capri die deutsche Öffentlichkeit. Über 210 000 Stück produzieren die Kölner im ersten Jahr von dem flotten Coupé und sichern dem Capri einen nie für möglich gehaltenen Verkaufserfolg.

Doch damit nicht genug: Fast zeitgleich präsentiert Ford Escort und Taunus und ersetzt damit die bisherigen, sich nur in Details voneinander unterscheidenden Kadett-Konkurrenten 12M und 15M durch zwei völlig verschiedene Modelle.

Damit ist für Opel plötzlich eine neue Konkurrenzsituation geschaffen: Statt wie bisher mit den 12M/15M-Schwestermodellen soll die Kadett-Familie es nun mit drei äußerlich völlig eigenständigen Ford-Modellreihen aufnehmen. Vor allem dem Capri und dem Taunus haben die Rüsselsheimer kaum etwas entgegenzusetzen. Olympia und Olympia-Coupé sollen schließlich auch in der neuen Modellreihe „nur" aufgeblasene Kadetten sein. Und nicht nur Ford baut plötzlich Autos für eine „neue deutsche Mittelklasse". Auch BMW mit den 02er-Typen, NSU mit dem angekündigten K70 und Audi mit den 60er-Typen formieren auf einmal eine Automobil-Kategorie zwischen Kadett und Rekord, in der Opel nicht vertreten ist.

Was also tun? Die findigen Marketing-Leute lassen sich einen Trick einfallen: Sie geben dem optisch etwas größer als der B-Kadett wirkenden, tatsächlich aber nur 19 mm längeren und mit 14 mm größerem Radstand versehenen Kadett-Prototypen einfach einen anderen Namen: „Ascona" heißt die Schöpfung nun. Statt der ursprünglich geplanten 1,1-Liter-Basismotoren sollen nun die vom Rekord übernommenen 1,6- und 1,9-Liter-cih-Motoren zwischen 68 und 90 PS die höhere Klassenzugehörigkeit dokumentieren. Damit ist auf jeden Fall der Konkurrent zum Taunus aus der Taufe gehoben.

Der Escort-Konkurrent ist auch präsent: Der B-Kadett läuft einfach weiter vom Band. Warum auch nicht, schließlich verkauft sich der solide Bochumer nach wie vor glänzend. Technisch kann er mit dem nicht gerade revolutionären Kölner allemal mithalten.

Wirkte optisch größer: 1 : 1-Holzmodell des vermeintlichen neuen Kadetts im Vergleich zum damals aktuellen Kadett B.

Doch das „Ascona"-Coupé ist immer noch kein echter Capri-Konkurrent, also kein eigenständiges, familientaugliches Sportcoupé. Um dem Capri ein Opel-Coupé entgegenzusetzen, dem seine Limousinen-Abstammung genausowenig wie dem Capri anzusehen ist, lassen sich die Rüsselsheimer also noch einen Trick einfallen: Sie verpassen dem Ascona-Coupé einfach eine neue Schnauze. Der rasante Doppelscheinwerfer-Grill und die vom Opel GT entliehenen doppelten Rückleuchten lassen die Ascona-Ähnlichkeit verschwinden: Der „Manta" ist geboren. Er premiert im Herbst 1970, noch vor der Ascona-Limousine. Weil Ascona und Manta als Kadetten geplant waren, laufen sie auch in Bochum vom Band. Erst mit den B-Modellen ändert sich das: Manta und Ascona kommen fortan aus Belgien.

Dieser Kunstgriff verzögert natürlich die Präsentation des „echten" Kadett-Nachfolgers: Der C-Kadett erscheint folglich erst 1973 und wirkt – um einen sichtbaren Abstand zur Opel-Mittelklasse herzustellen – deutlich zierlicher als der Ascona. Aber der Eindruck täuscht: C-Kadett und Ascona A sind tatsächlich auf den Millimeter genau gleich lang. Nutznießer der ganzen Aktion war der B-Kadett: Er ist nicht nur der am längsten gebaute, von 1965 bis 1973, sondern bis heute auch der meistverkaufte Kadett.

RECARO
GG-DU 403
KADETT GT/E
GG-DU 403
COPENHAGUE
16
OPEL EURO HÄNDLERTEAM
Mobil SHC
MOTOROLA
Sprechfunk
PIRELLI
BRUNO BETTI

Betti-Schnittzeichnung: der 1978er Werks-Kadett von Walter Röhrl.

KADETT & OLYMPIA

BODY LINE UP

STANDARD	LUXUS	OLYMPIA

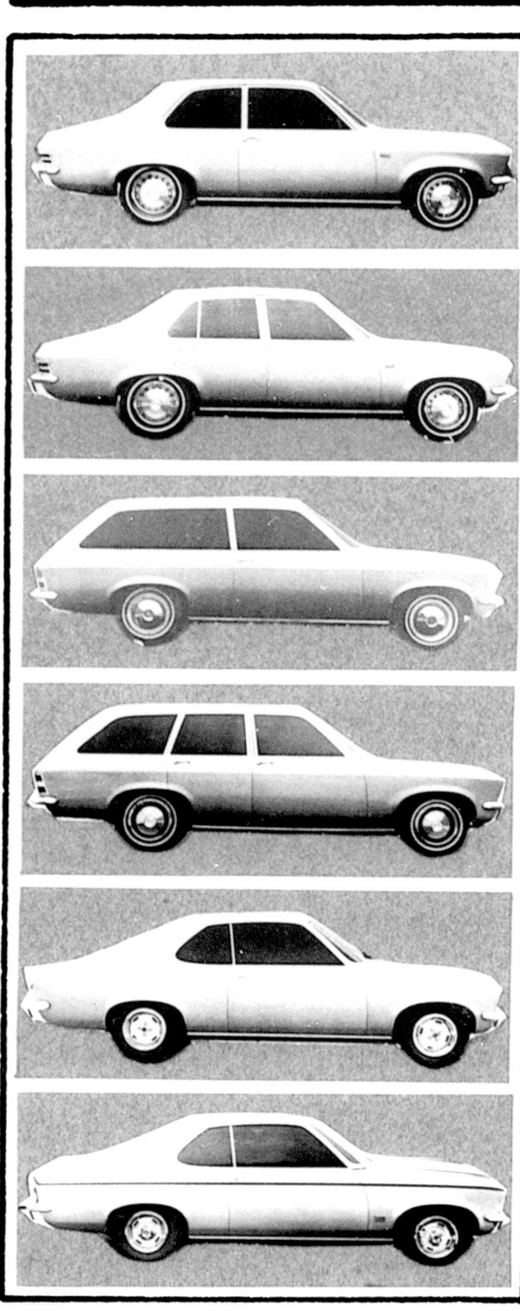

So war die Produktpalette geplant: Aus Kadett Standard, Luxus und Olympia wurden 1970/71 Ascona und Manta.

Kadett C (1973–1979)

Der Kadett C löst den B-Kadett nach achtjähriger Bauzeit ab.

War viel zu teuer und wurde zum Flop: der Kadett Aero. ▶

August 1973. Rüsselsheim jubelt. „Der neue Kadett ist viel mehr als nur ein Transportmittel, er bietet in seiner Klasse ein Optimum an Fahrvergnügen," schreibt Hans-Peter Clauss, Leiter der Opel-Pressestelle, seinen „sehr geehrten Kollegen" von der Motorpresse. Anlaß seiner Laudatio ist die Präsentation des neuen Kadett C, der den B-Kadett zum Modelljahr 1974 ablöst. Mehr als 3,3 Millionen Kadetten, davon genau 2 649 501 vom Typ B, sind seit 1962 von den Bändern des Bochumer Opel-Werkes gerollt. „Jetzt ist der Neue da," schreiben Opels Presse-Texter, „mit ihm bietet Opel nach Manta und Ascona in der unteren Mittelklasse abermals ein ganzes Paket von guten Eigenschaften. Mit seiner kompakten Größe, seiner Anspruchslosigkeit, seiner Leistung, Zuverlässigkeit und Wirtschaftlichkeit dürfte der neue Kadett als Automobil für die Märkte der Welt den Erfolg seines Vorgängers fortsetzen."

Die Idee vom „Weltauto"

Tatsächlich soll der dritte Nachkriegs-Kadett nach den Wünschen seiner Väter nicht nur in Deutschland Erfolg haben. Zwar wünscht sich Opel nichts sehnlicher als einen neuen „Käfer-Schreck", der dem Erfolgsmodell aus Wolfsburg endlich zeigt, wo es langgeht. Die „Auto Zeitung" spricht spöttisch vom „Sturm auf die Wolfsburg und ihre Käfer-Verteidigung". Das Auto, das seit 1970 als gut getarntes „Projekt 1865" heranreift, soll vor allem aber auch auf dem internationalen Parkett Karriere machen. Der Kadett C soll das erste „Weltauto" von General Motors werden.

Die Idee dazu wird im Spätsommer 1970 geboren. Bei einem geheimen Treffen diskutieren Opel-Führungskräfte und Vertreter anderer GM-Unternehmen, wie ein solches Weltauto aussehen müßte, um in Island den gleichen Erfolg

Weltauto Kadett: Als Chevette oder Isuzu war der Hecktriebler aus Rüsselsheim auf allen Kontinenten zu Hause.

Neu gegen alt: Kadett im Vergleich

Vergleichstest B-Kadett gegen C-Kadett

„Die schnittige, rassige Form; diesem Wagen folgt jeder Blick", träumen Opels Werbetexter im Verkaufsprospekt des neuen Kadett. Wer nicht so träumen muß, wird sagen, der neue Kadett reiht sich unauffällig als einer unter vielen in das automobile Alltagsbild ein.

Mit „sportlich eleganten Linien, großzügigen Fensterflächen und einer niedrigen Gürtellinie als Kennzeichen eines modernen Konzepts" liegen die Verkaufshelfer dann schon eher auf Realitätskurs. Auch ihrer Feststellung: „Vom sportlichen Frontspoiler bis hin zur wohlgelungenen Heckpartie — ein attraktiver, neuer Wagen" kann man zustimmen. Denn gerade das als Spoiler ausgebildete Bugblech und die bei den L-Modellen schwarz verzierte Heckpartie werten die sonst recht unauffällige Karosserie nicht unwesentlich auf.

Das ansprechende Äußere des neuen Kadett zeigt deutlich, daß Opels Marktstrategen ausgesprochen erfolgreich operieren, wenn es um Modellpolitik geht. Der modern, aber nicht modisch gezeichnete Kadett ist eine logische Fortsetzung der Ascona-Rekord-Generation, die Opel selbst als „die neue" bezeichnet.

Gerade die wohltuende schlichte Linienführung des Kadett C unterscheidet ihn erheblich von seinem Vorgänger, dem 1965 vorgestellten Kadett B. Denn diesem hochbeinig wirkenden, mit modischem Hüftbuckel verunzierten Kadett-A-Nachfolger wurde bereits bei seinem Debüt eine nicht unbedingt gelungene Stylistik nachgesagt.

Spricht schon das Äußere für den neuen Kadett, so sind die Abmessungen erst recht ein Pluspunkt der neuen Generation. Bei geschrumpfter Außenlänge (ca. 6 cm), fast identischer Breite und geringerer Höhe (2,5 cm) ist der Innenraum um einige Zentimeter vergrößert worden. Vor allem die Frontpassagiere profitieren von gestiegener Innenbreite, Innenhöhe und erheblich vergrößertem Pedalabstand. Die niedrige Gürtellinie und großzügigere Verglasung verstärken den Eindruck von mehr Licht und Sonne im Innenraum.

Stellen sich zum Vergleich: B und C.

Der B war auch als Heckschleuder bekannt.

Die Vordersitze — und somit vor allem der Fahrersitz — wurden in bezug auf Abmessungen und Gestaltung erheblich verbessert. Die schlecht gefederte und als „Flachmänner" kritisierte Frontbestuhlung des abgelösten B-Typs wurde beim neuen Modell durch seitlich gut führende und relativ komfortable Sitze ersetzt, die auch auf längeren Fahrten die Bandscheibe schonen und zum Wohlbefinden des Fahrers beitragen.

Nimmt man Platz im neuen Kadett, fallen zunächst die klar und sauber gezeichneten Rundinstrumente sowie die der internationalen Norm angepaßten Warnleuchten ins Auge. Im Gegensatz zu den Rundinstrumenten des Vorgängers, die nicht so konsequent auf Funktionalität getrimmt waren, überzeugt die Instrumentierung des Kadett C durch völlige Blendfreiheit — tags wie nachts.

Einen klaren Fortschritt stellen die verwechslungssicher angebrachten Bedienungshebel für Licht, Gebläse, Heizung/Lüftung und Warnblinkanlage dar. Die häufig bemängelte klavierähnliche Anordnung im Kadett B fand lobenswerterweise keine Nachahmung.

Auch lobenswert ist die Anbringung des Scheibenwischer-Schalters in Form eines Drehschalters an der Lenksäule. Dagegen blieb der Gummiball der Scheibenwaschanlage im Fußraum vom Fortschritt leider unberührt. Die vom Lenkrad aus zu bedienende Scheibendusche gibt es nur gegen Aufpreis.

Dem Rotstift der Preiskalkulatoren fiel offensichtlich der Handschuhkastendekkel zum Opfer. Die ersatzweise vorhandene offene Ablage erfüllt nur spärlich die Funktion eines Staumraums für Kleinzeug. Fast unverändert vom Vorgänger übernommen wurden die Frischluftrosetten in Armaturenbrett-Mitte. Wünschenswert wären zwei zusätzliche Rosetten zur Belüftung der Seitenscheiben, wie sie seit kurzem im Ascona/Manta installiert sind.

Eine erfreuliche Eigenschaft des Vorgängers — das frühe Ansprechen der Heizung — ist auch dem neuen C-Modell zueigen. Bereits nach 300-400 Metern Fahrt dringt wohlige Wärme ins Fahrzeuginnere.

Nachteilig wirkt sich dagegen aus, daß die Heiz-Temperatur entsprechend der jeweiligen Geschwindigkeit schwankt. Tempowechsel, vor allem bei Intervallfahrten auf Landstraßen und in der Stadt, veranlassen empfindliche Insassen zum ständigen Nachregulieren der Wärmemenge. Dies ist allerdings ein Umstand, den Opel bei der ganzen Modellpalette verbessern muß. Die Regulierung selbst ist dank eindeutiger Symbole und klar gezeichnetem Gebläseknopf ein Kinderspiel.

Konsequenterweise sollte Opel den Knöpfen und Schaltern aber noch eine Beleuchtung spendieren; das Cockpit wäre dann fast perfekt.

Die im Testwagen montierte Sportschaltung wurde wesentlich exakter. Die Führung der Schaltwege ist straffer, der Schaltknauf ist dicker und griffiger. Leider gibt es diese Bedienungserleichterungen nur gegen Aufpreis (außer Coupé und SR-Modell).

Sehr angenehm zur Hand liegt das kleine, völlig überschäumte Lenkrad mit hautfreundlichem Überzug. Die Anordnung der Speichen sorgt auch bei eingeschlagenem Lenkrad für ungehinderten Blick auf das Armaturenbrett.

Ein kleines, schickes Sicherheitslenkrad mit Prallflächen à la Mercedes gibt es gegen Aufpreis von 41,50 Mark. Serienmäßig ist es bereits im SR-Paket vorhanden.

Freie Sicht nach vorn und hinten ist durch große Fenster gewährleistet. Die Übersicht nach vorne ist dagegen durch abgerundete Karosseriekanten gegenüber dem Vorgänger, der hilfreiche Peilkanten besaß, erschwert. Nach hinten verhindert die abfallende Kofferraum-Haube die Übersicht völlig. Auch ein Herauslehnen aus dem Sitz bringt hier keine Blickfelderweiterung, zumal die installierten Dreipunktgurte bei sachgemäßer Anlegung eine größere Bewegung verhindern. Einer straffen Anlegung der Gurte steht ansonsten nichts im Wege, da alle Bedienungselemente angeschnallt bequem zu erreichen sind. Die serienmäßigen Sicherheitsgurte kann man als echte Einhandgurte bezeichnen, da das Gurtschloß auf dem Mitteltunnel starr installiert ist. Die eigentlich zum Sicherheitspaket gehörenden Kopfstützen gibt es leider nur als Zubehör.

Daß passive Sicherheit nicht nur ein Wort ist, beweisen Opels Techniker mit einer Reihe von Maßnahmen. So wurde die Knautschzone vor dem Motor erheblich vergrößert. Ein leichter Auffahrunfall muß also nicht gleich einen Kühler-Defekt nach sich ziehen. Die Türgriffe außen und innen sind versenkt angeordnet. Die bewährte Sicherheitslenkung findet auch im Kadett Verwendung.

Mit guten passiven Sicherheitsdetails wurde auch der Kadett B im Laufe seiner Bauzeit ausgestattet. Wichtigstes Unterscheidungsmerkmal zur übrigen Modellpalette war das konstruktiv simple Fahrwerk. Zwar perfektionierten Opels Fahrwerks-Techniker den Kadett B zu einem gutmütigen, im Grenzbereich leicht übersteuernden Mobil, die hoppelnde Hinterachse jedoch, vor allem bedingt durch schräggestellte Stoßdämpfer, war ein stetes Ärgernis.

Deshalb ist die wichtigste Fahrwerksverbesserung an der Hinterachse des Typs C die vertikale Anordnung der Stoßdämpfer. Die mit einer Querblattfeder versehene Vorderachse des Typs B wurde durch die schon im Ascona erprobte Doppel-Querlenker-Aufhängung mit Schraubenfedern ersetzt.

Das Ergebnis dieser Maßnahmen ist – verbunden mit einer hervorragenden Feder-Dämpfer-Abstimmung – ein überdurchschnittliches Fahrverhalten. Grundsätzlich neutral, schiebt der Kadett im Grenzbereich kontrollierbar über die Vorderräder und bremst sich ab. – Ein Fahrverhalten, das auch ungeübte Fahrer vor keinerlei Probleme stellt. Man hat den Kadett jederzeit im Griff. Dazu trägt auch nicht unerheblich die präzise und jetzt schrägverzahnte Lenkung bei.

Gaswechselreaktionen sind dem Wagen völlig fremd. Der Geradeauslauf wurde gegenüber dem B-Typ erheblich verbessert. Die Windempfindlichkeit ist zwar noch vorhanden, doch auch hier ist eine deutliche Verringerung spürbar.

Dieser angenehme Eindruck vom Fahrwerk liegt nicht zuletzt an den Gürtelreifen – eine Investition, die immerhin mit 238 Mark bezahlt werden muß, aber auf jeden Fall empfehlenswert ist. Insgesamt also ein dicker Pluspunkt für das neue Kadett-Fahrwerk.

Daß Fahrwerksverbesserungen nicht immer Komfortverbesserungen bedeuten müssen, beweist der Opel Rekord: Der neue liegt besser auf der Straße, aber der Vorgänger war komfortabler. Offenbar durch Schaden klug geworden, machten Opels Techniker einiges möglich und verbesserten auch den Komfort erheblich. Wenn der Kadett C auch keine Sänfte ist, so schluckt er doch Wellen und Stöße.

Das erheblich verminderte Geräuschniveau (bei 120 km/h ist der Kadett C fast 7 dB leiser als der Kadett B) trägt sehr angenehm zum Komforteindruck bei. Lediglich bei hohen Drehzahlen und bei Höchstgeschwindigkeit steigt die Geräuschentwicklung an, ist dann aber keineswegs nervtötend.

Weniger Lorbeeren kann der modifizierte Normalbenzin-Motor ernten. Die hubraumerhöhte 1,2-Liter-Maschine leistet jetzt 52 PS bei 5600 U/min (vorher 50/5600 aus 1100 cm^3). Die Fahrleistungsmessungen lassen jedoch erkennen, daß der 1200 cm^3-Motor im Beschleunigen ein wenig kraftloser ist, seine Stärken dafür in der Elastizitätsmessung (im 4. Gang aus 40 km/h) ausspielt.

Der mäßige Testverbrauch von 9,5 Litern pro 100 Kilometern (Kadett B: 10,2) schont den Geldbeutel. Wenigstens eine Ersparnis. Denn der Kauf eines komplett ausgerüsteten Kadett reißt (bedingt durch die geschickte Aufpreis-Politik der Rüsselsheimer) ein nicht geringes Loch in manche Haushaltskasse.

Ausgewogenes Fahrverhalten des C.

So wird der Kadett-Käufer, der auf sich hält, zunächst einmal zur L-Version greifen (N-Version 7175 Mark / L-Version 7840 Mark). Außerdem bietet sich die Sportschaltung zu 109 Mark an. Die empfehlenswerten Gürtelrreifen kosten 238 Mark. Heizbare Heckscheibe für 104 Mark, Kopfstützen für 113,40 Mark, H 4-Scheinwerfer für 75 Mark, Scheibenbremsen vorne für 254 Mark lassen den Preis eines eigentlich jetzt erst normal ausgestatteten Kadett doch immerhin auf ca. 8800 Mark anwachsen.

Für Freunde kompletten Zubehörs springt der Kadett-Preis schnell auf 9500 Mark (siehe Tabelle Seite 24). Als reine Geldschinderei muß beim Normalmodell diese Art von Aufpreisgestaltung bezeichnet werden: verstellbare Rückenlehne für Beifahrer 39 Mark, innenbetätigter Haubenverschluß 10 Mark und bei allen Modellen die Gummipuffer auf den Stoßstangen 47,50 Mark. Selbstverständlichkeiten haben nichts mit Aufpreisen zu tun.

Diesen Minuspunkten im Kostenbereich, die auch schon dem Vorgängermodell anzulasten waren, stehen allerdings einige nicht unerhebliche Pluspunkte auf der technischen Seite gegenüber. So glänzt der Kadett C vor allem durch sein überdurchschnittliches Fahrverhalten und seinem gegenüber dem Vorgänger verbesserten Komfort. Das sind ganz eindeutig die Erfolge des überarbeiteten Fahrwerks und der optimierten Feder/Dämpferabstimmung.

Klares Ergebnis: Der Neue hat die Nase vorn.

Das funktionelle Cockpit sowie die guten Sitze tragen zu einer gerade bei Großserienwagen so wünschenswerten einfachen Bedienung und Handhabung bei. Darüber hinaus geht dem neuen Kadett – und dies verdankt der Typ C seinem erfolgreichen Vorgänger – ein ausgezeichneter Ruf von Sparsamkeit und geringer Reparaturanfälligkeit voraus, der sich allerdings im 50 000-km-Dauertest der Auto Zeitung noch beweisen muß. Auch dies ist ein wichtiger Punkt für den kontinuierlichen Verkaufserfolg.

Ein guter Wiederverkaufswert, der den Kadett neben dem Käfer bisher zum Bestseller unter den Gebrauchtwagen machte, dürfte dem Nachfolger ebenfalls sicher sein. Die Konkurrenz, vor allem bei VW und Ford, muß sich daher wohl einiges einfallen lassen, will sie diesem Volkswagen aus Rüsselsheim etwas Gleichwertiges entgegensetzen.

aus: „Auto Zeitung" 22/73; Autor: Werner Müller

Sportliches Cockpit: Fünfganggetriebe, Sportlenkrad und Drehzahlmesser im GT/E.

zu haben wie auf Hawaii. Die Vorgabe aus dem Detroiter GM-Hauptquartier ist einfach, aber nicht leicht zu erfüllen: Der neue Kadett soll in verschiedenen Fabriken rund um den Erdball mit einer weitgehend gleichen Karosserie produziert werden. Im Gespräch ist eine Fertigung in Argentinien, Australien und Brasilien, in Deutschland, Großbritannien, Japan und in den USA. In die Karosserie müssen deshalb verschiedene Motoren und Fahrwerke hineinpassen, die GM jeweils nach den örtlichen Gegebenheiten und Ansprüchen produzieren und einkaufen will.

Ein Jahr später ist aus dem Papiertiger „Projekt 1865" schon eine konkrete Sache geworden. Die Opel-Techniker experimentieren zwar zunächst mit unabhängigen Hinterradaufhängungen und bauen insgeheim sogar Prototypen mit Frontantrieb – entscheiden sich letzten Endes aber doch für bewährte Konzepte. Sie planen unter der leichten, selbsttragenden und verwindungssteifen Karosserie eine neue Doppelquerlenker-Vorderachse mit Schraubenfedern, während hinten weiterhin eine Starrachse mit zwei Längslenkern, einem Querlenker und Schraubenfedern ihren Dienst verrichten soll. Die alte Querblattfeder an der Vorderachse aus der Kadett-B-Epoche wandert auf den Friedhof der Automobil-Geschichte.

Auch ein Drehstab-Stabilisator soll in Zukunft an der Vorderachse zur Standardausrüstung der Kadetten gehören, hinten nur bei den stärker motorisierten Versionen. Die Stoßdämpfer stehen jetzt – bis auf den Caravan, wo der Platz fehlt – senkrecht. Eine größere Kurvenstabilität erhält der Neue durch die um 20 auf 1300 Millimeter verbreiterte Spur. Ein Autotester wird die graue Theorie der Opel-Entwickler nach einem ersten Praxiseinsatz später so beurteilen: „Der neue Kadett vermittelt spontan das Gefühl von handlich, sportlich, sicher und direkt. Die Zahnstangenlenkung arbeitet genau um das Maß schwerer, das sie bisher zu leicht ging. Der Geradeauslauf wurde verbessert und auch Seitenwind irritiert den neuen Kadett nicht sonderlich. Selbst bucklige Straßen stellen den Kadett nicht vor unlösbare Probleme."

Zu den bewährten Teilen im Rüsselsheimer Baukasten gehören auch die längs eingebauten Vierzylindermotoren, die im neuen Kadett im Einsatz bleiben. Befriedigt äußert sich Chefingenieur Charles S. Chapman: „Wir sind davon überzeugt, daß die Relation von Aufwand und endgültigem Ergebnis beim Kadett in seiner jetzigen Form ausgesprochen günstig ist."

Im August 1973 ist es dann soweit. Nach zahllosen Diskussionen, Modellen, Plänen, Überstunden und Testkilometern rollt der Kadett C ins Rampenlicht. Kurz vor der 45. Internationalen Automobil-Ausstellung, während der vom 13. bis zum 23. September 1198 Aussteller stolz ihre Produkte präsentieren. 750 000 Besucher drängen sich durch die 18 Frankfurter Messehallen und drücken sich die Nasen platt. Der neue Kadett ist einer der Stars der Super-Schau.

Wie immer konzentriert sich das Interesse der meisten Besucher auf die Halle 5, wo die großen deutschen und ausländischen Hersteller für elf Tage ihre Zelte aufgeschlagen haben. Opel hat seinen Stand im Ostteil der Halle, umgeben von Volvo, BMW, Karmann und der Konzernmutter General Motors. VW, im Zentrum der „5" gelegen, zeigt den neuen Passat, mit dem der halbstaatliche Konzern seine Zukunftsängste bekämpfen will. Das fallende Interesse am Käfer, der nach wie vor die Hälfte der VW-Tagesproduktion von 10 000 Stück ausmacht, soll mit flotten Sondermodellen wie dem 1200er jeans mit 34 PS, dem 1303 City mit 44 PS oder dem 50 PS starken 1303 big stimuliert werden. Den Ford-Werken fehlt ein Trumpf im Ärmel. Die Kölner müssen sich mit teils überarbeiteten Versionen des Consul, Granada und Escort begnügen, der jetzt schon im sechsten Jahr produziert wird. Ein neues Modell wird frühestens für 1975 angekündigt.

Der C-Kadett als Presseliebling

Kein Wunder, daß Opels neuer Kadett auf Anhieb Begeisterung erntet. „auto motor und sport" schreibt in seinem Messebericht: „Der neue Kadett bedeutet die konsequente Fortsetzung einer Modell-Konzeption, die bereits den Typen Manta, Ascona und zuletzt dem Rekord zu durchschlagendem Erfolg verholfen hat und die es Opel ermöglichte, das Volkswagenwerk erstmals vom traditonsreichen ersten Platz in der deutschen Zulassungsstatistik zu verdrängen. Das Rezept, nach dem der Kadett entstand, ist ebenso einfach wie einleuchtend: Man übernahm die seit Jahren millionenfach bewährte Technik und entwarf im übrigen ein völlig neues Blechkleid. Daß es auch beim Kadett wieder gelungen ist, genau die Form zu treffen, die beim deutschen Publikum heute ankommt, dürfte schon vor Verkaufsbeginn feststehen". Tatsächlich findet vor allem die klare Linienführung des Kadett ohne stilistischen Ballast auf Anhieb Zustimmung. Während er von den Außenmaßen mit 4,12 Meter Länge, 1,58 Meter Breite und 1,37 Meter Höhe fast auf den Zentimeter genau seinem Vorgänger entspricht, verleihen ihm die tiefergezogene Gürtellinie und die großen Fensterflächen eine eigene Note. Die vorderen Ausstellfenster sind weggefallen. Für Eigenständigkeit sorgen auch der schmale Kühlergrill unter der rechtwinklig abgeknickten Motorhaube und das Bugblech, dem die Designer unterhalb der Stoßstange eine Spoilerform gespendet haben, was dem C-Kadett einen beinahe sportlichen Touch verleiht. „Da auch dieser neue Kadett mehrere Jahre unverändert gebaut werden soll," schreibt die „Auto Zeitung" in ihrem ersten Test des Kadett 1200 (Titel: „Auf stabilem Kurs"), „verzichteten die Opel-Designer auf schnellebigen Modeschmuck. Sie setzten vielmehr auf die glattflächigen Stilelemente von Ascona und Rekord. Dennoch hat der Kadett optisch einen durchaus eigenständigen Charakter."

„Das sachlich-freundliche Aussehen setzt sich im Passagierraum konsequent fort," befindet Tester Gernot Röthig, „Armaturenbrett und das umschäumte Lenkrad sind schwarz, Polster und Türverkleidungen farblich auf die Außenlackierung abgestimmt. In der Breite, Höhe und Innenraumlänge stehen jetzt einige Zentimeter mehr zur Verfügung." Das macht sich vor allem für die Fahrer bemerkbar, die bis zu 185 cm Größe eine vernünftige Haltung für

Die Kadett-L-Instrumententafel mit kurzem Schaltknüppel als Sonderausstattung.

An den runden Scheinwerfern war die Basisversion des Kadett C zu erkennen.

Berlina war die Top-Version des Kadett C. Hier mit karierten Sitzen und Vierspeichenlenkrad.

Arme und Beine" finden. Allgemein gelobt werden auch die körpergerecht geformten Sitze mit ihrer guten Federung und die praktische Anordnung der Armaturen und Bedienungshebel. Links von der Lenksäule befindet sich ein Multifunktionshebel für Blinker, Fernlicht, Lichthupe und den Scheibenwischer, den man durch Drehen in Bewegung setzen kann. Die Hupe sitzt in der Mitte des Lenkrades. Tester Röthig: „Nur dort gehört sie hin."

Als erster Kadett verfügt das C-Modell über Dreipunkt-Sicherheitsgurte. Erstes Ergebnis der Diskussion über die Sicherheit im Straßenverkehr, die in Deutschland seit 1970 heftig tobt. Die „passive Sicherheit" im Auto wird plötzlich in Ministerien, an den Universitäten und am Stammtisch diskutiert. Die Vereinigten Staaten greifen hart durch und las-

Seltenes Extra: der von innen verstellbare Außenspiegel.

sen nur noch Autos über ihre Grenzen, die extremen Sicherheitsanforderungen genügen. Auf Basis des Kadett C entwikkeln die Rüsselsheimer Ingenieure das „Opel Safety Vehicle",

GG-DR 115

Haus Andrea

Das Forschungsauto OSV 40 sollte einen Beitrag zur Erhöhung der Sicherheit leisten. Die Passagierzelle überstand einen Frontaufprall bis 40 km/h.
Vorherige Seiten: Luxus-Kadett im Schnee. Die rechteckigen Scheinwerfer gabs nur bei gehobener Ausstattungsversion.

ein Panzerschrank auf Rädern. Das Forschungsauto, intern als „OSV 40" bezeichnet, hat zwar im wesentlichen das Blechkleid des Kadett, die Karosserie wurde jedoch mit zahlreichen Profilen verstärkt. Türen, Vorderwagen und Schweller haben die Techniker so massiv ausgelegt, daß der Passagierzelle selbst ein Frontaufprall bis 40 km/h nichts ausmacht. Auch Überschläge und seitliche Unfälle verlaufen weitgehend ohne Folgen, kleine Rempeleien bis 5 km/h sieht man Bug und Heck dank spezieller Aufsatzstücke nicht einmal an. Während die Forschungsergebnisse schon bald in die Entwicklung von Manta und Ascona B einfließen, profitieren Kadett-Fahrer zumindest vom Sicherheitsgurt, der Anfang der Siebziger für viele noch ein Fremdkörper ist.

Dafür ist die übrige Serienausstattung des C-Modells etwas mager geraten. Verbundglas, Kopfstützen, der Beifahrer-Haltegriff, eine Uhr oder ein Zigarettenanzünder kosten Aufpreis, nicht einmal die Bodenteppiche sind im Grundpreis der (zweitürigen) Linousine von 7175 Mark enthalten. Für die viertürige Version müssen Kunden 375 Mark mehr bezahlen, für das Kadett-Coupé 8290 Mark. Das üppigere L-Ausstattungspaket mit abklappbarem Innenspiegel, verstellbarer Rücklehne am Beifahrersitz, hinteren Ausstellfenstern bei der zweitürigen Limousine, einer Uhr und einer Beleuchtung für Zigarettenanzünder, Motor- und Kofferraum kostet 665 Mark, der 60-PS-Motor 395 Mark extra.

Als Serienmotorisierung des 1200er Modells, das im ersten Jahr ausschließlich lieferbar ist, hat Opel seinem jüngsten Sproß den schon aus dem Kadett B bekannten 1,2-Liter-ohv-Motor mit seitlichen Nockenwellen, Stößelstangen und Kipphebeln mitgegeben, dem Normalbenzin als Kraftfutter ausreicht. Mit 52 PS bei 5600 U/min schafft er 135 Stundenkilometer, die Beschleunigung auf 100 Stundenkilometer dauert nach Werksangaben 21 Sekunden. Der 60-PS-Kadett braucht dafür vier Sekunden weniger, kommt bei 5700 U/min auf gut 145 Sachen, der Testverbrauch der „Auto Zeitung" liegt bei 9,6 Litern Superbenzin. Das zapft er sich aus dem auf 44 Liter vergrößerten Tank, den die Opel-Techniker hinter einer Querwand in der aufprallsicheren Zone über der Hinterachse verstauten.

Für jeden Geschmack

Insgesamt können die Kadett-Kunden unter 18 Karosserie-, Ausstattungs- und Motorvarianten wählen:

• Der Limousine mit 52 oder 60 PS als Zwei- oder Viertürer mit der Standardausstattung oder in der L-Version, die äußerlich an Rechteck- anstatt der üblichen Rundscheinwerfer erkennbar ist.

• Dem Coupé, das mit beiden Motoren, aber nur mit L-Ausrüstung verkauft wird.

• Dem dreitürigen Kombi mit beiden Motor- und Ausstattungsvarianten.

Für die 60PS-Versionen bieten die Opel-Händler zusätzlich das „SR-Paket" mit sportlichem Zubehör, schwarzer Motorhaube und entsprechender Seitenbemalung an.

„Bei näherer Betrachtung der gebotenen Ausstattungsmöglichkeiten wird einem schnell klar, daß Opel auch beim neuen Kadett der gewinnträchtigen, von deutschen Autoherstellern immer weiter kultivierten Aufpreispolitik nicht entsagen mochte," kritisiert „auto motor und sport" in seiner Ausgabe 20/73 die Preisgestaltung der Rüsselsheimer. „Der unverbindliche Richtpreis von 7175 DM für einen zweitürigen 52PS-Kadett hört sich zwar nicht schlecht an, doch erhält man dafür ein recht spartanisch ausgerüstetes Auto mit Trommelbremsen ringsum, das mit Diagonalreifen der Größe 6.00-12 auf schmalen Vier-Zoll-Felgen etwas mickrig daherkommt. Vordere Scheibenbremsen und Gürtelreifen (155 SR 13 auf Fünfzoll-Felgen) gibt es nur bei den 60PS-Kadetten oder gegen entsprechenden Zuschlag. Außerdem kommt man um das L-Paket kaum herum, wenn man es wohnlich haben möchte. Die Buchstabenkombination SR bietet darüber hinaus einen Drehzahlmesser, eine Mittelkonsole mit Zusatzinstrumenten, die Sportschaltung mit kurzem Hebel, ein vierspeichiges Sportlenkrad, einen elektrischen Scheibenwascher und 5½Zoll-Sportfelgen mit Gürtelreifen der Dimension 175/70 SR 13 – durchaus verlockende Extras, die zum Teil auch einzeln zu haben sind."

Trotz aller Kritik an der Aufpreispolitik bekommt der „Volkswagen aus Rüsselsheim", wie der neue Kadett in diesen Tagen oft genannt wird, auch im Stuttgarter Fachblatt ein dickes Lob: „Alles in allem verdient die Arbeit der Opel-Techniker Anerkennung. Der Kadett ist ein adrett anzuschauendes zuverlässiges Transportmittel, das sich nicht nur erfreulich gut fährt, sondern auch gewissenhaft konstruiert und sauber verarbeitet ist, das außerdem wartungs- und reparaturfreundlich und wirtschaftlich im Unterhalt ist – lauter Voraussetzungen, die es ihm leicht machen werden, bei der Wahl zum Volksvertreter genügend Stimmen zu bekommen." Prompt verteilt die Opel-Abteilung Verkaufsförderung einen Nachdruck an die Händler, garniert mit einem gutgemeinten Rat: „Dieser sehr positive Testbericht über den neuen Opel-Kadett enthält eine Fülle guter Aussagen, die Sie sich zu eigen machen sollten."

Auch die Manager in der Detroiter GM-Zentrale scheinen mit den Ergebnissen der dreijährigen Entwicklungsarbeit zufrieden zu sein. Die Rüsselsheimer haben ihre Hausaufgaben perfekt erledigt und bekommen als Belohnung 1974 die gesamte Verantwortung für die Entwicklung neuer europäischer Personenwagen übertragen. Das ist noch nicht alles. Opel leitet fortan nicht nur Design und Technik der Europa-Neuheiten, sondern koordiniert die gesamte GM-Fertigung in der alten Welt. Auch in den Medien macht der Rüsselsheimer Glücksbringer Karriere. Am 23. Januar 1974 flimmert über die deutschen Fernsehschirme der hundertste Autotest des ZDF-Vierradexperten Rainer Günzler. Für die Jubiläumssendung sucht er sich als Testobjekt – einen Kadett aus.

Querschüsse aus Kuwait und Wolfsburg

Doch die Zeiten sind härter geworden. Während in Frankfurt gerade die letzten Hochglanz-Prospekte der IAA beim Altpapier-Händler landen, die noch von ungebremster Vierrad-Euphorie zeugen, ziehen dunkle Wolken über der Autoindustrie auf. Am 17. Oktober 1973 beschließen die arabischen Staaten in Kuwait eine drastische Drosselung ihrer Erdölförderung. Anfang November kommt es gar zu einem Lieferboykott gegen Holland und die USA. Folge: Erdöl wird knapp und teuer, der Preis steigt um mehr als das Dreifache von 2,70 Dollar auf 9,76 Dollar pro Barrel (159 Liter). Die erste Erdölkrise wird zum Schock für die Industrienationen. Zum ersten Mal wird die Abhängigkeit von ausländischer Energie, werden die Grenzen des Wachstums deutlich.

Für jeden was dabei: die zweitürige Limousine, der viertürige 1200 S und das Coupé mit Sternfelgen im September 1973.

Rezept gegen die Energiekrise: 1,0-Liter-Kadett-A-Motor im Kadett C.

Die Bevölkerung merkt das spätestens im November, als die Bundesregierung für vier Sonntage ein generelles Fahrverbot verhängt. Deutschlands Autobahnen bleiben gähnend leer, die Straßen werden zum Fußgänger- und Radlerparadies. Prompt gehen auch die Zulassungszahlen in den Keller. Im November und Dezember 1973 werden 20 Prozent weniger Autos verkauft als im Vorjahr. 260 000 Neuwagen und 800 000 Gebrauchte stehen gegen Ende des Jahres wie Blei bei den Händlern. Während Deutschland 1974 im Fußball Weltmeister wird, sinkt die Opel-Produktion auf einen Tiefstand von 583 645 Einheiten – 33 Prozent weniger als im Vorjahr. Erst im März 1975 belebt sich die Automobilkonjunktur wieder.

Als Antwort auf die Ölkrise und die bedrohlich steigenden Benzinpreise holt Opel im März 1974 einen alten Bekannten quasi aus dem Werksmuseum: Den Einliter-Motor, der einst unter der Motorhaube des Kadett A arbeitete. Die Maschine, die bei 5400 U/min eine Leistung von 40 PS abgibt, bringt eine Spitzengeschwindigkeit von 125 Stundenkilometern. Größter Nachteil des Spar-Kadett 1000: Da die Fahrer wegen der beschränkten Leistung des Motors fast dauernd mit Vollgas über Landstraßen und Autobahnen fahren, spüren sie gegenüber dem 52 PS-Motor kaum einen Verbrauchsvorteil.

1975 bekommt der Kadett einen starken Konkurrenten. VW schafft es endlich, den betagten Käfer abzulösen. Seine Produktion läuft zwar vorerst in Emden und Brüssel weiter, Wolfsburg aber liegt jetzt im Golf-Fieber. Die von Gorgio Giugiaro gestylte kompakte Schrägheck-Limousine wird auf Anhieb zum Bestseller und bis zur Ablösung durch den Golf II im Jahr 1983 über sechs Millionen Mal gebaut. Vor allem auch der GTI, der 1986 in die Autohäuser kommt, sorgt in der unteren Mittelklasse für gehörigen Wirbel.

Opel reagiert schnell. Kaum werden erste Einzelheiten des neuen Wolfsburgers bekannt, spendieren die Autobauer vom Main im Januar 1975 auch den schwächeren Modellen vorne Scheibenbremsen, ab März werden alle Kadetten serienmäßig mit Stahlgürtelreifen ausgeliefert. Im Mai 1975 werfen sie außerdem den Kadett City auf den Markt. Das jüngste Mitglied der Kadett-Familie, das wegen der um 20 Zentimeter kürzeren Karosserie nur als Dreitürer gebaut wird, hat wie der Golf ein Schrägheck mit großer Heckklappe, deren praktischen Nutzen Mitte der siebziger Jahre immer mehr Autofahrer entdecken. Durch Umklappen der hinteren Rücklehne läßt sich der Kofferraum vergrößern und erreicht annähernd Caravan-Niveau. „Er ist kurz, wendig, vielseitig – und unter den Dreitürigen ganz sicher einer der schönsten Wagen," preist der Prospekt. Und: „In erster Linie ist er praktisch. Ideal für aktive Leute. Für Leute, die einen richtigen, flotten Wagen wollen – für tägliche Fahrten, für den Abend, für Wochenendausflüge und Urlaub." Auf der Vorderseite ist ein orangefarbener City abgebildet, in den eine Mutter gerade die (bunt geblümte) Kühltasche für das Sonntags-Picknick lädt. Ihre Beine sind zeitgemäß in eine schwarze Hose „mit Schlag" gehüllt.

Konkurrenz für den Golf GTI

Gerade 100 Mark Aufpreis gegenüber der zweitürigen Limousine verlangt Opel für seinen City, der ebenfalls mit 40, 52 und 60 PS geordert werden kann. Doch die Offensive gegen die Konkurrenz ist damit noch längst nicht beendet. Zu einem der Blickfang der IAA 1975 wird auch der sportliche Kadett GT/E, der dem Golf GTI und dem neuen Ford Escort RS Paroli bieten soll. Sein 1,9 Liter-Motor mit einer L-Jetronic von Bosch, leistet beachtliche 105 PS. Die Leistung der Maschine – die man sich zusammen mit der Modellbezeichnung vom Schwestermodell Manta geborgt hat – reißen altgediente Kadetten glatt vom Stuhl. In 9,5 Sekunden spurtet der Kadett GT/E von 0 auf 100, seine Höchstgeschwindigkeit liegt bei über 180 Stundenkilometern. Opels Werbetexter erfinden prompt die richtige Bezeichnung: „Der Rallye-Spezialist für alle Tage."

Der Vergleich ist nicht allzu weit hergeholt. Tatsächlich will Opel sein Engagement im Motorsport 1976 deutlich verstärken. Der Kadett GT/E ist als Nachfolger des Ascona 1,9 SR zum Einsatz in der Gruppe 2 (Spezialtourenwagen) vorgesehen, wo er nach den Vorstellungen des neuen Sportchefs Helmut Bein die Karten neu mischen soll. Wie erfolgreich er tatsächlich wird, können sie damals noch nicht ahnen. Eigentlich ist der Kraft-Kadett für die Straße ein Nebenprodukt. Das Sport-Reglement schreibt für die sogenannte Homologation eine Mindestserie von 1000 Stück in der Gruppe 2 und 5000 Stück in der Gruppe 1 (Serientourenwagen) vor. Bis zum Jahresende 1975 ist die Forderung erfüllt.

Für insgesamt 12 950 Mark, 3150 Mark mehr als für den entsprechenden „Normal-Kadett", bekommen sportlich ambitionierte Autofahrer ein Kadett-Coupé mit seiner umfangreichen Zubehör-Mitgift, das äußerlich durch eine gewagte Kriegsbemalung Aufsehen erregt. Unterhalb der Gürtellinie ist der GT/E in tiefstes Schwarz gekleidet, darüber glänzt ein schreiendes Gelb. Für die Stoßstangen, Fensterrahmen und den Modell-Schriftzug haben sich die Designer ebenfalls entschieden. „Wahrscheinlich möchte nicht jeder GT/E-Fahrer seine Investition in Sachen Leistung so aufdringlich zu Markte tragen. Opel sollte – auf besonderen Wunsch – die Schwarzmalerei lassen," fordert „Auto Zeitung"-Autor Werner Müller unverzüglich. Ergänzt wird das GT/E-Paket durch eine Sport-Ausstattung, die von H4-Scheinwerfern bis zu Zusatzinstrumenten auf einer kleinen Konsole reicht. Das Fahrwerk des Sport-Coupés ist mit dikken Querstabilisatoren, Bilstein Gasdruck-Stoßdämpfern und 175/70er-Reifen auf $5^1/_2$-Zoll-Sportfelgen munitioniert worden.

Herzstück ist aber der 1,9 Liter-Motor, bei dem es sich nicht um eine Anabolika-gestärkte kleinere Maschine handelt, sondern ein hubraumstärkeres Aggregat aus der nächsthöheren Modellreihe, dem Manta. Mit 90 PS Leistung baut ihn Opel seit 1965 beinahe unverändert. Die für die damalige Zeit enormen Fahrleistungen lassen sich mit dem geringen Gewicht des Kadett von 910 Kilo erklären, das ein Leistungsgewicht von 8,7 Kilo pro PS ergibt.

gebaut, für 358 Mark kann ein Sperrdifferential in Verbindung mit einer kürzeren Hinterachsübersetzung geordert werden. „Eine derartige Ausschöpfung der Möglichkeiten ergibt zusammen mit dem von unten heraus sehr antriebsstarken und in der PS-Leistung eher nach oben streuenden Motor eben solche hervorragenden Fahrleistungen," analysiert die „Auto Zeitung". „Die kurze Achse hat aber auch einen Nachteil. Sie rückt das Drehzahl-Niveau nach oben. Bei einer Höchstgeschwindigkeit von 180 km/h erreicht der GT/E eine Drehzahl von 6300 Umdrehungen. Das sind 200

Gegen die Übermacht der Heckklappen-Konkurrenz: der City als praktischer Einkaufswagen.

Umdrehungen über dem Limit von 6100 Touren. Hält man sich an den Drehzahlmesser, kommt man gerade noch auf 175 km/h."

Neben den Fahrleistungen loben die ersten Kunden vor allem die Laufkultur in allen Drehzahlbereichen, das gute Verhalten bei kalter Maschine, das exakt zu schaltende Getriebe und die übersichtlichen Bedienungselemente. Links im Cockpit liegt der Tachometer, rechts der Drehzahlmesser, in der Mitte – über den Warnleuchten – eine Analoguhr. Kritisiert werden die unkultivierte Stoßdämpfung, die mangelnde Übersichtlichkeit nach hinten und der fehlende Heckscheibenwischer, der wegen des schnell verschmutzenden Rückfensters bitter notwendig wäre.

Wer zum Einstandspreis weitere 650 Mark hinblättert, bekommt ein kurz übersetztes Fünfgang-Sportgetriebe ein-

Daran denkt aber kaum einer der 8660 Kadett-Fans, die sich in den ersten beiden Verkaufsjahren des GT/E für den gelb-schwarzen Sportler entscheiden. Von Opels „Hosenträgerimage", über das böse Zungen gerne lästern, wollen sie nichts wissen. Auch die Werbung macht aus der Image-Not flugs eine Tugend: „Leute, haltet eure Hosen fest, der neue Kadett GT/E ist in 9,8 Sekunden auf 100! Womit wieder mal bewiesen wird, daß Opels Hosenträger die schnellsten sind," ist die gallige Botschaft Rüsselsheims an die Welt.

C-Coupé-Club

Phantasie und Individualität sind bei den C-Coupé-Fans keine Grenzen gesetzt.

Als der D-Kadett 1979 das Frontantriebszeitalter in Rüsselsheim einläutete, hatte die Adam Opel AG alle Versionen des C-Kadett durch einen erheblich verbesserten Nachfolger ersetzt. Eine Modellvariante wurde allerdings ersatzlos gestrichen und fortan schmerzlich vermißt: Das C-Coupé mit der starken 2-Liter-Maschine hatte keinen Nachfolger gefunden. Die 75 PS, ab 1981 immerhin 90 PS, die zunächst beim D-Kadett das Ende der Fahnenstange waren, konnten leistungsgewohnte GT/E-Fans kaum begeistern. Erst 1983 ließ Opel mit dem 115 PS starken 1,8-Liter-Motor die GTE-Tradition – diesmal ohne Schrägstrich – wieder aufleben. Trotzdem: Ein echter Sportwagen hatte eben keinen Frontantrieb...

Kein Wunder, daß sich da binnen kurzer Zeit eine sportlich orientierte Club-Szene etablierte, die alles mögliche tat, um die C-Coupés nicht nur zu erhalten, sondern, soweit möglich, sogar neuen Trends anzupassen. So ist das C-Coupé heute lebendiger als je zuvor: Bis Mitte 1988 hatten sich 44 regionale Clubs mit insgesamt 651 Mitgliedern gegründet, und auch im Motorsport sind die C-Coupés noch gut vertreten. Tuning-Firmen bieten immer wieder neue Umbausätze für die inzwischen mindestens zehnjährigen Fahrzeuge an. Ob Sportauspuff, Fächerkrümmer oder tiefergelegtes Straßen-Rennfahrwerk: C-Coupé-Besitzer können immer aus dem Vollen schöpfen. Vor allem bei der Leistung: Opel-Tuner Lexmaul pflanzt dem Coupé auf Wunsch einen 2,2-Liter-Motor mit 150 PS ein. Ergebnis der Leistungsspritze: 0–100 km/h in 7,8 Sekunden, Spitze 205 km/h! Wem das noch nicht reicht: Kollege Mantzel offeriert TÜV-abgenommene, auf 2,7 Liter aufgebohrte Tauschmotoren mit 160 PS! Da kann dann selbst der nagelneue GSi 16V kaum mithalten...

Klar, daß dabei auch der Optik besondere Bedeutung zukommt: Mit Aerodynamik-Kits läßt sich das so sehr gewünschte individuelle Outfit herzaubern. Spoiler, breitere Reifen auf Alu-Felgen, Seitenschweller und Heckflügel gehören schon fast zur Grundausstattung eines C-Coupé-Fans. Und auch der Innenraum muß nicht unbedingt im Serienzustand bleiben: Hosenträgergurte, Sportsitze und ein Überrollbügel schaffen ein unverwechselbares Ambiente. Wer's aber ganz extrem mag, der baut sich sein Coupé vielleicht nach den Vorstellungen von Opel-Tuner Peter Mattig um: Sein Kadett-C-„Extrem" heißt nicht nur so, sondern ist es auch. Im Profil sieht er fast schon wie ein Ferrari Testarossa aus – und auch die Reifengröße der Plastikflunder kommt dem Original nahe: Vorn 285/45, hinten 345/35!

Die tatsächliche Vielfalt der Umbauten läßt sich nur auf einem Kadett-C-Treffen erleben. Kaum ein Coupé gleicht dem anderen, ob total verbreitert oder „nur" mit lila Brillant-Lack veredelt: Der Phantasie sind keine Grenzen gesetzt. Und da findet sich dann, mitten unter den Coupés, auch schon mal ein C-Caravan mit der 2-Liter-Einspritzmaschine...

Es gibt aber auch den umgekehrten Trend, hin zur Originalität. So werden im Original-Zustand belassene, schwarz-gelbe GT/E's immer gesuchtere Raritäten. Besonders begehrt: die C-Coupés der „1000er Serie". So bezeichnen die Fans die insgesamt 2234 Coupés, die Opel ab April 1978 als Homologationsfahrzeuge für den Motorsport baute. Ausschließlich gelb-weiß lackiert, leistet die offiziell GT/E2, intern 2.0 EH genannte Version 115 PS, hatte serienmäßig 5-Gang-Getriebe, Sperrdifferential und zusätzliche Stabilisatoren vorne und hinten, dafür aber weder Zeituhr noch Zigarettenanzünder. Weil die ursprünglich auf 1000 Stück limitierte Serie so schnell ausverkauft war, legten die Rüsselsheimer im Juli/August '78 noch weitere 500 Stück aufs Band. Die restlichen 754 Exemplare durften die Kunden dann in beliebiger Farbe ordern.

Ungeliebt bei Fans: Wolfsburger Konkurrenz.

Nicht alle Kadett-C-Fans aber waren damals so weitsichtig wie Guido Eblinger aus Saarbrücken: Der Kfz-Meister erstand im Dezember 1978 eines der letzten Coupés, einen weißen GT/E, als Neuwagen. Doch anstatt das schneeweiße Coupé im Straßenverkehr zu verschleißen, konservierte er seinen Schatz. Mehr als sechs Jahre blieb dieser aufgebockt in der Eblinger'schen Garage, bis der Dornröschenschlaf endlich beendet war. Am 26. 8. 1985 wurde der wahrscheinlich letzte Kadett C zum Straßenverkehr zugelassen: Wohl der einzige mit drei Jahren TÜV!

Wie engagiert die C-Coupé-Szene ist, zeigen auch eindrucksvoll die Teilnehmerzahlen bei den zahlreichen regionalen und überregionalen Treffen: Beim 1988er Treffen vor dem Opel-Werk in Kaiserslautern zählten die Veranstalter 530 Fahrzeuge, alles Coupés! Und wer dabei dem C-Coupé-Bazillus vollends verfallen ist, kann seinem Gefühl in wirklich jeder Lebenslage Ausdruck verleihen: Die Firma FJB-Style vertreibt C-Coupé-Accessoires aller Art. Ob Feuerzeug, Jogging-Anzug oder verspiegelte Sonnenbrille: Auf allem prangt ein Abbild des Coupés samt GT/E-Schriftzug. Es sind halt echte Fans, die C-Coupé-Fahrer, und sie sorgen dafür, daß es nach über zehn Jahren für das C-Coupé immer noch heißt: Still going strong.

Seltener Gast: optisch getunter Kadett Aero beim C-Coupé-Treffen.

Tuning Kadett GT/E:

Mantzel Opel-Tuning
Zum Eisenhammer 3
4200 Oberhausen

Lexmaul
Sennefelderstr. 31
6074 Rödermark-Oberroden

mlk-Tuning
Postfach 1606
6750 Kaiserslautern 28

Peter Mattig
Postfach 62
8398 Hauzenberg

Opel-Werksparkplatz in Kaiserslautern: Treff für 500 C-Coupés.

Reine C-Coupé-Clubs:

Zentralstelle der
Kadett-C-Coupé-Clubs
Monika Wilke
Franz-Körner-Str. 96/98
1000 Berlin 47

Berliner Interessengemeinschaft
Kadett C-Coupé
Heide-Christina Schöppach
Hohenzollernring 97 c
1000 Berlin 20

C-Coupé-Club Hamburg
Holger Bockmayer
Jenfelder Allee 55
2000 Hamburg 70

Kadett-C-Coupé IG Lübeck
Jan Schöning
Hohesliet 10
2400 Lübeck 1

C-Coupé-Club Oldenburg
Michael Göhring
Warnsweg 24
2900 Oldenburg

Traum für Fans: blitzsauber polierter, teilverchromter GT/E-Motorraum.

Auch im Innenraum: Individualität ist oft wichtiger als Originalität.

Opel-Sport-Club Hannover
Peter Bierwirth
Berliner Str. 28
3016 Seelze 2

C-Club Mönchengladbach
Ralf Jansen
Am Junkerstrauch 5
4005 Meerbusch 1

Kadett-C-Club Duisburg
Claus Zimmermann
Heinrich-Albrog-Str. 8
4100 Duisburg 28

C-Coupé-Club Münsterland
Mechthild König
Florianstr. 2
4420 Coesfeld 2

C-Coupé-Club Osnabrück-Land
Kornelia Severit
Haydnstr. 12
4550 Bramsche

C-Coupé-Club Gelsenkirchen
Michael Petschouning
Im Hirschinkel 23
4650 Gelsenkirchen

1. Kadett-C-Club Bochum
Gisbert Jewanski
Wieschnerstr. 205
4690 Herne 1

C-Club Ostwestfalen-Lippe
Meinolf Lackmann
Markenstr. 123
4835 Rietberg

Kadi Car Köln
Ede Anielski
Taunusstr. 52
5000 Köln 91

Kadett-C-Freunde Erftkreis
Thomas Hansen
Alemannenstr. 8
5013 Elsdorf

Opel-Coupé-Club Oberberg
Karl-Heinz Erdenberger
Karlsbader Str. 21
5270 Gummbersbach 1

C-Coupé-Club Nahe-Hunsrück
Randolf Schäfer
Bergstr. 11
5449 Frankenweiler

Kadett C GTE IG Koxhausen
Christoph Beyer
Hüttinger Str. 25
5529 Körperich

Kadett-C-Club Tiefflieger
Jürgen Kill
Hauptstr. 52
5546 Budesheim

Kadett-C-Coupé-Club Hagen
Heinz-Herbert Oehlke
Oststr. 25
5800 Hagen 5

C-Coupé-Club Siegerland
Alexander Vitt
Kronprinzenstr. 65
5902 Netphen 1

Kadett-C-Coupé-Club Offenbach
Steffen Schneider
Heinrich-Böll-Str. 11
6052 Mühlheim/Main

C-Coupé-Club Obere Nahe
Siegfried Platz
Mühlenweg 2
6589 Hoppenstädten/Weiersb.

Kadett-C-Club Ludwigshafen
Claus-Dieter Theilmann
Carl-Bosch-Str. 134
6700 Ludwigshafen/Rhein

Kadett-C-Club Kaiserslautern
Manfred Haßler
Postfach 2866
6750 Kaiserslautern

2.0 E/GT/E Club Saar
Guido Eblinger
Lieschenfeld 28
6801 Schafbrücke

Kadett-C-GTE-Club Odenwald
Rüdiger Jaegle
Franz-Fertig-Str. 1
6967 Buchen

Kadett-C-Club Heilbronn
Dieter Oßwald
Lindenstr. 21
7100 Abstadt

Kadett-C-Club Hohenlohe
Winfried Ott
Ortstr. 11
7170 Schwäbisch-Hall/Jagstrot

Kadett-C-Club Hof/Saale
Martin Hickl
Ernst-Reuter-Str. 4
8670 Hof/Saale

Opel-Kadett-Rallye-Club Basel
A. Borer
Hammerstr. 142
CH-4057 Basel

Kadett-C-Club Belgium/Holland
Ruytenburgstraat 6a
B-2600 Berchen

Opel Kadett Coupé Club Danmark
Jörn Christensen
Lundtoftegaardsvej 115[22]
DK-2800 Lyngby

Allgemeine Opel-Clubs:

Kadett-C-Club Ahrensburg
Jörn Struck
Gerhart-Hauptmann-Str. 52
2070 Ahrensburg

Opel-Club Düsseldorf
Matthias Mickley
Niederrheinstr. 108
4000 Düsseldorf 30

Opel-Club Linker Niederrhein
Michael Gislsing
Johann-Strauß-Str. 12
4174 Issum 2 – Sevelen

Opel-Sport-Club Essen
Bochumer Landstr. 345
4300 Essen 14

Opel-Sport-Club Bonn
Manfred Stübner
Johannesstr. 11–13
5300 Bonn 3

Kadett-C-Club Hessen/Rheingau
Bettina Werner
Ostpreußenstr. 11
6090 Rüsselsheim

C-Kadett-Club Rhein-Main
Stefan Schiemer
Sebastian-Kneipp-Weg 6
6090 Rüsselsheim

Opel-Sport-Club Westerwald
Andreas Heinrichs
Beilsteiner Str. 10
6349 Seilhofen

Opel-Sport-Club Burghaun
Hubert Schott
Am Galgenberg 16
6419 Burghaun

Opel-Sport-Club Elversberg
Ralf Lehnen
Memelstr. 2a
6605 Friedrichsthal

Opel Club Aalen
Michael Müller
Bühlhof 1
7089 Lauchheim

Opel-Club Knittlingen
Jörg Mühleisen
Bahnhofsstr. 26
7134 Knittlingen

Opel-Club Freiburg
Bernd Taxweiler
In der Breite 18
7801 Umkirch

Kadett-C-Club Südbaden
Postfach 1124
7888 Rheinfelden

MSF-Waldmünchen
Thomas Steutle
Ölbergstr.
8459 Waldmünchen

Kadett-C-Club Rhön
Kuno Zeller
Mühlenstr. 1
8781 Oberleichtersbach

Opel-Club Allgäu
Michael Rauch
Bahnhofstr. 11
8851 Lauterbach

Aero-Stammtisch
Holger Rother
Bremer Platz 5
6000 Frankfurt/Main 1

Aero-Club
Thomas Klein
Heidestr. 1
6222 Geisenheim

Im Testarossa-Look: superbreiter Kadett C „Extrem" von Mattig-Tuning.

Die gemeinsame Ausfahrt gehört zu jedem Treffen.

Schauen, wie's die anderen gemacht haben: Eine eingehende Begutachtung der anderen Fahrzeuge gehört zu jedem Treffen.

Dort ist im Jahr 1977 einiges los. Diktator Bokassa krönt sich selbst mit unzeitgemäßem Pomp zum Kaiser der früheren zentralafrikanischen Republik, Jimmy Carter schafft den Sprung auf den amerikanischen Präsidentenstuhl. Deutschland wird durch eine Serie politischer Attentate und den Selbstmord dreier Terroristen der Baader-Meinhof-Bande erschüttert. Die Spezialeinheit GSG 9 befreit in Mogadischu 86 Geiseln aus einem entführten Lufthansa-Jet. Autofahrer interessieren sich aber auch für die Policen der neugegründeten „ADAC-Rechtschutzversicherungs-AG" und die 47. Frankfurter IAA, die erstmals mehr als eine Million Besucher überfluten.

Bei Opel steht neben Rekord E, Senator und Monza auch ein neuer GT/E. Auf die alte Kriegsbemalung haben die Designer verzichtet, was den intern GT/E2 genannten Nachwuchsstar zum Wolf im Schafspelz 60macht. Denn unter dem dezenten Blechkleid steckt jetzt eine Zweilitermaschine mit 115 PS. Für den Spurt von 0 auf 100 braucht der Sportler der zweiten Generation nur noch neun Sekunden, die Höchstgeschwindigkeit liegt mit 190 Stundenkilometern deutlich über der des Vorgängers. Das ist angesichts des Motors auch kein Wunder: Die Maschine entspricht konstruktiv dem Einspritz-Triebwerk des neuen Rekord 2,0 E.

GT/E-Pendant: Den Rallye gab es mit 1,6- und 2,0-Liter-Maschinen.

Für den etwas zivileren Straßenverkehr bietet Opel den Kadett „Rallye" feil, der bis zur Ablösung des C-Kadett durch das D-Modell fast 10 000 mal von den Bochumer Bändern läuft. Sein GT/E-Pendant bringt es auf genau 2234 Stück. „Rallye fahren können Sie jetzt jeden Tag," verheißt die lokkende Botschaft, mit der Opel die beiden Typen Rallye 1,6 S und Rallye 2,0 E vorstellt. Textprobe: „So sportlich die beiden einerseits sind, so alltagstüchtig sind sie andererseits. Daß diese Coupés trotzdem kein Kompromiß sind, zeigen ihre Ausstattung und ihre Leistung." In der Tat kann sich beides sehen lassen. Zum Serienumfang gehören Vierspeichen-

Größere Bodenfreiheit und ein Sperrdifferential: der Kadett Pirsch.

Sportfelgen der Dimension 5½ J X 13 mit breiten 175er Stahlgürtelreifen, sportlich abgestimmte Stoßdämpfer sowie Front- und Heckspoiler. Im Innenraum fällt neben dem Dreispeichen-Lenkrad die üppige Instrumentierung mit Drehzahlmesser und der sogenannten Rallye-Konsole – bestehend aus Kühlmittelthermometer, Kraftstoff- und Öldruckanzeiger – auf.

Zwei Leistungsstufen stehen zur Auswahl. Der Rallye 1,6 S schafft mit 75 PS eine Spitzengeschwindigkeit von 163 Stundenkilometern. Von 0 auf 100 km/h braucht er 13 Sekunden. Der Vergasermotor, sein Drehmoment liegt zwischen 3800 und 4200 U/min bei 115 Nm, stammt aus dem alten Manta 1600 S. Das Zweiliter-Triebwerk des Rallye 2,0 E mit 100 PS kommt aus dem Sortiment des neuen Rekord E. Der Einspritzer mit einem Drehmoment von 162 Nm bei 3400 U/min verhilft dem Sport-Kadett zu 189 Stundenkilometern Höchstgeschwindigkeit und einer Beschleunigung von 9,5 Sekunden von 0 auf 100 km/h. Beide Motoren fühlen sich beim Tanken nur an der Super-Säule wohl. Die Preise: 11 900 Mark für den „kleinen" Rallye-Kadett, 13 475 Mark für seinen größeren Bruder.

Aber nicht nur im Rallye 1,6 S kommt die 1,6-Liter-Manta-Maschine zu neuen Ehren. Nach der 77er IAA verkauft Opel auch seine normalen Kadetten – Limousine, City und Caravan – für 1200 Mark Aufpreis mit dem stärkeren Triebwerk. Einer der Gründe ist die immer stärkere Motorisierung der

Konkurrenzmodelle Golf und Escort. Die bisherigen Modelle mit 52 und 60 PS und auch der 40 PS-Spar-Kadett bleiben im Programm.

Modellexplosion

58 verschiedene Karosserie-, Ausstattungs- und Motorvarianten führt „auto motor und sport" in einer Übersicht im Herbst 1978 auf. Nach der Modelleinführung 1973 waren es nur 18 gewesen. Spitzenmodelle sind die beiden Rallye-Kadetten und der GT/E. Unter 14 verschiedenen Versionen können City-Kunden wählen. Den Schrägheck-Kadett gibt es als mager bestückten J (-unior) und in Normalausstattung, als L (-uxus) und mit aufwendigem Berlina-Paket. Die Grundausstattung umfaßt in jenen Tagen unter anderem Stahlgürtelreifen, Rechteckscheinwerfer mit integrierten Blinkleuchten und Automatik-Gurte, eine heizbare Heckscheibe, eine zweistufige Scheibenwisch- und Waschanlage sowie eine Verbundglas-Frontscheibe, die aber nur auf Wunsch eingebaut wird. Im Grundpreis ist diese Option schon enthalten. In der Luxus-Version bekommen die Kunden zum Beispiel einstellbare Kopfstützen, ein Zweispeichen-Lenkrad und einen Schminkspiegel in der Beifahrer-Sonnenblende dazu. Der Zigarettenanzünder und der Kofferraum sind beleuchtet. Äußerlich erkennt man die L-Modelle an Zierstreifen an den Seitenfenstern und — schaut man genau hin — an einem abschließbaren Tankdeckel. Solcher Luxus hat seinen Preis: Die L-City kosten 530 Mark mehr als das Grundmodell.

Weitere 675 Mark auf dem Konto sind für die Berlina-Ausstattung nötig. Den Innenraum werten dann besonders elegante Rhodos-Velourspolsterstoffe auf, dazu passend gibt es farblich abgestimmte Schlingenteppiche. Das Handschuhfach hat im Berlina einen Deckel, die Scheibenwaschanlage eine Intervalschaltung und das Lenkrad vier Speichen. Eine Quarzuhr zeigt dem Berlina-Fahrer, wann die Stunde schlägt, seitliche Zierstreifen mit PVC-Einlage und ein Schriftzug am Vorderkotflügel den anderen Autofahrern, wen sie da neben sich haben.

Kadett-Limousine und Kombi gibt es nur in Normal-, Luxus- und Berlina-Ausstattung. Interessenten der Limousine haben zwischen 30 Modellausführungen die Qual der Wahl, Kombi-Liebhaber müssen sich zwischen elf Varianten entscheiden. Nummer elf ist erst Anfang des Jahres hinzugekommen, als Opels Marktstrategen Landwirte und Förster als neue Zielgruppe ausmachten. Ergebnis: der „Jagdwagen".

Der Kadett für Feld, Wald und Wiese, für Petri- und Waidmannsheil basiert auf dem Caravan L, hat aber eine größere Bodenfreiheit und ein Sperrdifferential. Zur ohnehin reichhaltigen L-Ausstattung haben sich eine verstärkte Heizung und ein stilechtes Fangnetz zwischen Passagierabteil und

Auf dem Genfer Autosalon 1976 wird dieses bei Baur in Stuttgart gefertigte Modell erstmals gezeigt. Der Kadett Aero wird schon 1978 wieder eingestellt.

Gepäckraum dazugesellt. Vier Räder mit Winterreifen spendiert Opel ebenfalls ohne Aufpreis. „Auf daß er sich ländlicher Umgebung anpasse," schreibt „auto motor und sport", „gibt es den Jagdwagen nur „in Safaribeige und Forstgrün." Ambitionierte Angler und Jäger können zwischen 75-, 60- und dem 55 PS-Motor wählen, der zwischenzeitlich das alte 52 PS-Triebwerk abgelöst hat. Den Scheid kann man damit freilich kaum jemandem abjagen: Für die Beschleunigung auf 100 Stundenkilometer braucht der sparsame Jäger bei einem Durchschnitts-Verbrauch von 8,7 Litern 20,2 Sekunden, bei 135 Stundenkilometern ist das höchste aller Galopp-Gefühle erreicht.

Trotzdem: „Für Wald und Wiesen reicht der 55 PS leistende Normalbenziner gut aus," kommentiert das Stuttgarter Fachblatt, „er verrichtet seine Arbeit angenehm leise, hängt gut am Gas und war im Testbetrieb erstaunlich sparsam." Lob der Redaktion: „Im übrigen ist natürlich auch der Jagdwagen ein wahrhaftiger Kadett. Er läßt sich spielend leicht bedienen, bietet durch seine unproblematischen Fahreigenschaften ein Höchstmaß an Fahrsicherheit und ist im Federungskomfort zwar straff, aber insgesamt nicht unangenehm. Hinzu kommt die schon fast sprichwörtliche Zuverlässigkeit, die dem kleinsten Opel-Produkt über die Jahre hinweg einen ganz speziellen guten Ruf einbrachte."

Auch wirtschaftlich kommt Opel in der zweiten Hälfte der siebziger Jahre gut über die Runden. Der Produktionseinbruch nach der ersten Ölkrise, als 1974 nur knapp 584 000 Fahrzeuge von den Bändern liefen, ist längst überwunden. Schon 1975 steigt die Produktion wieder auf knapp 658 000, 1976 gar auf annähernd 922 000 Einheiten. Satte 911 Millionen Mark Gewinn weist der Scheck aus, den die Rüsselsheimer stolz an das GM-Hauptquartier in Detroit schicken.

1977, Opel liegt nach wie vor hinter VW auf Platz 2 der deutschen Zulassungsstatistik, geht die Konzernmutter dafür leer aus. Der Überschuß von rund 340 Millionen Mark bleibt für Investitions-Zwecke in der Bundesrepublik. 1978 baut Opel 956 000 Autos, fast die Hälfte davon wandern in den Export. Im Dezember des Jahres läuft in Rüsselsheim der 16millionste Opel vom Band. 42 Jahre hatte die Firma noch für die erste Million gebraucht, für die sechzehnte sind es nur noch dreizehn Monate. Einen großen Anteil an diesem Erfolg hat der Kadett C. Im März 1977, dreieinhalb Jahre nach seiner Einführung, feiert Bochum schon die erste Million. Bis zu seiner Ablösung durch das D-Modell wird er genau 1 701 000 mal gebaut. Mehr als 50 Prozent davon werden im Ausland verkauft, wo der Bestseller made in Germany größtenteils unter dem Namen „Chevette" bekannt ist. Seit 1962, als die Bochumer Kadett-Geburtsstation ihre Produktion aufnahm, haben rund fünf Millionen Kadetten den Vierrad-Kreißsaal verlassen.

Opels offenes Vergnügen

Der billigste Kadett, der City J mit 40 oder 55 PS, kostet 1978 genau 9695 Mark, das teuerste Modell ist mit 17 470 Mark der GT/E. Der offene Aero-Kadett, zuletzt für 15 335 Mark beim Opel-Händler erhältlich, ist schon wieder aus den Schaufenstern verschwunden. Nachdem 1969 das Projekt eines Opel GT-Cabriolets gescheitert war, setzten die Autobauer vom Main 1976 abermals einen Fuß in den zuwachsträchtigen Oben-Ohne-Markt. Auf dem Genfer Autosalon präsentieren sie den Aero-Kadett. Das Auto für Frischluft- und Sonnen-Fans auf Basis des Kadett-Coupé ist aber nicht völlig aufgeschnitten worden, sondern stellt eine Art Cabrio-Limousine dar: mit Hardtop, feststehenden Seitenfensterrahmen und einem breiten Überrollbügel. „Das aus Kunststoff gefertigte Dachmittelteil läßt sich mit drei Handgriffen entfernen und mit einem vierten Griff im Kofferraum verstauen," beschreibt die „Auto Zeitung" die Prozedur. „Das hintere Faltverdeck ist ebenfalls mit wenigen Handgriffen gelöst, umgeklappt und unter einer Schutzplane verstaut."

Im ersten Produktionsjahr ist der „luftige Lückenfüller" („Auto Zeitung") nur mit 60 PS zu genießen. Autotester messen bei Versuchsfahrten mit der 1,2Liter-Maschine eine Spitzengeschwindigkeit von 143 Stundenkilometern in geschlossenem Zustand. Offen bringt das erste Kadett-Cabrio vier Stundenkilometer weniger. Erst im Herbst 1977 wird auch der 75PS-Motor mit 1,6 Litern Hubraum eingesetzt.

Der Aero-Kadett ist das erste Nachkriegs-Kind der Modellfamilie, das nicht in Bochum geboren wird. Weil die erwarteten Stückzahlen für eine Großserienherstellung nicht ausreichen, hat sich Opel nach einem Partner umgesehen. Schließlich läßt sich auch VW sein Käfer-Cabrio aus Osnabrück, von Karmann, liefern. Die Rüsselsheimer werden in Stuttgart bei der Karosseriefirma Baur fündig, mit der man schon früher gute Erfahrungen gesammelt hat. So produziert Baur den aus Opel-Teilen bestehenden Bitter CD und hat genügend Kapazitäten frei, seit die Montage des offenen BMW 2002 eingestellt wurde. Hessen und Schwaben werden sich handelseinig. Vor allem die Qualität der von Baur ausgeführten Dachpartie wird später gelobt. Der Aero ist trotz seines Faltverdecks aus präpariertem Stoff kaum lauter als die Kadett-Limousine. Und selbst einen Härtetest in der Waschstraße übersteht das Spaß-Mobil „ohne daß ein Tropfen Wasser ins Wageninnere gedrungen wäre".

Doch lange währt die Freude nicht. Schon im Frühjahr 1978 streicht Opel den Aero reumütig wieder aus dem Programm. Der Grund: Magere 1224 Käufer konnten sich in zwei Jahren für das Fahrvergnügen mit Urlaubs-Feeling begeistern. Am Auto kann es nicht gelegen haben, auch wenn der ungewöhnliche Targa-Look nicht überall auf Zustimmung stößt. Hauptgrund für das Ohne Dach-Debakel ist vielmehr der hohe Preis, den Cabrio-Fans bezahlen müssen: Zwischen 14 500 und 15 335 Mark weist die Opel-Preisliste Ende 1977 aus, mehr als 50 Prozent Aufschlag gegenüber der Basis-Limousine. Das Käfer-Cabrio dagegen ist schon für gut 12 000 Mark zu haben. Auch die aufwendige SR-Ausstattung des Aero-Kadett mit 175/70er-Reifen, Drehzahlmesser, Zusatzinstrumenten und Vierspeichen-Lenkrad taugte da als Rettungsanker nur wenig.

58 verschiede C-Kadetten – das ist die Situation, als 1979 schon wieder eine IAA, diesmal die achtundvierzigste, ihre Schatten vorauswirft. Der neue Star, den Opel dort vorstellen will, spult zu dieser Zeit gerade die letzten Testkilometer ab, während sich die Rüsselsheimer Verkaufsabteilung schon die Köpfe über die Preisgestaltung zerbricht. „Alle neuen Autos der IAA" verspricht die „Auto Zeitung" am 8. August ihren Lesern auf dem Titel von Heft 17. Auf Seite 14 oben rechts wird auch der neue, noch geheime, Opel präsentiert: Es ist das „Projekt 2040" – der nächste Kadett.

Kaufberatung GT/E

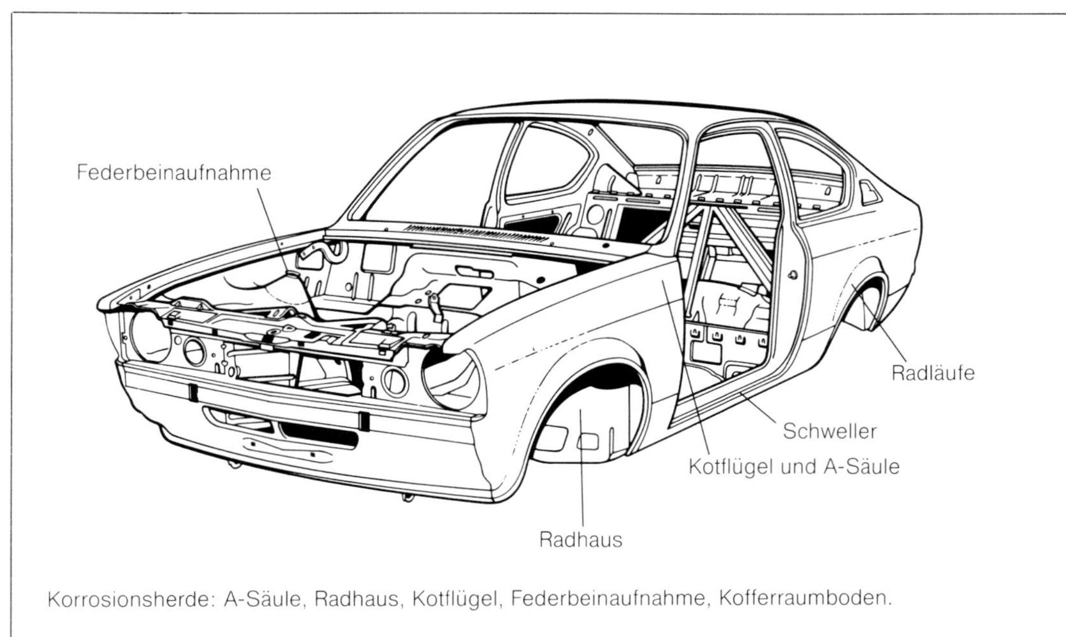

Trotz guter Rostvorsorge auch kritische Stellen: Blechkleid des C-Coupé.

Wer ein Fahrzeug sucht, das auf dem Weg zum Klassiker, dabei aber äußerst schnell und vergnüglich zu fahren ist, der kommt am Kadett GT/E kaum vorbei. Diese Kaufberatung soll helfen, die Sahnestücke unter dem – noch – großen Angebot herauszufinden.

Der Rost nagt selbstverständlich auch am GT/E, trotz der guten Korrosionsschutzmaßnahmen, die das Werk dem Flitzer hat angedeihen lassen. Die Karosserie des Coupés hat ihre Schwachpunkte allerdings mit allen selbsttragenden Karosserien gemein: Kotflügel, Türschweller und hintere Radläufe sind Korrosionsherde, die ein kaufwilliger Interessent mit besonderer Aufmerksamkeit untersuchen sollte. Immerhin sind beim Kadett C aber die vorderen Kotflügel geschraubt. Das vereinfacht nicht nur den Austausch – und ermöglicht, auf gebrauchte Kotflügel zurückzugreifen –, es verbessert auch die Zugänglichkeit von Innenkotflügeln und A-Säule. Das kann wichtig werden: Die A-Säule ist nämlich anfällig. Feuchtigkeit, die durch gerissene Frontscheibengummis eingedrungen ist, läßt das Material oft bis in den Innenraum hinein durchfaulen. Der Kadett-Besitzer merkt dies meistens erst an wackelnden Sitzen: dann hat sich die Korrosion allerdings schon bis zu den Sitzhalterungen vorgearbeitet. Klarheit über den Zustand der A-Säule verschafft nur ein Blick von unten durch den Kotflügel. Dabei ist auch ein prüfender Blick in Richtung des ca. 15 cm langen Rahmenverstärkungsbleches in der oberen Ecke des Kotflügels angesagt. Es ist zwar meistens durchgerostet, als Reparaturblech aber lieferbar. Reparaturbleche für die komplette A-Säule gibt's ebenfalls beim Opel-Händler.

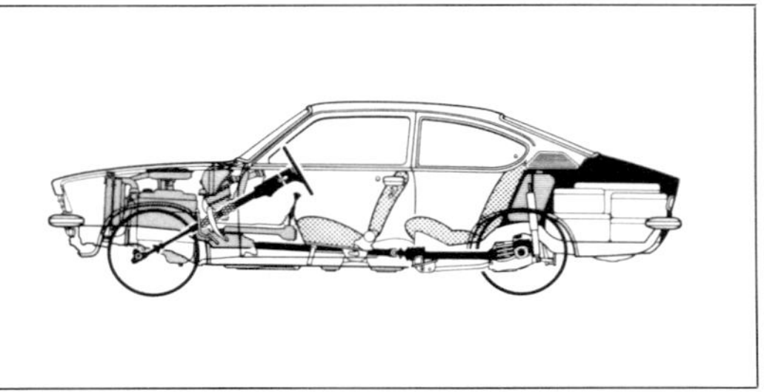

Robuste Mechanik – bis auf's Differential.

Als besonders kritisch gilt auch die Nische zwischen Radhaus und A-Säule im Motorraum. Wasser, das durch die Lüftungsschlitze eindringt, kann nicht abfließen und läßt den Rost im Verborgenen blühen – vor allem auf der Beifahrerseite, da Säure-Dämpfe aus der Batterie hier die Rostbildung noch beschleunigen. Die Federbein-Dome sind gleichermaßen als Rostnester bekannt, nicht nur vorne, sondern auch hinten im Kofferraum. Sie rosten gerne von unten durch, Spritzwasser ist dafür die Ursache. Klarheit über den Zustand der Federbein-Dome verschafft aber auch hier nur der Blick unters Auto: Zeigt sich oben schon der Rost, ist es eh' zu spät, dann müssen die Dome meist erneuert werden. Ein leidiges Problem sind auch vom Rost zerfressene Türunterkanten. In solchen Fällen muß aber wenigstens nicht gleich eine ganz neue Rohbau-Tür angeschafft werden: Auch hierfür hält der Opel-Händler für wenig Geld spezielle Reparaturbleche bereit.

Die gleiche Akribie, mit der ein GT/E-Pilot in spe den Maschinenraum und die Radhäuser des Kadetten untersuchen sollte, ist auch beim Gepäckabteil angebracht. Für den Kofferraum gilt nämlich ähnliches wie für den Motorraum: Auch hier ist oft Feuchtigkeit durch eingerissene Scheibengummis eingedrungen und hat sich in den tiefsten Stellen des Kofferraums gesammelt. Die sind dann häufig arg in Mitleidenschaft gezogen, insbesondere im Bereich des Heckblech-Ansatzes und der Reserveradmulde. Wenn die Feuchtigkeit dem Kadett schon länger zugesetzt hat, sind oft auch Boden und Längsträger angegriffen. Generell ist aber die Karosserie des Kadett eher eine von der stabilen Art – die zahlreichen noch existierenden Exemplare sind der beste Beweis dafür.

Ähnlich erfreuliches gibt es auch von der Mechanik des schnellen Coupés zu berichten: Die Motoren des GT/E stellen ihre Besitzer kaum vor nennenswerte Probleme, ebensowenig wie die des Rallye 2.0 E oder 1.6 S. Sie sind meistens für hohe Kilometerleistungen gut, die c.i.h.-Motoren haben sich auch in Rekord, Manta und Ascona millionenfach bewährt. Aus diesem Grunde ist auch die Ersatzteilversorgung kein Problem: Zwar sind vom GT/E nicht allzu viele Exemplare gebaut worden, der Rückgriff auf Manta-, Ascona- oder Rekord-Teile ist aber fast immer möglich. Nur ein Schatten trübt das Bild: Wie fast alle Opel-Motoren leiden auch die c.i.h.-Motoren unter undichten Wasserpumpen – eine Schwachstelle, die jedoch mit geringem Kostenaufwand behoben werden kann.

Unter den legendären Antriebs-Problemen des Sechzehn-Ventilers, mit dem einst Walter Röhrl die Rallye-Weltmeisterschaft gewinnen sollte, hat auch der Serien-Abkömmling zu leiden. Das Differential zeigt sich dem meist sportlichen Fahrstil der GT/E-Treiber nicht immer gewachsen. Oft macht es schon nach etwa 120 000 km schlapp. Hörbares Zeichen: Differentialsingen. Für den Besitzer bedeutet das einen tiefen Griff ins Portemonnaie: Der Austausch von Kegel- und Tellerrädern kann leicht 2000 Mark kosten.

Wer aber einen GT/E günstig angeboten bekommt, sollte zugreifen: Das Coupé tendiert dazu, im Wert eher zu steigen als zu fallen, besonders – fast nicht mehr zu findende – unveränderte Original-Exemplare. Dabei ist der GT/E trotz seiner sportlichen Optik immer noch ein solides, zuverlässiges Alltagsfahrzeug: Die Einspritzanlage sorgt für angemessenen Benzinverbrauch, und Ersatzteile hält jeder Opel-Händler bereit.

Ein harter Brocken für die Fans

Testbericht C-Kadett 1,9 GT/E 1975

Umstritten: die gelb-schwarze „Kriegsbemalung" des GT/E.

Er ist wieder da: Der leistungsstarke kleine Opel für Sport und Straße. Nach mehrjähriger Einschränkung des Kadett-Angebots auf hubraum- und leistungsschwächere Versionen bieten die Rüsselsheimer seit der IAA wieder einen 1,9-Liter-Kadett an. Der Einfachheit halber heißt der Kadett, wie sein gleichstarkes Schwestermodell Manta, ebenfalls GT/E. Die identische Bezeichnung beruht auf der identischen Motorisierung. Beide GT/E-Modelle werden von der 1,9-Liter-Maschine angetrieben, der mit Hilfe einer elektronischen Einspritzung 105 PS entlockt werden.

Bei dem Aggregat enden dann aber auch schon die Gemeinsamkeiten beider Modelle. Denn während der Manta mit seiner sportlichen Karosse unter anderem jener von der Werbung heraufbeschworenen Caroline imponieren soll, muß der Kadett die gesamte Motorsportwelt mit Leistung überzeugen.

Er ist dazu auserkoren, tatsächlich dem Champion die Siege abzujagen. Denn der Kadett GT/E tritt die Nachfolge des Ascona 19 SR an. Da Opel seine Aktivitäten im Motorsport erheblich verstärkt, darf man auf den Einsatz des Kadett GT/E besonders gespannt sein.

Erstmals im Kadett: Einspritzmotor mit 105 PS.

Doch vor imposante Siege haben die Motorsportgewaltigen Reglements und Homologationen gesetzt. Homologation heißt Mindeststückzahlnachweis. Im Klartext: Für die Homologation des Kadett GT/E in Gruppe 2 (Spezialtourenwagen) muß Opel innerhalb eines Jahres 1000 Stück fertigen, für die Gruppe 1 (Serientourenwagen) sogar 5000 Exemplare. Genau das macht Opel gerade. Bis zum Jahresende sollen 5000 Stück des Kraft-Kadett vom Band rollen.

Derartige Stückzahlen müssen aber auch verkauft werden. Was wiederum dadurch zu beeinflussen ist, daß solch ein Basismodell so attraktiv und preisgünstig wie möglich angeboten wird. Stellt sich also die Frage nach der Attraktivität und Preiswürdigkeit des Kadett GT/E.

Attraktiv ist der Kraft-Kadett alleine schon durch seine hohe Leistung. Doch PS-Zahlen sieht man nicht. Also muß das Äußere des Kadett GT/E aufgewertet werden.

Geschmäcker sind zwar sehr verschieden. Doch über den Geschmack der GT/E-Designer kann man wirklich streiten. Die Opel-Schönermacher tauchten den ansonsten gelben Kadett bis zur Gürtellinie in schwarze Farbe und tünchten Stoßstange, Fensterrahmen sowie den Schriftzug GT/E am Heck ebenfalls in Schwarz.

Diese nicht gerade sehr originellen stilistischen Mittel zur Betonung des GT/E-Sondercharakters verdrießen etwas. Denn wahrscheinlich möchte nicht jeder GT/E-Fahrer seine Investition in Sachen Leistung so aufdringlich zu Markte tragen. Opel sollte – auf besonderen Wunsch – die Schwarzmalerei lassen. Der Kadett hätte auch in einer neutralen Lackierung das Zeug zu einem Wolf im Schafspelz. Wie dezent solche Kraftpakete aussehen können, zeigt die Konkurrenz mit dem Escort RS und dem Golf GTI.

Die wahren Qualitäten des Kadett liegen also unter der Verpackung. Da wäre zunächst die propere Ausstattung. Der GT/E basiert auf dem von Haus aus schon luxuriösen Kadett-Coupé. Und diese 9800 Mark teure Kadett-Variante verfügt neben Teppichboden und Zierleisten über sinnvolles Zubehör wie Ausstellfenster hinten, Automatikgurte und Kopfstützen. Sie hat neben der etwas besseren Aerodynamik aber auch konzeptionelle Nachteile. So ist das Heck nicht einsehbar, Parken wird zur Glücksache. Darüber hinaus verschmutzt die Heckscheibe sehr stark. Opel sollte – zumindest gegen Aufpreis – einen Heckwischer anbieten. Zum Preis des Coupés addiert sich dann ein Aufpreis von 3150 Mark für das sogenannte GT/E-Paket. Das ergibt einen Gesamtpreis von 12 950 Mark.

Hauptbestandteil des GT/E-Pakets ist – neben der fast kompletten Ausstattung, die von 175/70er Reifen über H4-Scheinwerfer bis zu Zusatzinstrumenten auf einer Konsole reicht – vor allem der 1,9-Liter-Motor.

Opel hat also nicht die Leistung eines kleineren Motors gesteigert, sondern einfach einen hubraumstärkeren Motor aus der nächsthöheren Modellreihe in den Kadett transplantiert.

Kraft, die aus dem Hubraum kommt, hat einige Vorteile. Der wichtigste: Zuverlässigkeit und höhere Lebensdauer des Aggregats. Mit einer spezifischen Leistung von 55,4 PS pro Liter Hubraum sind Zweifel an der Zuverlässigkeit des Kadett-Motors denn auch kaum angebracht. Der Motor ist nicht überzüchtet und außerdem relativ simpel in der Konstruktion.

Um so überraschender ist das Temperament. Die Fahrleistungen sprechen eine deutliche Sprache: In 9,5 Sekunden spurtet der GT/E auf die 100-km/h-Marke. Und in 30,9 Sekunden schafft er den stehenden Kilometer. Noch imposanter sind die Beschleunigungswerte aus mittleren Drehzahlen. Von 60 auf 140 km/h benötigt der Kadett im vierten Gang ganze 19,1 Sekunden. Und darüber hinaus läßt der Schub keineswegs nach.

Gleichstarke Konkurrenten, aber auch wesentlich potentere Automobile, bekommen oft nur das schwarze Heck des GT/E zu sehen. Diese enormen Fahrleistungen kommen nicht von ungefähr. Denn der Kadett GT/E bringt gerade 910 Kilogramm auf die Waage, was einem Leistungsgewicht von 8,7 Kilogramm pro PS entspricht.

Der Testwagen war zudem mit einem Sperrdifferential und der damit gekoppelten kürzeren Achsübersetzung (3,67 statt 3,44:1) bestückt. Eine derartige Ausschöpfung der Möglichkeiten ergibt zusammen mit dem von unten heraus sehr antrittsstarken und in der PS-Leistung eher nach oben streuenden Motor eben solche hervorragenden Fahrleistungen. Ein weiteres überzeugendes Argument: Der relativ günstige Verbrauch von 11,7 Liter auf 100 Kilometer.

Die kurze Achse hat aber auch einen Nachteil. Sie rückt das Drehzahl-Niveau nach oben. Bei einer Höchstgeschwindigkeit von 180 km/h erreicht der GT/E eine Drehzahl von 6300 Umdrehungen. Das sind 200 Umdrehungen über dem Limit von 6100 Touren. Hält man sich an den

Arbeitsplatz für Sportler: das GT/E-Cockpit aus ungewohnter Perspektive.

Drehzahlmesser, kommt man gerade noch auf 175 km/h.

Für den normalen Straßenbetrieb ist daher die längere, serienmäßige Achsübersetzung auf jeden Fall die vernünftigere Lösung.

Besser noch wäre ein Fünfganggetriebe mit einem Schongang, einem Gang, der unter 1:1 angesetzt ist. Opel bietet zwar für 650 Mark ein Fünfganggetriebe ab Werk an. Aber hier ist der fünfte Gang wiederum, wie beim Vierganggetriebe, 1:1 übersetzt. Er bringt also keine Drehzahlsenkung.

Die aber wäre dringend nötig. Denn der Kadett GT/E entpuppt sich bei höheren Geschwindigkeiten als rauher Geselle. Und ein hochdrehendes Triebwerk macht nun einmal mehr Lärm. Dazu kommen Getriebegeräusche sowie das Grundübel nahezu aller Opel-Modelle mit dem Ascona/Rekord-Getriebe: Das Schalthebelrasseln.

Bei niedrigen Drehzahlen meldet sich dann wieder die akustische Funktionskontrolle der elektrischen Kraftstoffpumpe, deren Laufgeräusch dem eines Modellflugzeugs ähnelt. Schallisolierung tut hier not.

Komfortbeeinträchtigend wirkt sich neben diversen Geräuschquellen auch die unkultivierte Fahrwerksabstimmung aus. Zweifellos erkauft man sich mit einem straffen und auf optimale Straßenlage ausgelegten Fahrwerk zwangsläufig Einbußen im Fahrkomfort. Die zu harten Bilstein-Gasdruckdämpfer im Kadett GT/E haben aber die unangenehme Eigenschaft, die Hinterachse über jede kleine Unebenheit springen zu lassen. Sie sprechen zu schlecht an. Kurze Stöße werden nahezu ungedämpft an die Insassen weitergegeben.

Keine Probleme hingegen gibt der GT/E im Alltagsbetrieb auf. Einwandfreier Kaltstart und Kaltlauf sind ihm ebenso zu attestieren wie Laufkultur in allen Drehzahlbereichen. Das nahezu perfekte Handling stellt auch sportlich fahrende Damen vor keinerlei Probleme. Weitere Pluspunkte: Die übersichtlichen Bedienungselemente, die relativ leichtgängige Lenkung und das exakt zu schaltende Getriebe.

Die Hauptinstrumente sind sehr gut abzulesen. Deplaziert sind dagegen die Zusatzinstrumente. Die Hand am Lenkrad verdeckt stets die äußere Anzeige und der herausgezogene Aschenbecher dann die Sicht auf die beiden restlichen.

Gut zustatten kommen dem Kadett GT/E Details, die unverändert von den schwächeren Modellen übernommen wurden. So verfügt er über den voluminösen Kofferraum, die akzeptablen Sitze, die gute Zugänglichkeit im Motorraum sowie die generelle Wartungs- und Reparaturfreundlichkeit.

Mit kleineren Mängeln behaftet, ansonsten aber problemlos, zeigt der GT/E seine Stärken erst dann, wenn man ihn seiner Bestimmung entsprechend einsetzt. Laut Opel ist der GT/E nun einmal ein Basismodell für den Motorsport und eine leistungsstarke, kompakte Variante für den sportlichen Normalfahrer.

Und für letztere bietet er schon im Serienzustand ein solches Maß an Fahrspaß, daß die kleinen Macken rasch vergessen sind. Der Kadett erreicht völlig risikolos immens hohe Kurvengeschwindigkeiten. Kurven jeglicher Radien umrundet er wie auf Schienen. Lastwechsel-Reaktionen sind ihm völlig fremd.

Erst auf losem Untergrund ist Driften in seiner schönsten Form möglich. Die stets vorhandene Leistung und die fast perfekte Handlichkeit machen einen Ausflug in Kiesgruben oder auf Truppenübungsplätze zu einem echten Erlebnis.

Geht man davon aus, daß Opels Homologations-Spezialisten bald diverse Teile für die Gruppe-1-Version anbieten können, mit deren Hilfe dann die Motorleistung auf etwa 125 PS steigen wird, stehen die Chancen für Motorsportler, die sich für den GT/E entscheiden, im nächsten Jahr nicht schlecht. Es gibt derzeit kaum ein handlicheres und leistungsstärkeres Basismodell für den Rallye- und Rennsport.

Welche Möglichkeiten der GT/E noch bietet, prüfte AUTO ZEITUNG an Hand eines leicht modifizierten GT/E von Opel-Tuner Lexmaul. Wenn der mit einer 306-Grad-Nockenwelle aufgewertete GT/E auch von unten heraus keine nennenswerten, besseren Werte brachte, so legte er doch ab 4000 Umdrehungen ein wenig mehr zu. (0-100 km/h in 9,5 sec., Spitze 184 km/h)

Bemerkenswert sind aber auch die Accessoires, die Lexmaul seinem GT/E spendierte. Schwarz-gelbe Scheel-Schalensitze mit perfekter Seitenführung überzeugen ebenso wie das mit Leder bezogene 35-cm-Indianapolis-Lenkrad. Die installierten Koni-Stoßdämpfer lassen allerdings den sowieso schon mageren Komfort des GT/E völlig verschwinden. Dafür schaffen sie jedoch das lästige Springen der Hinterachse ab. Lexmaul bietet die Zubehörteile recht günstig an. Ein Preisvergleich mit Zubehörhandel und Tunern lohnt sich.

Die Kadett GT/E-Käufer und -Fahrer werden mit einem Zwiespalt fertig werden müssen. Brauchen sie ein reines Alltagsmobil, dann könnten sie klagen: „Zu laut, zu hart, zu klein, zu schwarz." Brauchen sie in Sportmobil, dann werden sie von Leistung, Handlichkeit, Fahrverhalten und Fahrvergnügen schwärmen.

Ein Ausweg für diejenigen, die sich gar nicht entscheiden können: Für 1000 Mark mehr gibts den Manta GT/E, der zwar all die Mängel nicht hat, aber eben auch nur ein gut gelungener Kompromiß ist.

aus: „Auto Zeitung" 26/75; Autor: Werner Müller

Kadett D (1979–1984) – gegen alle Traditionen

Erstmals mit Frontantrieb: Der Kadett D erscheint im Herbst 1979.

Die Basis-Version war – wie schon beim C-Kadett – an den runden Scheinwerfern zu erkennen.

Tuner Irmscher veredelte den Kadett D auf Wunsch mit Doppelscheinwerfern.

Lange Schatten und eine Gretchenfrage

Kaum ein neues Opel-Modell warf jemals so lange seine Schatten voraus wie der Kadett D. Schon Jahre vor seiner Präsentation überschlagen sich die deutschen Auto-Zeitschriften mit der Veröffentlichung von Skizzen, Daten und Gerüchten – aus gutem Grund, wie sich später herausstellt. So druckt die „Auto Zeitung" im August 1976, also drei Jahre vor der Modell-Vorstellung, Zeichnungen und Erlkönig-Fotos eines Prototypen, der mit dem späteren Modell auf den ersten Blick nur wenig gemeinsam hat. Die Proportionen wirken noch wie bei einem Kleinwagen, das Heckfenster ist extrem groß, die C-Säule entsprechend schmal, und die kantige Frontpartie wird durch kleine, rechteckige Scheinwerfer geziert. Für die „Auto Zeitung" ist jedoch eines klar: Der neue Kadett wird Frontantrieb haben.

Opel hatte den Prototypen in einem Londoner Hotel ausgestellt, um erste Reaktionen einer kleinen Testgruppe einzu-

So kennen ihn die meisten: Kadett D mit Rechteckscheinwerfern.

Bot noch mehr Platz als sein Vorgänger: Der Caravan kostete DM 1200,– Aufpreis, war aber nur mit N- und L-Ausstattung lieferbar.

Sollte sportliche Käufer zufriedenstellen: Die Fans des alten GT/E trauerten angesichts der zunächst ausschließlich lieferbaren 75-PS-Version ihrem Hecktriebler nach.

fangen. Zu Anfang der Entwicklung werden noch die unterschiedlichsten Fahrwerks- und Antriebsalternativen erprobt. Der Verkaufserfolg des ärgsten Kadett-Widersachers Golf schafft aber eine ganz neue Situation auf dem Markt der Kompakten bis 1,6 Liter Hubraum. Bereits im Mai 1974 präsentiert, wird der Wolfsburger bis zur Kadett D-Vorstellung schon 2,9 Millionen mal gebaut, der C-Kadett hingegen findet seit 1973 „nur" 1,7 Millionen Käufer. Hinzu kommt in dieser Klasse ein regelrechter Trend zum Frontantrieb mit zahlreichen Neuerscheinungen: Renault 14 (Debut 1976), Fiat Ritmo (Vorstellung 1978), Talbot Horizon (Vorstellung Ende 1978). Auch Ford arbeitet fieberhaft am Escort-Nachfolger mit Frontantrieb, die Kölner verlieren allerdings das Rennen gegen Opel und präsentieren erst im September 1980.

Die Frage Frontantrieb ja oder nein wurde schon einmal vor dem letzten Modellwechsel zum C-Kadett im Jahr 1973 diskutiert, aber erst im Frühjahr 1975, als fast alle Kinderkrankheiten dieser Technik behoben sind, bekommen die Opel-Ingenieure endgültig grünes Licht für einen völlig neuen Opel Kadett mit Frontantrieb. „Über den waren wir," erinnert sich später Helmut Walter Zincke, Direktor der Opel-Produktentwicklung und Vorstandsmitglied, „wegen des damit verbundenen Aufwandes zunächst überhaupt nicht glücklich." Die Zustimmung ist den Opel-Chefs also nicht leicht gefallen, schließlich hatte man seit 1936 nach der konventionellen und bewährten Bauweise „Motor vorn – Antrieb hinten" bis August 1979 über 5,1 Millionen Kadetten an den Mann gebracht. Natürlich hat aber auch die General Motors-Konzernzentrale in Detroit ein gewichtiges Wort mitzureden, denn der Neue soll – wie sein Vorgänger – wieder ein „Weltauto" werden. Als „T-Modell", so die interne GM-Bezeichnung, soll auch er die Basis für zahlreiche Schwester-Modelle, beispielsweise in England, Südafrika und Brasilien, werden.

In den USA denkt man für die eigenen, sogenannten X-Modelle ebenfalls über Frontantrieb nach. Der Chevrolet Citation erscheint quasi als großer Kadett-Bruder mit im Prinzip gleicher Technik, letztendlich sogar früher. Warum also nicht auch Frontantrieb für den Rest der Welt? Karl Bettmann, Chefingenieur für Motor und Fahrwerk bei der Adam Opel AG in Rüsselsheim, begründet die Umstellung auf Frontantrieb später bei der Präsentation allerdings simpler: „Die Entscheidung für den Frontantrieb und den Quereinbau des Motors war allein eine Frage des größten Innenraums bei möglichst geringen Außenabmessungen. Wir glauben, mit dem neuen Kadett eine gute Antwort geliefert zu haben."

Intensive Erprobung

Jetzt kann es also richtig losgehen: Insgesamt 200 Komponententräger, Prototypen und Pilotfahrzeuge sind während der Erprobung unter dem internen Produktnamen PK 2040 im Einsatz. Die Versuchsfahrer legen über 1,5 Millionen Testkilometer auf dem fast hermetisch abgeriegelten Opel-Prüffeld in Dudenhofen nahe Frankfurt, auf den Testgeländen von General Motors in den USA und nicht zuletzt auf den Straßen Europas – von Marokko bis zum Nordkap – zurück. Die Kadett-Prototypen sind zur Erprobung auf öffentlichen Straßen fast perfekt getarnt. Die Opel Entwicklungs-Techniker verpflanzen die Mechanik des Neuen in einen VW-Golf und in den C-Kadett. Die Golf-Hülle mit Kadett-Technik

Auf Spritz- und Regenwasserempfindlichkeit wird die neue Kadett-Generation auf dem Opel-Prüffeld in Dudenhofen in endlosen Wasserdurchfahrten erprobt.

fällt den Erlkönig-Jägern zuerst im hohen Norden auf. Der Grund: Die noch längs eingebauten Motoren erfordern eine deutliche Ausbeulung der Motorhaube.

Die C-Kadetten mit Frontantrieb werden von aufmerksamen Beobachtern bereits im März 1978 erstmals als Prototypen enttarnt. Zum einen wegen ihrer extrem breiten Spur, zum anderen wegen ihres für Opel-Fahrzeuge untypischen

Neues Auto – neuer Schriftzug: Aus zahllosen Entwürfen wurde der obere ausgewählt.

Fahrverhaltens. Im Opel-Entwicklungszentrum, der sogenannten „PEK“ (Produkt-Entwicklung und Konstruktion), sind zu dieser Zeit über 3400 Mitarbeiter vom Modellbauer bis zum Ingenieur beschäftigt. Über fünf Jahre dauert so die gesamte Entwicklung, fast 500 Millionen Mark investiert das Werk in den Neuen. Vorgestellt wird der erste Frontantriebs-Opel in der bis dahin 80jährigen Automobil-Geschichte des Unternehmens auf der IAA in Frankfurt im August 1979. Während das amerikanische Harrisburg gerade knapp einer Atomkatastrophe entgeht, iranische Studenten 53 Geiseln in der Teheraner US-Botschaft festhalten, Miss Piggy in der „Muppet-Show“ dem Laubfrosch Kermit nachstellt und der deutsche Schauspieler Thilo Prückner im „Willi-Busch-Report“ mit einem Messerschmitt-Kabinenroller zur Agenten-Hatz ausrückt, rüstet sich die Auto-Industrie zur Show des Jahres. Die Japaner setzen auf modernes Karosserie-Design, das – zum Beispiel beim neuen Mitsubishi Lancer oder dem Toyota Corolla – immer stärker europäische Linienführungen übernimmt. Nur zwei deutsche Hersteller können echte Neuheiten vorweisen: Daimler-Benz die neue S-Klasse und Opel den D-Kadett. Die Serienproduktion beginnt am 9. August, am 7. September stehen die ersten Modelle beim Händler.

Kleinarbeit: Das 1 : 5-Tonmodell erhält seinen letzten Schliff.

Aus klein mach' groß: Auch in Originalgröße entsteht ein Tonmodell. Für echtes Finish sorgt die Lackfolie.

Auch das Instrumentendesign wird in unzähligen Varianten ausgetüftelt.

Den „Gegner“ Golf im Visier

Der Kadett sieht schon auf den ersten Blick wuchtiger aus als sein Hauptgegner Golf. Dieser Eindruck trügt nicht: Mit einer Außenlänge von 3998 Millimetern ist er 18,3 Zentimeter länger als der Wolfsburger, in der Breite von 1638 Millimetern bietet er 2,6 Zentimeter mehr. Mit seinem Radstand von 2541 Millimetern übertrifft er den Golf sogar um 11,4 Zentimeter. In der Höhe bleibt er mit 1400 Millimetern dafür knapp unter der Scheitelhöhe des Klassenprimus. Dadurch bietet der Neue in der Innenraumlänge gut 10 Zentimeter mehr Platz als der Golf und ist – was die treuen Opel-Kunden viel mehr interessiert – wegen der platzsparenden Technik auch geräumiger als sein immerhin 12,6 Zentimeter längerer Vorgänger. „Opel hat die prinzipbedingten Vorzüge des Frontantriebs bei quergestelltem Motor konsequent genutzt,“ verlau-

Der neue Kadett und sein Hauptrivale VW Golf: Schon auf den ersten Blick wirkt der Rüsselsheimer wuchtiger. Kein Wunder, er ist 18 cm länger und fast 3 cm breiter als der Wolfsburger.

Im Windkanal: Erstmals wurde auch den Gesetzen der Aerodynamik Rechnung getragen. Der cW-Wert des Neuen soll 0,39 betragen.

tet es denn auch aus Rüsselsheim. „Alle Kadett-Varianten zeichnet eine ausgeprägte Raumökonomie aus.“ Vorteile gegenüber dem Golf auch beim Kofferraum: Der Kadett schluckt rund 100 Liter mehr. Opel-Pressechef Helmut-Peter Clauss: „Wir sind besonders stolz darauf, daß der Neue sogar noch etwas mehr Kofferraum bietet als sein Vorgänger.“

Tatsächlich übertrifft der Schrägheck-Kadett das Alt-Modell mit 402 Litern (nach VDA-Norm) um 24 Liter. Auch in einem anderen Punkt, der in den nächsten Jahren immer mehr an Bedeutung gewinnt, muß sich der Wolfsburger geschlagen geben. Ein cw-Wert von unter 0,40 ist zu dieser Zeit bei den Kompakten noch fast undenkbar; der Kadett glänzt nach Werksangaben mit einem cw-Wert von 0,39. Die Golf-Karosse sieht mit einem cw-Wert von 0,42 schon deutlich älter aus. Bei ungefähr gleichen Stirnflächen von 1,82 cm^2 beim Opel und 1,83 cm^2 beim Golf ist das, zumindest theoretisch, bei gleicher Motorisierung eine gute Voraussetzung für eine höhere Endgeschwindigkeit und geringeren Spritverbrauch. Die offene Herausforderung an den Golf ist auch sonst kaum zu übersehen – freilich nicht immer zum Vorteil des Kunden. Die Grundpreise des Kadett liegen wegen des besseren Platzangebotes jeweils knapp 500 Mark über denen vergleichbarer Golf-Modelle. Billig ist der Kadett deshalb nicht mehr, die 10 000-Mark-Schallgrenze für Volks-Wagen der 70er Jahre überschreiten alle Modelle deutlich.

Die „Auto Zeitung“ weiß im Frühjahr 1980 von einem denkwürdigen Ereignis zu berichten: Hamburg, im August 1979. Den Opel-Händlern wird der neue Kadett vorgestellt. Verkaufsstrategen des Konzerns erläutern die serienmäßige Ausstattung des Neuen. Doch dann: Verbundglas gegen Aufpreis – Buh-Rufe. Kopfstützen gegen Aufpreis – wiederum Buh-Rufe. Unruhe macht sich im Händler-Auditorium breit. Preise will man hören. 10 745 Mark kostet das Grundmodell, lautet die Auskunft. Aufgeregte Zwischenrufe: „Wer soll denn das noch bezahlen?“ Daerhebt ein Verkaufsdirektor die Stimme: „Sie werden sich noch wundern, meine Herren, wie viele teure Kadett Sie verkaufen werden.“

Die Unruhe der Händler ist verständlich. 1980 ist das Jahr der großen Offensive aus Fernost. Die japanischen Hersteller bauen zusammen über sieben Millionen Autos und stellen damit ein Viertel der Weltproduktion. Erstmals werden die USA als Autoherstellerland Nummer Eins überrundet. In

Rüsselsheimer Tarn-Technik: Unter der Golf Karosse steckt Mitte April 1978 bereits das neue Kadett Fahrwerk.

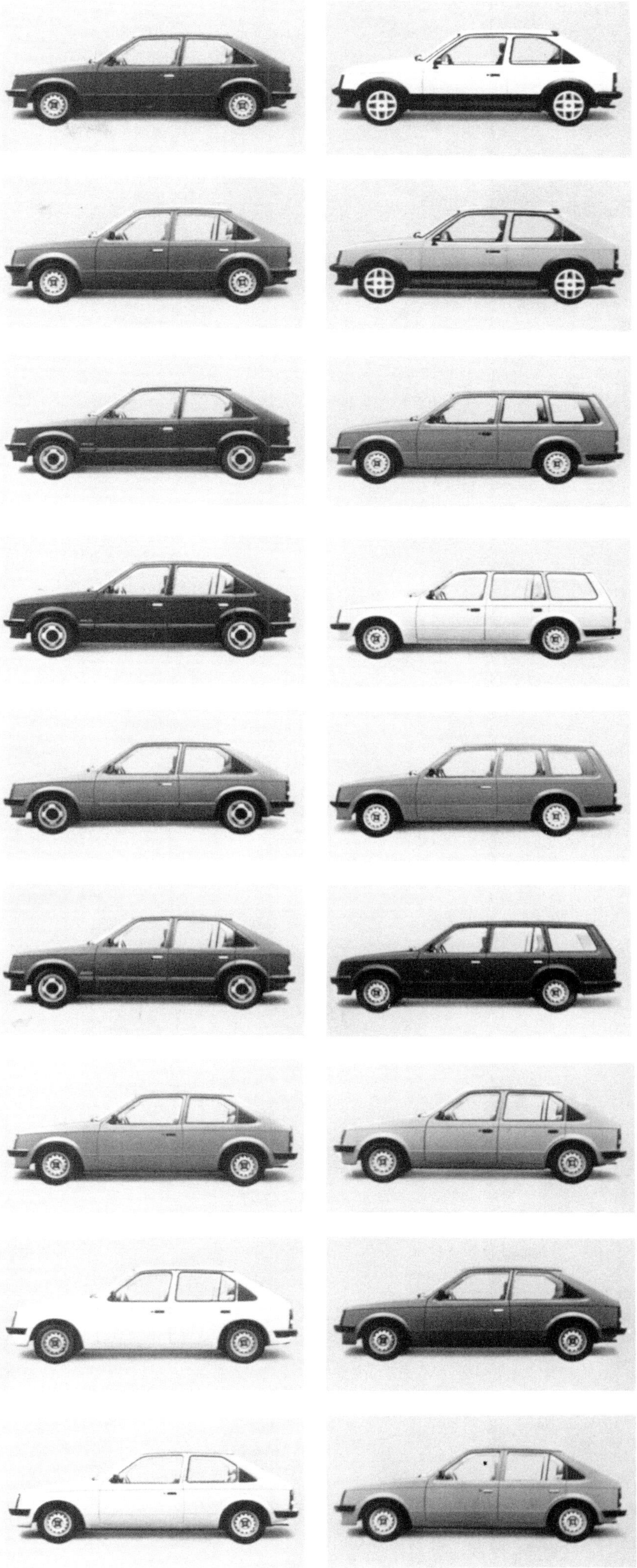

18 unterschiedliche Karosserie- und Ausstattungsvarianten zum Verkaufsstart.

Erkennungsmerkmal des Kadett ohne Heckklappe: die außenliegenden Scharniere.

235 Mark die sich lohnten: Heckklappe für den D-Kadett.

Bis zu 500 Kilogramm darf der Kadett Caravan zuladen. Mit 1700 Litern nur 200 Liter weniger als der Rekord.

Deutschland stehen die Japaner kurz vor dem Überspringen der Zehn Prozent-Marke in der Zulassungsstatistik. „Japans Offensive rollt" ist eine der Schlagzeilen in der Wirtschaftspresse, die bange Frage: „Ist Europa schon verloren?" eine andere.

Zudem rutscht die Autoindustrie Anfang 1980 nach dem Rekordjahr 1979 in eine neue Krise. Die Situation verschärft sich derart, daß im Laufe des Jahres selbst traditionsreiche Hersteller unter das rettende Dach größerer Konzerne flüch-

Erst mit Heckklappe wird auch die Limousine zum variablen Transporter. Die Rückbank läßt sich komplett umlegen. Die Ladekante ist extrem niedrig.

ten müssen. Renault übernimmt 46,4 Prozent der American Motors Corporation (die unter anderem den Jeep herstellt), der britische Flugzeug-Hersteller Vickers schluckt ein britisches Denkmal – die wirtschaftlich angeschlagene Nobel-Marke Rolls-Royce. Opel bleibt trotz der schwierigen Lage vorerst einigermaßen gelassen. Hoffnungsträger ist der neue Kadett. Hans Akerhult, stellvertretender Marketingleiter, prognostiziert, wie sich die „preislich an der oberen Grenze ihrer Klasse angesiedelte" neue Führungskraft von Opel verkaufen wird: „Wir glauben," gibt sich der Verkaufs-Manager zuversichtlich, „im ersten Jahr 350 000 bis 380 000 neue Kadetts absetzen zu können." Eine Feststellung, die sich noch als durchaus zutreffend erweisen soll.

54 Variationen und die Qual der Wahl

Alter Opel-Tradition folgend bietet die Kadett-Modellreihe von Anfang an eine schon fast verwirrende Modellvielfalt. „Der Jüngste von Opel läßt Ihnen die Wahl," heißt es im Verkaufsprospekt von 1979. Darunter sind genau 18 unterschiedliche Kadett-Ausführungen abgebildet, für die es noch einmal drei unterschiedliche Motoren gibt. Macht insgesamt 54 Varianten, die die Wahl für manchen Käufer zur Qual machen. Im einzelnen sieht das Programm so aus:

Für die konservative Kadett-Kundschaft gibt es als preiswerteste Karosserie-Variante den zweitürigen Schrägheck mit kleinem Kofferraumdeckel. Die Fachzeitschrift „mot" vermutet in ihrer Vorstellung des Neuen wohl zu Recht: „Die Masse der Käufer wird sich aber wieder aus den Besitzern des alten Modells rekrutieren, ihnen kamen die Opel-Marktstrategen mit einer – auf den ersten Blick halbherzig wirkenden – Entscheidung entgegen." In der Tat verschenkt diese Ausführung, im Interesse der ehemaligen Stufenheckfahrer, die beim Neuen keine vergleichbare Karosserieform mehr finden, einige Möglichkeiten des neuen Konzepts. Der Kofferraum ist nicht variabel, sperriges Ladegut muß draußen bleiben. Äußerlich fällt die „normale" Limousine durch die außenliegenden Scharniere mit schwarzer Kunststoffabdekkung auf.

Die große Heckklappe, die es beim Golf gratis dazu gibt, läßt sich Opel in der N-Ausstattung mit 235 Mark extra entlohnen. Freier Blick aufs Gepäck inklusive, eine Abdeckung fiel dem Rotstift zum Opfer. In den drei gehobenen Ausstattungen kostet die Klappe 285 Mark – inklusive Sichtschutz. Ein Vorteil gegenüber der Golf-Konstruktion ist aber, daß die von zwei Gasdruckstoßdämpfern offengehaltene Heckklappe bis zur Stoßstange reicht. Der Billigste mit großer Klappe und

Alufelgen der Dimension $5^1/_2$ J x 14 für den SR ...

... und schmale Stahlfelgen für die Basis-Version.

komplett umlegbarer Rückbank kostet 1979 genau 10 980 Mark (1,2 N mit N-Ausstattung), der SR ist in dieser Ausführung der teuerste Kadett überhaupt. Grundpreis: 14 485 Mark.

Im Gegensatz zu VW offerieren die Rüsselsheimer in dieser Klasse wieder einen Kombi. Der nur mit N- und L-Ausstattung lieferbare Lastesel kostet 1200 Mark Aufpreis. Konsequent auf großes Gepäck ausgelegt, faßt er maximal 1700 Liter (VDA-Norm), das sind nur rund 200 Liter weniger als beim Rekord dieser Zeit und 300 Liter mehr als beim Vorgänger. Je nach Ausstattung und Motor dürfen bis zu 500 Kilogramm zugeladen werden. Kombipreise: von 11 945 bis 13 270 Mark.

Alle Modelle außer der sportlichen SR-Version sind auch viertürig lieferbar. Aufpreis: 570 Mark. Beim Viertürer ist das hintere Seitenfenster durch einen schmalen Steg unterteilt, damit es vollständig heruntergekurbelt werden kann. Der in die Tür reichende Radkasten macht das nötig.

Gemeinsam ist allen Kadett-Versionen ein trotz des guten cw-Wertes recht kantiges Äußeres.

Die Kunst der Preisgestaltung

Mit dem kleinsten Motor, zweitürig und mit N-Ausstattung,beginnt die Modellpalette – wie schon zitiert – bei einem Preis von 10 745 Mark, der 1,3 N kostet 11 140 Mark, der 1,3 S schlägt mit 11 395 Mark zu Buche. Zur mageren N-Ausstattung gehören schmale Stahlgürtelreifen der Dimension 145 SR 13 (auch das Golf-Grundmodell rollt auf dieser Sparbereifung), eine heizbare Heckscheibe, Automatikgurte vorn und hinten (!), eine elektrische Pumpe für die Scheibenwaschanlage,„ Ruhesitze" vorn, ein zweistufiges Gebläse und Zierleisten an den Regenrinnen. Zu erkennen ist die Spar-Version an Rundscheinwerfern, die gehobeneren Ausstattungen blinzeln durch Rechteckscheinwerfer auf die Straße. Zu den unterschiedlichen Motorisierungsstufen stehen gleich zu Beginn des Verkaufs weitere drei Ausstattungsvarianten zur Auswahl. Die L-Ausrüstung wird mit 675 Mark berechnet und beinhaltet statt des dünnen Hartplastik-Volants ein gepolstertes Steuer, Kopfstützen, eine angemessenere 155 SR 13-Bereifung, Scheibenwischer-Intervallschaltung, eine Mittelkonsole und einen Handschuhkasten-

Der neue Kadett in der Steilkurve des Dudenhofener Testgeländes.

Der weitgehend neutrale Kadett D (im Bild ein Schleusener-Kadett) neigt im Grenzbereich zum Untersteuern.

deckel. Außerdem werden bessere Innenraumbezugsstoffe verarbeitet und das Gepäck durch eine Abdeckung vor begehrlichen Blicken geschützt.

Äußerlich ist die L-Version an Zierleisten an den Fenstern und am Kühlergrill zu erkennen. 1525 Mark extra kostet das Berlina-Paket, eine Bezeichnung, die Opel schon vor 1976 beim C-Kadett eingeführt hat. Es bietet zusätzlich zur L-Version zwei Rückfahrscheinwerfer, einen von innen verstellbaren Außenspiegel, Tageskilometerzähler, Quarzuhr, spezielle 5 1/2-J-Stahlfelgen, einen abschließbaren Tankdeckel, ein Vierspeichen-Lenkrad und viele kleine Luxusdreingaben. Im Innenraum dominieren Velours-Stoffe. Gegen Parkrempler ist der Berlina durch seitliche Schutzleisten gewappnet.

Eine Sonderstellung im Kadettprogramm nimmt der Typ SR ein. Ihn gibt es nur in zweitüriger Ausführung und in Verbindung mit dem stärksten Triebwerk. Das unterhalb der Gürtellinie sehr auffällig mit schwarzer PVC-Folie verzierte sportive Modell – mit Front- und Dachheckspoiler, bestückt mit 5 1/2 Zoll breiten Alurädern und Serie 60-Pneus der Dimension 185/60 HR 14 und Kotflügelverbreiterungen – kostet 2825 Mark Aufgeld, also 14 220 Mark. Dafür gibt es ein straffer abgestimmtes Fahrwerk mit Stabilisator vorn, Recaro-Sportsitzen, endlich auch Halogen-Scheinwerfer, wie beim Berlina eine zusätzliche Geräuschdämpfung, ein erweitertes Werkzeug-Set, Drehzahlmesser und zwei weitere Zusatzinstrumente. Ganz in Schwarz präsentieren sich der Sport-Außenspiegel, die Türgriffe und der Teppichboden. Nur gegen weiteres Bares sind bei allen Modellen aber wichtige Sicherheitsdetails zu haben: Der Bremskraftverstärker kostet beim schwächsten Motor in allen Ausstattungen 140 Mark, der Heckwischer weitere 215 Mark, die Verbundglasscheibe wird mit 95 Mark berechnet – im Vormodell war sie noch gratis.

In der Presse gibt es, vor allem wegen der gefährlichen Scheibe, heftige Schelte. „auto motor und sport" stellt lakonisch fest: „Opel baut europäische Automobile. Doch die Gepflogenheiten in Sachen Ausstattung und Aufpreisgestaltung sind durch und durch amerikanisch." Den Kölnern bei der „Auto Zeitung" ist die Aufpreispolitik des Hauses Opel gar eine Glosse wert. Horst D. Bossow schreibt im Frühjahr 1980: „Wer den Tiefsinn des Bühnenstücks von John Osborne ‚Blick zurück im Zorn' bislang nie so recht begriffen hatte, der kapiert ihn, wenn er in tiefster Nacht beim Zurücksetzen sein Heck demoliert hat. Außerdem geschieht's ihm dann recht: Warum mußte der Knauser auch die paar Mark Aufgeld für den Rückfahrscheinwerfer einsparen?" Der Kadett verkauft sich dennoch gut: Im September 1979 werden 12 612 Neue zugelassen, im Oktober bereits 16 541.

Das Fahrwerk: Auf Anhieb gelungen

Keine Kritik gibt es hingegen am Fahrverhalten des Frontrieblers. Unter dem Titel „Reformkost" konstatiert „auto motor und sport": „Auf Anhieb wirkt das Fahrverhalten des neuen Opel so ausgewogen, als hätten sich die Rüsselsheimer seit Jahren mit nichts anderem als mit Frontantriebsautos beschäftigt. Die „Auto Zeitung" schreibt: „Das Fahrverhalten entpuppt sich als ungemein neutral. Der Kadett schiebt erst im Grenzbereich leicht über die Vorderräder zum Kurvenaußenrand – ähnlich wie der heckgetriebene Vorgänger. Bei abrupter Gaswegnahme in Kurven zeigt Opels Jüngster nur ganz geringe Lastwechsel-Reaktionen, das Heck schwenkt kaum herum." „mot" stellt fest: „Durch intensive Entwicklungsarbeit gelang den Opel-Technikern eine Synthese zwischen dem neuen Kadett-Konzept und der bekannten Gutmütigkeit des Vorgängers."

Fahrwerksmann Karl Bettmann äußert sich zu Recht zufrieden: „Diesem neuesten Automobil sind ja inzwischen auch Eigenschaften bestätigt worden, die das Fahrgestell zur Spitzenklasse zählen läßt, nicht zuletzt im Hinblick auf die vorbildlich sicheren Fahreigenschaften bei gutem Komfort." Erstaunlich ist das gelungene Meisterstück allemal, betreten Bettmann und seine Mannen mit der Konstruktion der Kadett-Radaufhängung teilweise Opel-Neuland. An der Vorderachse installieren sie, wie schon bei Rekord und Senator, McPherson-Federbeine mit einfachen Preßstahl-Querlenkern, die unten an der Karosserie angelenkt sind. Dabei stellen sie an den Federbeinhersteller Fichtel & Sachs höchste Anforderungen. Dazu gehören eine wesentlich verlängerte Dämpferwirkung und Dauerbelastbarkeit sowie ein verbesserter Komfort. Die Lösung: Die Federbeine erhalten besonders langhubige Schraubenfedern, die Führungen der Stoßdämpfer werden mit Teflon beschichtet. Durch einen negativen Lenkrollradius erreichen die Ingenieure zusätzlich eine Art Selbststabilisierungs-Effekt beim Bremsen. Die 1,3 S-Versionen erhalten zudem einen Stabilisator an der Vorderachse, der die Seitenneigung und die Untersteuertendenz mildert.

Bei der Konzeption der Hinterachse stand für die Opel-Fahrwerkstechniker ein möglichst geringer Platzbedarf der Neukonstruktion im Vordergrund. Neben einem großen Kofferraum bietet sie – natürlich auch durch die Umstellung auf Frontantrieb – einen weiteren Vorteil: Der 42 Liter-Tank (Kombi: 50 Liter) kann aus dem aufprallgefährdeten Heckbereich unter die Rücksitzbank verlegt werden. Im Vorgänger saß der Tank bei den Limousinen zwar ebenfalls schon gut geschützt über der Hinterachse, ein variabler Kofferraum war aber dadurch unmöglich. Wie der Golf erhält der Kadett deshalb eine Verbundlenkerachse. Sie besteht aus einem auf den ersten Blick simplen querliegenden Stahlprofil mit integriertem Drehstab, an dessen Enden zwei gezogene Längslenker aus Preßstahl befestigt sind. Am vorderen Ende sind diese Längslenker in zwei Lagern beweglich mit der Karosserie verbunden. Die ganze Achskonstruktion wirkt wie eine Torsionsfeder, die Räder sind praktisch voneinander unabhängig aufgehängt. So simpel die Kadett-Hinterachse auf den ersten Blick aussehen mag, so technisch aufwendig ist sie. Neben ihrer Federungsaufgabe muß sie auch für die nötige Quersteifigkeit sorgen – also zwei ganz unterschiedliche Anforderungen erfüllen.

Die Kompromißlösung gelingt den Technikern überzeugend. „mot"-Fazit in der Titelgeschichte „Neuer Kadett: Ein Opel wie noch nie": „Federung und Straßenlage liegen mindestens auf Golf-Niveau." Ein weiterer Clou sind die sogenannten Miniblockfedern, die, nach Bewährung in den Modellen Senator und Monza, jetzt auch im Kadett zum Einsatz kommen. Durch die Kegelform der Feder kommen die einzelnen Windungen beim Einfedern nicht aufeinander zu liegen, unter maximaler Belastung ist sie deshalb zweimal kleiner als eine konventionelle Feder. Bei gleichem Federweg von 210 Millimetern können also fast 90 Millimeter Bauhöhe eingespart werden, die dem Kofferraum zugute kommt. Wie schon an der Vorderachse sind auch die hinteren Stoßdämpfer-Kolbendichtringe mit Teflon beschichtet, im Schrägheck stehen die Dämpfer senkrecht, im Kombi sind sie stark nach vorn geneigt.

Der bewährte 1,2-N-Motor mit nun 53 PS.

Der neue 1,3-N-Motor mit obenliegender Nockenwelle und 60 PS.

Der neue 1,3-S-Motor mit obenliegender Nockenwelle und 75 PS.

Reparaturfreundliches Konzept

Besonderes Augenmerk richteten die Opel-Techniker auch auf die Wartungsfreundlichkeit des Kadett. So melden die Rüsselsheimer stolz, daß der Wechsel der Kupplungsscheibe ohne Ausbau des Motors in nur 65 Minuten möglich ist. Das Getriebe kann – im Unterschied zum Golf – ohne Demontage der Antriebswellen ausgebaut werden. Ganz ohne Werkzeug läßt sich die Einstellung der Scheinwerfer und der Wechsel der Birnen bewerkstelligen, durch den Einbau einer neuen Zylinderkopfdichtung wird die 1000 Kilometer-Inspektion überflüssig. Bei den 1,3 Liter-Triebwerken fällt jegliche Einstellarbeit an den Ventilen flach – dank des hydraulischen Ausgleichs. Die neuen Probleme, die sich daraus ergeben, können sie damals noch nicht ahnen. Solche Wartungsfreundlichkeit schont den Geldbeutel und ist damit ein gutes Verkaufsargument für die Mitarbeiter an der Verkaufsfront, denn Autofahren wird ohnehin laufend teurer. Ein Liter Motor- und Getriebeöl kostet mittlerweile rund 1,90 Mark, 28 Prozent mehr als zehn Jahre vorher. Gleich um 43 Prozent teurer ist die Kraftfahrzeug-Steuer seit 1973 geworden, 80 Prozent mehr ziehen die Versicherer den Autofahrern aus der Tasche. Da paßt es gut, daß die Assekuranzen den Kadett auf Anhieb in die besonders günstigen Versicherungsklassen 12 bis 14 in Teil- und Vollkasko einstufen.

Anfang mit drei Leistungsstufen. Neuer 1,3 Liter-OHC-Motor

Zum Verkaufsstart ist der Kadett D in der Bundesrepublik lediglich mit drei Motoren lieferbar, die Vierzylinder sind jetzt quer eingebaut. Für das Fehlen leistungsstarker Motoren gibt es zwei Gründe. Erstens scheinen den Opel-Marktstrategen teure, durstige und aufwendige Motoren zur Zeit nicht angebracht, und zweitens haben sie im Augenblick einfach nichts passendes im Regal. Basisaggregat ist deshalb ein alter Bekannter. Der erwiesenermaßen zuverlässige 1,2 Liter mit Graugußkopf, von einer Rollenkette getrieben, mit seitlich angeordneter Nockenwelle und Stößelstangen geht noch auf den ersten A-Kadettmotor von 1962 zurück. Er leistet jetzt 53 PS bei 5400/min statt bisher im C-Kadett 52 PS bei 5600/min, benötigt Normalbenzin und verhilft dem Neuen zu einer Höchstgeschwindigkeit von 140 km/h (Werksangabe) – knapp 8 km/h mehr als beim Vorgänger. Die „Auto Zeitung" urteilt 1980 über den 1,2 Liter: „Wer überwiegend allein fährt und sein Kilometerpensum in der Stadt oder auf tempolimitierten Straßen absolviert, ist mit diesem laufruhigen, aber keineswegs müden Motor (Kosename: Nähmaschinchen) gut bedient." Sie ermittelt eine Höchstgeschwindigkeit von 144 km/h, für den Sprint von 0 auf 100 km/h 18 Sekunden und einen Kraftstoffverbrauch von 9,8 Litern.

Zweite Leistungsstufe, gegen 395 Mark Aufpreis für alle Kadetten außer dem SR zu haben, ist ein völlig neuer 1,3 Liter-Motor, der mit einer ganzen Reihe von Opel-Traditionen bricht. Die im Werksjargon PEK 2031 genannte Antriebsquelle hat erstmals in der Opel-Großserienfertigung einen Leichtmetall-Zylinderkopf, eine obenliegende Nockenwelle, die von einem Zahnriemen angetrieben wird, und – als Weltpremiere in dieser Hubraumklasse – einen hydraulischen Ventilspielausgleich. Außerdem wird erstmals die Querstromtechnik angewandt, bei der sich Ein- und Auslaßkanäle am Zylinderkopf gegenüberliegen. Das Gemisch strömt also quer durch den Brennraum durch die sich senkrecht gegenüberhängenden Ventile. Bereits im März hat der Neue eher unbeachtet im Ascona B Einzug gehalten, dort allerdings längs montiert, und den inzwischen 17 Jahre alten 1,2 Liter-Motor abgelöst. Mit Blick auf den Haupteinsatz im neuen Kadett kann er mit geringen Änderungen und elektrischem Kühlerlüfter auch problemlos quer installiert werden.

Beim Ersteinsatz im Kadett hat der für die Adam Opel AG so revolutionäre Triebling aber schon eine siebenjährige Vorgeschichte. Seine Ursprungskonstruktion geht auf das Jahr 1972 zurück. In der Rekordzeit von nur neun Monaten wird damals ein neuer 1,4 Liter-Vierzylinder entwickelt. Zum Einsatz kommt er allerdings nicht in Rüsselsheim oder Bochum, sondern in Brasilien. Das Triebwerk, das im Chevrolet Chevette, dem brasilianischen Kadett, installiert wird, hat eine Leistung von 60 PS. Zweiter Einsatzort sind mit nahezu unveränderter Konstruktion die USA. Einzige Neuerung an dem ab September 1975 in die amerikanische Chevette-Version eingebauten Maschine: Die Schlepphebel sind nicht mehr auf von Hand verstellbaren Sockeln montiert, sondern auf hydraulischen Liftern. Zum Jahrgang 1978 wird der Hubraum durch einen auf 75,5 mm verlängerten Hub im gleichen Modell auf 1599 cm^3 erhöht.

Der neue Kadett-Motor erhält schließlich wiederum andere Grundmaße: 75 mm-Bohrung und 73,4 mm-Hub ergeben ein Volumen von 1297 cm^3. Das bedeutet eine Abkehr von der bisherigen extremen Kurzhub-Bauweise bei Opel-Motoren. Mit einem Verdichtungsverhältnis von 8,2:1 kann Normalbenzin getankt werden, das – wie im 1,2 Liter – in einem Solex 35-PDSI-Vergaser mit Handchoke zu zündfähigem Gemisch verarbeitet wird. Seine Höchstleistung von 60 PS erreicht dieser Motor bei 5800/min, das maximale Drehmoment von 94 Nm liegt bei 3800/min an. Alle beweglichen Teile des PEK 2031-Ventiltriebs sind ungewöhnlich leicht, der Motor deshalb ebenso drehfreudig wie drehzahlfest. Bei Prüfstandsläufen absolviert er problemlos 100 000 Kilometer unter Vollast und einen Zehnstunden-Test mit 7000/min. Größter Vorteil des 1,3 Liters, der nur der Anfang einer völlig neuen Motorenpalette sein wird, ist aber seine geringe Baubreite und sein niedriges Gewicht von nur 95 Kilogramm. „Auto Zeitung" kommt zu folgendem Test- und Meßergebnis über den 1,3 Liter-N-Motor: Höchstgeschwindigkeit 155 km/h, Beschleunigung 0 – 100 km/h 14,1 Sekunden, Verbrauch 9,8 Liter auf 100 Kilometer. Fazit: Der 1,3 N besticht durch seinen kraftvollen Durchzug aus niedrigen Drehzahlen, arbeitet aber brummiger als der Grauguß-Uraltmotor.

Der mit 75 PS bei 5800/min vorläufig stärkste Motor (Aufpreis 650 Mark) im neuen Kadett benötigt wegen der auf 9,2:1 erhöhten Verdichtung Superbenzin, ist aber in seinen übrigen Abmessungen mit dem N-Aggregat identisch. Für die Gemischaufbereitung sorgt allerdings im Unterschied zum 60 PS ein im Straßburger General Motors-Werk gefertigter Varajet II-Registervergaser. Der bereitet am Anfang Probleme. Die „Auto Zeitung" berichtet im März 1980: „Obwohl die Meßwerte (Höchstgeschwindigkeit: 161 km/h, 0 – 100 km/h: 12,7 Sekunden, Verbrauch: 9,9 Liter Super pro 100 Kilometer) und der im Vergleich zur 60 PS-Version kaum ins Gewicht fallende Verbrauchsunterschied eigentlich für den 75 PS-Motor sprechen, hat das Aggregat derzeit einen

Das SR-Cockpit mit Drehzahlmesser, Öldruckanzeige und Voltmeter.

Das Cockpit des Kadett Berlina mit Vierspeichenlenkrad und Zeituhr.

In der Grundausstattung des Kadett D fehlen sogar die Kopfstützen.

Mangel. Salopp gesagt: Der Vergaser fällt von einem Loch ins andere." Für die europäischen Export-Länder gibt es zusätzlich zwei Einliter-Triebwerke, die in der Bundesrepublik jedoch nie angeboten werden.

Der Chevette auf Basis des alten C-Kadett rundete ab 1980 das Opel-Programm nach unten ab.

Aber: Es gibt auch Kinderkrankheiten: In den ersten beiden Produktionsjahren leiden die Nockenwellen der 1,3 Liter-Motoren unter Karies. Die Oberflächenvergütung der Nocken ist nicht ausreichend. Opel reagiert bis zur Lösung des Problems, nach anfänglichem Zaudern, kulant: Die Wellen werden ausgetauscht. Kritik gibt es auch an der ausgeprägten Dröhnneigung der Karosserie. Werner Schwärzel, verantwortlicher Opel-Mann für Motoren-Konstruktion und -Entwicklung, erklärt 1981 in einem Gespräch anläßlich der Dauertestdemontage eines Kadett 1,3 N der „Auto Zeitung", wie es dazu kam: „Man sollte bedenken, daß wir in Sachen Frontantrieb mit dem Kadett technisches Neuland betraten. Man muß wissen, daß Frontantriebler etwa eine vierfach höhere Anfälligkeit für Geräusche haben können. Zudem unterscheiden sich die Fahrzeuge schon innerhalb der Serie in Sachen Schwingungsanfälligkeit erheblich. Dazu stahlt ein quer eingebauter Motor doppelt so viele Geräusche in Richtung Innenraum wie ein längs eingebauter."

Bemängelt wurde auch die etwas schmalbrüstige Heizung – Opel sorgt noch im Winter 1980 durch eine verbesserte Ausführung für wärmere Füße. Das völlig neue Viergang-Getriebe (ein fünfter Gang ist nicht lieferbar) macht zu Anfang ebenfalls Probleme. Über zehn Detailverbesserungen bis Februar 1981 sorgen danach für bessere Schaltbarkeit. Hauptkritikpunkt bleibt jedoch die magere Grundausstattung. Die Marktsituation der kommenden Jahre wird Opel regelrecht zum Handeln nötigen.

1980: Der Kadett rettet Opel

Die immer erschreckendere Lage auf dem Energie- und Neuwagenmarkt zwingt Opel 1980 vorübergehend dazu, Kurzarbeit anzumelden. Ausgelöst wird die Krise durch die Revolution im Iran nach der Vertreibung des Schah. Die Preise für Rohöl und damit für Benzin schießen in die Höhe. Selbst der Preis für Normalsprit steigt bald über die Schallgrenze von einer Mark je Liter. Gegenüber dem Rekordjahr 1979 sackt die Jahresproduktion jäh um 18 Prozent, von 968 466 Einheiten auf 793 000 Neufahrzeuge ab. In Deutschland wird die Adam Opel AG nur noch 420 000 statt 460 000 Wagen verkaufen; erstmals seit 30 Jahren stehen wieder rote Zahlen in den Büchern. Der neue Opel-Generaldirektor Robert C. Stempel quittiert die dramatische Entwicklung mit einer Flucht nach vorn. Eine verbesserte Ausstattung ab September 1980 bedeutet für den Kadett, der als einziger Opel noch gut verkauft wird, eine Preissenkung durch die Hintertür.

Chevette GL: Stilistische Anleihen bei C- und D-Kadett.

Besonders die Nachfrage nach dem 1,3 N-Motor entwickelt sich so rege, daß Opel in Kapazitätsnöte gerät. Schon im Frühjahr 1980 wird deshalb der 1,2 Liter-S-Motor aus dem C-Kadett wieder ins Programm aufgenommen. Er entwickelt mit 60 PS bei 5800 U/min die gleiche Leistung wie der 1,3N, braucht aber wegen seiner Verdichtung von 9:1 Superbenzin. Ansonsten ist er mit dem 1,2N baugleich. Bis zum März 1980 kostet dieser Motor 250 Mark Aufpreis (danach nur noch 190 Mark). Im April gab es zuvor freilich noch die erste Preiserhöhung: Das Basismodell kostet jetzt 11 225 Mark, die 1,3 Liter 450 beziehungsweise 695 Mark Aufgeld. Die Preise für Ausstattungs-Pakete steigen teilweise deftig: Der Aufpreis für die SR-Version beträgt nun 3645 Mark.

Da ist es nur billig, daß auch der N-Kadett – im Volksmund bereits als Nackt-Version bezeichnet – ab September endlich Kopfstützen vorn, einen Bremskraftverstärker und Rückfahrscheinwerfer erhält. H4-Scheinwerfer und ein Tankdek-

Bei der Präsentation des Kadett D im August 1979 zeigt Opel anhand eines aufgeschnittenen Fahrzeugs, wie sich das neue Frontantriebskonzept positiv auf die Größe des Innenraums auswirkt.

KADETT

kelverschluß gibt es nun für alle Kadetten von der L-Ausstattung aufwärts. Die Verbundglas-Frontscheibe, für die bisher 125 Mark Aufpreis berappt werden mußten, gibt es jetzt auf Wunsch kostenlos, in der Berlina-Version sorgt ab sofort ein Heckscheibenwischer für besseren Rückblick. Technische Änderungen betreffen die verbesserte, sprich leisere, Auspuffanlage und eine längere Achsübersetzung für die mit 1,2 N/S und 1,3 N ausgestatteten Kadetten. Im Dezember 1980 rollt, nach nur 15 Monaten seit Anlauf der Produktion, in Bochum bereits der 500 000ste D-Kadett vom Band. Der starke Preisdruck, dem alle Hersteller ausgesetzt sind, führt in Deutschland zu den seltsamsten Entwicklungen. Das Opel-Programm wird im September durch ein „neues Modell" nach unten hin erweitert. Der Neue ist im Grunde der Alte, nämlich die englische Version des vor gut einem Jahr verblichenen C-Kadett. Der Vauxhall Chevette, so heißt der billige Engländer, ist in den meisten Details baugleich mit dem Alt-Kadett, zu unterscheiden ist er durch eine oberhalb der Stoßstange flach abfallende, völlig geschlossene Frontpartie. Lieferbar ist der Chevette als zwei- und viertüriger Stufenheck, als zweitüriger Kombi und – wie der Kadett City – mit großer Heckklappe und zwei Türen. „Schonkost durch die Hintertür" spöttelt im Frühjahr 1981 die „Auto Zeitung" und kommt zu folgendem Urteil: „Technik-Fans kann der Wagen nicht begeistern, kühle Rechner dafür um so mehr."

Zugegeben, die Preise sind günstig. Der biligste Chevette kostet 10 265, der teuerste 11 375 Mark. Zudem bieten die Billigheimer die Serien-Ausstattung, auf die Kadettfahrer lange warten mußten. Kopfstützen, Bremskraftverstärker und Scheibenbremsen, zwei Rückfahrscheinwerfer, heizbare Heckscheibe, elektrische Scheibenwaschanlage und zwei Stabilisatoren. Auf der Motorenseite stehen zwei auf knapp 1,3 Liter aufgebohrte Abwandlungen des alten Stoßstangenaggregates von 1962 mit 53 und 57 PS zur Auswahl. Beide erhalten ihre Nahrung über einen Zenith 150-CDS-Fallstromvergaser, das kleinere Triebwerk verdaut mit einer Verdichtung von nur 7,3 : 1 klaglos Normalbenzin, der 8,7 : 1 verdichtete stärkere Bruder genehmigt sich Super-Kraftstoff und ist nur in Verbindung mit einem Automatik-Getriebe lieferbar (darauf warteten die Kadett-Käufer bisher vergeblich). Die kleine Maschine verhilft der Chevette nach Werksangaben zu einem Spitzentempo von 140 km/h, der stärkere Motor dem Spitzenmodell – wegen der kraftschluckenden Automatik – zu einer Höchstgeschwindigkeit von nur 138 km/h.

Das Gastspiel der Chevette auf deutschem Boden ist indes nur von kurzer Dauer. Mit der Einführung des neuen Kadett in England im Sommer 1982, die rechtsgelenkte Version heißt Vauxhall Astra, verschwindet der Alt-Kadett sang- und klanglos. Den 750 ausgewählten Opel-Händlern, die den Chevette verkaufen durften, tut es nicht leid, da es immer wieder Probleme mit Ersatzteilen und dem Werkzeug für die unüblichen Zollschrauben gegeben hatte.

1981: Aussichten weiterhin mäßig. Die Opel-Initiative

Zumindest für den Anfang des Jahres 1981 sind die Aussichten nicht gerade rosig. Hohe Benzinpreise und eine umstrittene Mineralöl-Steuererhöhung dämpfen die Kauflust auch weiterhin. Grund genug für die Rüsselsheimer, sich eine

Ab Mai 1981 konnte Opel auch wieder die Automatik-Fahrer bedienen. Aufpreis 1090 Mark.

neue Maßnahme für die Absatzsteigerung einfallen zu lassen: Die Opel-Initiative '81 beginnt im Frühjahr. Ihr Motto: „Autofahren muß erschwinglich bleiben". Wieder sollen die Kunden durch verbesserte Ausstattung und Aufpreissenkungen, gerade für die stärkeren Motoren – die sie ohnehin bevorzugen – in die Verkaufsräume gelockt werden. Erstaunlich ist wiederum, daß die selbst auferlegte Kur auch dem weiterhin erfolgreichen Kadett zuteil wird. Der 60 PS starke 1,2 Liter-S-Motor wird ab Janaur auf Wunsch umsonst eingebaut. Das 75 PS-Aggregat kostet in Relation zum 1,3 Liter-N-Motor mit 60 PS jetzt nur noch 150 statt bisher 245 Mark Aufpreis. Halogen-Scheinwerfer und der abschließbare Tankdeckel halten schon im Basismodell Einzug. Der Aufpreis für die Heckklappe wird von 245 auf 100 Mark reduziert. Das L-Modell erhält zusätzlich eine Schutzleiste mit PVC-Verstärkung, das Berlina-Modell eine Handbremswarnleuchte. Weitere Verbesserungen dieses Frühjahrs sind: ein höhergelegtes Heckklappen-Schloß und ein Griff an der Ladeluke. Durch ein verbessertes Lackierverfahren sollen die Rostprobleme an den Falzen und am ausladenden, integrierten Frontspoiler abgestellt werden. Bereits ab Januar gibt es auf Wunsch Sperrdifferentiale für den Kadett. Ab Mai 1981 erspart – gegen einen stolzen Obulus von 1090 Mark – ein Automatik-Getriebe die Schaltarbeit. Die speziell für den Quereinbau entwickelte Drei-Stufen-Automatik gefällt durch weiche Schaltvorgänge. Irritierend wirkt, daß die Fahrstufen vor und nicht neben dem Schalthebel angezeigt sind.

Im August 1981, zur IAA, erhält der Kadett einen hubraumstärkeren Motor. Er ist das zweite Kind der neuen Opel Motoren-Generation. Seit der 1300er in Bochum vom Band läuft – bisher fast 500 000 mal –, wird die Entwicklung der größeren Ausgabe vorangetrieben. Seine Feuertaufe muß der Neue, so will es das Schicksal eines Welt-Autos, aber nicht in Deutschland, sondern in Brasilien und Australien bestehen. Nun kann er auch im Kadett seine Vorzüge ausspielen und die sind nicht unerheblich. Der 1,6-Liter ist knapp neun Zentimeter kürzer als sein Vorgänger, ganze 25 Kilogramm leichter und liefert außerdem eine um 11 Prozent höhere Leistung. Satte 30 Prozent besser ist das Leistungsgewicht des 1,6-OHC-Motors, der wie üblich in einer Normalbenzinausführung und in einer Super-Version ausgeliefert wird. Mit Blick auf die Zukunft läßt sich die Neukonstruktion problemlos bis auf zwei Liter Hubraum vergrößern. Nach den lautstarken Erfahrungen mit dem 1,3-Liter haben die Opel-Techniker das Schwingungsverhalten des neuen Motors besonders sorgfältig untersucht. Dabei greifen sie auf die sogenannte Modal-Analyse zurück, ein Verfahren, das erst seit drei Jahren angewandt wird und lästige Geräuschquellen auf dem Computer-Bildschirm sichtbar macht. Durch geschickte Anbringung von Nebenaggregaten und umsichtige Materialwahl lassen sich dadurch Störfaktoren schon während der Konstruktion ausmerzen. Erste Versuchsmotoren laufen bereits 1978 auf den Prüfständen der PEK. 300 Triebwerke legen während der Entwicklungszeit 6,5 Millionen Kilometer zurück, davon allerdings „nur" 1,5 Millionen im Straßeneinsatz.

Wie schon sein kleiner Bruder, trägt der 1,6N/S ausgesprochen moderne Züge. Die Brennräume sind zum Teil in die Kolbenböden verlegt. Überschneidungen der beiden Mulden stellen Quetschkanten dar, die für eine intensive innere Gemischverwirbelung sorgen. Schon selbstverständlich ist die von einem Kunststoff-Zahnriemen angetriebene obenliegende, fünffach gelagerte Nockenwelle. Der Zylinderkopf ist zweiteilig, die Auslaßventile werden durch sogenannte Rotocaps ständig gedreht, Einstellarbeiten sind durch die hydraulischen Lifter auch bei diesem Triebwerk überflüssig. Die fünffach gelagerte Kurbelwelle erhielt im Gegensatz zum kleineren Motor acht Gegengewichte. Neu ist auch – im Hinblick auf noch höhere thermische Belastung – ein kühlender Ölstrahl, der auf den Kolbenboden gerichtet ist. Erstmals im Kadett kommt eine kontaktlose Zündung mit Hallgeber zum Einsatz. Die Wartungsfreundlichkeit des Neuen ist deshalb fortschrittlich, Ölwechsel sind nur noch alle 10 000 Kilometer erforderlich. Bohrung und Hub sind mit 80 und 79,5 mm fast quadratisch ausgelegt, der Superbenziner leistet mit einem Verdichtungsverhältnis von 9,2 : 1 und dem Varajet II-Registervergaser 90 PS bei 5800/min. Sein maximales Drehmoment von 126 Nm entwickelt er bei 4000/min. Die 75 PS-Normalbenzin-Version bleibt dem zur gleichen Zeit vorgestellten Ascona mit Frontantrieb vorbehalten.

Im Test von „mot" unter dem Titel „Kraftnahrung" kommt die neue Spitzenmotorisierung gut weg: „Der Kadett 1,6S ist für leistungsbewußte Fahrer ein recht interessantes Fahrzeug, dem man eigentlichnur noch ein etwas durchzugskräftigeres Antriebsaggregat und ein Fünfganggetriebe wünscht." Die „mot"-Meßwerte: Spitze 171 km/h, 0 – 100 km/h in 11,4 Sekunden, Testverbrauch 11,4 Liter.

Ebenfalls zur IAA 1981, die in deutlich gedämpfterer Stimmung stattfindet, gibt es ab Mitte August eine nochmalige Aufwertung der Baureihe mit zahlreichen Verbesserungen. Die so oft kritisierten Frontsitze sind stärker ausgeformt, durch eine veränderte Rückenlehne entsteht hinten noch etwas mehr Knieraum, eine Wisch/Wasch-Anlage für die Heckscheibe haben nun alle Versionen. Zusätzliche Ausstattung beim Kadett-Grundmodell: Offene Rahmenkopfstützen vorn und ein Deckel für den Handschuhkasten. Beim Kadett L: Verstellbare Kopfstützen vorn, Quarzuhr und Tageskilometerzähler. Im Berlina gibt es Zusatzinstrumente wie Drehzahlmesser und Econometer dazu. Die SR-Ausführung erhält Schwellerleisten, der Öldruckmesser wirddurch ein Econometer ersetzt. Mittlerweile kostet die Basisversion des Kadett 11 870 Mark, für den stärksten Motor müssen 1154 Mark extra bezahlt werden. Lieferbar ist das neue Triebwerk für alle Karosserievarianten. Neu im Programm ist auch der Kadett Voyage, eine besonders üppig ausgestattete Kombiversion, die fünftürig fast 16 000 Mark kostet.

Wer in Frankfurt genau hinsieht, der kann schon erahnen, wie die Zukunft des Kadett aussehen wird. TECH I heißt die Opel-Studie, die viel Aufmerksamkeit erregt, nicht zuletzt wegen ihres sehr günstigen cw-Wertes von 0,235. Doch die Rüsselsheimer wollten, wie sich spätestens im August 1984 herausstellen wird, viel mehr als nur einen geringen Luftwiderstand. „Allerorten schossen in letzter Zeit Design-Studien mit traumhaften cw-Werten wie Pilze aus dem Boden. Auf die meisten paßte denn auch die Bezeichnung ‚Traumwagen' im wahrsten Sinne des Wortes. Wir dagegen haben ein überaus realitätsbezogenes Studienobjekt entwickelt," ist der stolze Kommentar am Stand. Tatsächlich basiert der TECH I auf dem aktuellen Kadett mit Frontantrieb. Zeichen für die Zukunft setzen bündig verklebte Scheiben, Digitalinstrumente und der rundliche, stark abfallende Bug mit großem Kunststoffstoßfänger.

1982: Der Kraftakt geht weiter

Riesenverluste in den Jahren 1980 und 1981, die Hoffnung auf eine bestenfalls ausgeglichene Bilanz im kommenden Jahr – das sind die Aussichten für 1982. Opel hat eine gewaltige Durststrecke hinter sich, mit Verlusten von 410 und 592 Millionen Mark in den vergangenen zwei Jahren. Verdauen konnten die Deutschen solche Tiefschläge nur mit Hilfe der Konzernmutter in Detroit. Der Kadett ist am schlechten Ergebnis sicher am wenigsten Schuld, von Januar bis August 1981 macht er mit 137 038 verkauften Einheiten 53 Prozent der Gesamtproduktion aus und liegt in den Neuzulassungen streckenweise noch vor dem Erzfeind Golf. Doch

Im Januar 1982 bringt Opel den ersten Diesel mit hydraulischem Ventilspielausgleich.

soviel Einseitigkeit ist auf Dauer ungesund. Opel hat deshalb in den letzten Jahren gewaltige Summen in neue Modelle und Fabrikationsanlagen gesteckt. Das Ziel: VW soll in Deutschland auf den zweiten Rang verwiesen werden. Das bedeutet auch für den 82er Kadett eine konzertierte Aktion.

Bereits im Januar bringt Opel den lange erwarteten 1,6 Liter-Diesel. Basis ist der erst im Herbst vorgestellte Benziner gleichen Hubraums. Der kompakte und leichte Glühzünder hat wie dieser einen Leichtmetallkopf, in den Vorkammern aus hochfestem Stahl eingelassen sind. Neu für einen europäischen Diesel sind der hydraulische Ventilspielausgleich und die automatische Entlüftung der Einspritzanlage. Seine geringe Bauhöhe erlaubt den Einbau unter der Haube des Fronttrieblers, ohne deren stömungsgünstige Form zu verändern. Die Nennleistung des Selbstzünders, der nach dem sogenannten Ricardo Comet V-Wirbelkammerverfahren arbeitet, liegt bei 54 PS bei 4600/min. Die Produktion beginnt im Frühjahr im Motorenwerk Kaiserslautern, das Opel mit einem Gesamtaufwand von mehr als einer Milliarde Mark erweitert hat. Der Aufpreis für den Diesel-Motor beträgt 1800 Mark, das Werk gibt eine Höchstgeschwindigkeit von 143 km/h an. Der Testverbrauch der „Auto Zeitung" liegt bei 8,1 Litern, was die Tester kritisieren. Der vergleichbare Golf zum Beispiel schluckt fast zwei Liter weniger.

Mittlerweile kostet der Kadett in der Basisausstattung mit 1,2 N- oder -S-Motor 12 180 Mark. Der teuerste Kadett ist im Januar 1982 der Fünftürer „Voyage Berlina", für den die Kunden 17 510 Mark auf den Tresen des Händlers blättern müssen. Schon drei Monate später reiben sich die Verkäufer wiederum die Hände: Opel hat die Preise erneut – um durchschnittlich 500 Mark – erhöht. Der 1,2 Liter-Basis-Kadett schlägt jetzt mit 12 635 Mark zu Buche, der noble Voyage-Kombi kostet 18 165 Mark.

Da der praktische Klein-Lieferwagen gut läuft, erweitert Opel die Kombi-Palette schon im Janaur um den Kadett „Pirsch". Wie schon der „Jagdwagen" auf Basis des Kadett C soll auch der „Pirsch", kleiner Bruder des gleichnamigen Rekord-Sondermodells, seine Käufer unter Jägern, Landwirten und Hobby-Anglern finden. Um die Geländegängigkeit zu erhöhen, kappen die Opel-Techniker den Frontspoiler. Serienmäßig rollt der Kadett fürs Grüne auf grobstolligen M+S-Reifen aus dem Werk. Damit er unbeschädigt über Stock und Stein kommt, ist er ohne Aufpreis mit einem Steinschlagschutz unter der Ölwanne, kräftigeren Schraubenfedern und einer mechanischen Niveauregulierung am Heck ausgestattet. Dadurch hat der Kadett eine Bodenfreiheit von 150 Millimetern. Weitere Extras: ein zu 25 Prozent sperrendes Differential, ein verstärktes Kühlgebläse, ein Lenkungsdämpfer und das „Pirsch"-obligate Fangnetz, die ebenfalls schon im Grundpreisvon 14 925 Mark enthalten sind. Im Gegensatz zu seinem C-Vorgänger ist der „Pirsch" nicht nur in Tarn-, sondern in allen Farben erhältlich.

Dank der modernen, wartungsfreundlichen Motoren kann der Kundendienst im Juli 1982 von 10 000- auf 15 000 Kilometer-Intervalle verlängert werden. Eine Fülle von Neuerungen bringt eine Modellpflege im September: Die Modelle mit 1,6 Liter-Motoren sind auf Wunsch und gegen 385 Mark Aufpreis jetzt mit einem Fünfgang-Getriebe erhältlich. Im Kadett mit SR-Ausstattung gibt es die fünfte Fahrstufe serienmäßig, allerdings steigt auch der Preis: um 385 Mark. Bei ihrer Neuentwicklung wählten die Konstrukteure nicht den Weg der einfachen Ankopplung eines zusätzlichen Sparganges an das Viergang-Getriebe, sondern übersetzten alle fünf Gänge länger. Mit dem Kadett J kommt als preiswertes Einsteigermodell, das an die Stelle des Chevette tritt, auch ein neues 1,2 Liter-ohc-Triebwerk ins Angebot. Es wird zusätzlich zum alten 1,2 Liter-S mit 60 PS angeboten und ersetzt den 1,2 Liter-N-Motor mit 53 PS. Die Neuentwicklung bringt es auf 55 PS bei 5600/min. Mit dem bei Opel entwickelten Prinzip der Drehmoment-Optimierung (LET) entwickelt es bereits bei 2200/min ein maximales Drehmoment von

Kein Generationskonflikt: Drei Kadetten von 1938, 1962 und 1983. Mit 187 km/h Spitze ist der GTE beinahe doppelt so schnell wie sein Ur-Ahne.

90 Nm. Wie die größeren Motoren der neuen Generation hat auch diese Maschine einen Leichtmetall-Querstrom-Zylinderkopf mit obenliegender Nockenwelle. Dadurch, so der Hersteller, ergibt sich eine durchschnittliche Benzineinsparung von 1,1 Liter pro 100 Kilometer im Vergleich zum bisher eingebauten 1,2 Liter-Triebwerk. Zur Serienausstattung des Kadett J, der für 12 895 Mark mit der neuen Maschine angeboten wird, gehören eine Verbundglas-Frontscheibe, eine Quarzuhr, ein abblendbarer Innenspiegel, Ablagefächer an den Vordertüren, die Sitzpolster des Kadett L und Stahlgürtelreifen der Größe 175/70 SR 13 auf $5^1/_2$ J x 13-Sportfelgen. Noch preiswerter ist der J mit dem 60 PS-Triebwerk und schmaler 145 SR-13-Bereifung, der für 12 635 Mark zu haben ist.

Mit aufgewerteter Ausstattung bei unveränderten Grundpreisen rollen die übrigen Kadetten auf den Markt. Schon die Basisversion erhält die von den übrigen Modellen bekannten Rechteckscheinwerfer, eine Mittelkonsole, beleuchtete Heizungs- und Schaltersymbole und neue Türverkleidungen. Bei allen Varianten wird die Heckscheiben-Wisch/Wasch-Anlage jetzt über einen Lenkstockhebel bedient. Das Heizungsgebläse ist jetzt dreistufig, zur Verbesserung der Luftströmung an der Wagenfront ist der Kühlergrill teilweise geschlossen worden. Für die Berlina- und SR-Modelle spendiert Opel eine Intervallschalung für die hintere Wisch/Wasch-Anlage. Je nach Modell ist die Zuladung bis zu 40 Kilo erhöht worden, größere Bremskraftverstärker bei den 1,2- und 1,4 Liter-Caravan-Modellen sorgen für geringere Pedalkräfte. Der Voyage bekommt außerdem eine aufrollbare Laderaumabdeckung, die SR-Ausstattung eine Handbremskontrolleuchte. Die beiden 1,3 Liter-ohc-Motoren bringen ihr Benzin-Luft-Gemisch jetzt über eine wartungsfreie Transistor-Zündanlage zur Verbrennung.

Im Kadett bleibt der 1,2 Liter mit obenliegender Nockenwelle freilich nur ein Gastarbeiter. Mit der Einführung des neuen Corsa im März 1983 verschwindet das Aggregat schon wieder aus dem Verkaufsprogramm des Opel-Bestsellers. Jeder Motor wird nun für den neuen Kleinen gebraucht – mit dem Erscheinen des Corsa hat der Kadett eben auch seine Rolle als gehätschelter Familien-Benjamin verloren. Die Opel-Marktstrategen reagieren schnell auf die neue Marktlage, eine Situation, die es seit der Vorkriegszeit und dem P4 nicht mehr gegeben hat. Weil der Kadett nicht mehr unbedingt billig sein muß, darf er ruhig ein bißchen teurer werden. Konsequenz: Die J-Modelle verschwinden aus den Preislisten, die Nachfolger ohne J kosten gleich 600 Mark mehr.

Ein neuer GTE geht ins Rennen

Seit dem Untergang des 1,9-Liter-GT/E mit dem Kadett C gibt es für die leistungshungrigen Kadett-Fahrer keine Sportversion mehr. Im Januar 1983 rundet Opel sein Programm der unteren Mittelklasse wieder nach oben ab. Mit dem 1,8-Liter-GTE, von den Fans sehnsüchtig erwartet, steht den Rüsselsheimern erstmals seit Bestehen der D-Reihe wieder ein Konkurrent für den Golf GTI zur Verfügung. Mit seinen 115 PS bei 5800/min erreicht er eine Höchstgeschwindigkeit von 187 km/h und liegt damit exakt im gleichen Geschwindigkeitsbereich wie der Wolfsburger Konkurrent. Zu den Besonderheiten des für den Ascona SRE völlig neu entwickelten

Die Frontpartie der Stylingstudie TECH I von 1981 nimmt bereits Stylingelemente des Kadett E vorweg.

Vierzylinders gehört eine Bosch-LE-Jetronic mit Schubabschaltung. Damit zieht das Computerzeitalter in den Kadett ein. Durch simples Aufbohren auf 84,8 Millimeter bei gleichem Hub erreichen die Motorenentwickler einen Hubraumzuwachs von 198 cm^3. Zusätzlich erhöhen sie die Verdichtung auf 9,5 : 1 und installieren eine „schärfere" Nockenwelle. Besonders stark modifiziert wird das Fahrwerk des GTE. So kommen neue Lenkungsdämpfer, innenbelüftete Scheibenbremsen vorn und Gasdruckdämpfer an der Hinterachse unter das Blechkleid. Zusätzlich legt Opel das Fahrwerk tiefer und stimmt es straffer ab. Dazu paßt die Bereifung: Alufelgen der Größe $5^1/_2$ J x 14 mit 185/60 HR-14-Reifen sind serienmäßig auf den neuen Sportler vom Main aufgezogen, der schon durch sein Äußeres den Anspruch dokumentiert, neuer Klassenprimus zu werden. Aus der Kritik der Vergangenheit haben die Opel-Designer allerdings gelernt: Auf eine grelle Kriegsbemalung verzichten sie, lackieren dafür aber die kunststoffummantelten Stoßstangen, Kotflügelverbreiterungen, Schwellerleisten und Außenspiegel in Wagenfarbe. Die flachen Alufelgen sind Branchenkennern längst bekannt. Ihr Design erinnert stark an die der Aerodynamik-Studie TECH I, die damit erste Auswirkungen auf die Serie zeigt.

Eine andere, weit bedeutendere Auswirkung wird erst ein Jahr später deutlich. Als die deutsche Motorpresse erste Erlkönigfotos der nächsten Kadett-Generation veröffentlicht, fällt es Insidern wie Schuppen von den Augen: Die Schnauze des neuen Kadett E haben sie schon einmal gesehen. Tatsächlich ist die Verwandtschaft mit dem TECH I unübersehbar. Auch in der Serie wollen die Opel-Techniker in Sachen Aerodynamik jetzt offensichtlich Nägel mit Köpfen machen.

Schon bald wird der ehemals als günstig angesehene cw-Wert des D-Kadett als völlig überholt empfunden werden. Erfolgreich war er trotzdem: Mit genau 2 092 087 gebauten Exemplaren muß er in der Kadett-Produktionsstatistik nur dem „B" den Vortritt lassen. Ins letzte Produktionsjahr geht der billigste „D" mit einem Preis von 13 550 Mark, also genau 2550 Mark teuerer als der vergleichbare Typ im Frühjahr 1980. Sein Hauptgegner ist und bleibt der Golf, der allerdings schon 1983 als komplett überarbeiteter Golf II ins Rennen geschickt wurde. Bald aber werden die Karten neu gemischt...

Test: „Jagd-Gehilfe“ D-Kadett Pirsch – Sondermodell nicht nur für die Pirsch

Er ist grün wie ein Schilfhalm, bieder wie ein Feldhamster, schnell wie ein Karnickel und nackt wie der Laubwald im Winter – kein Jedermann-Auto, aber für jeden Zweck nutzbar. Sein Name weckt in dem Fahrer die Illusion vom Querfeldeinfahren auf unbefestigten Waldwegen. Doch dies sollte man besser bleiben lassen, denn der Opel Kadett Pirsch unterscheidet sich vom Basismodell Kadett Voyage auf den ersten Blick nur unwesentlich.

Dem scharfen Auge des interessierten Waidmanns fällt beim zweiten Hinsehen auf, daß der Frontspoiler nur noch im Ansatz zu sehen ist, unmittelbar darunter zeigen sich ein schwarzer Steinschlagschutz und grobstollige Goodyear-Reifen. Riskiert der Grünrock noch einen dritten Blick ins Interieur des schilffarbenen Jagdwagens, so erspäht er dort ein variabel angebrachtes Fangnetz und einen ganz mit Gummi ausgelegten, ebenfalls variablen Kofferraum.

Freilich kann der wackere Jäger nicht die anderen serienmäßigen Verbesserungen im Innenleben des Kadett Pirsch erkennen. Als da sind: ein nur zu 25 Prozent sperrendes Differential, ein verstärktes Kühlgebläse, kräftigere Schraubenfedern, ein Lenkungsdämpfer und eine manuelle Wagenstandshöhenregulierung fürs Fahrzeugheck.

Diese Details versprechen zwar ein Auto, das für den Einsatz unter harten Bedingungen in leichtem Gelände taugt, doch der Versuch, wildere Waldpassagen zu bewältigen, scheitert leider an der immer noch zu geringen Bodenfreiheit von 150 Millimetern. Mit dem Luftsack an der Hinterachse läßt sich lediglich das Einsinken des vollbeladenen Hecks wieder ausgleichen, wobei die maximale Zuladung von 455 Kilogramm und die Anhängelast für gebremste Nachläufer mit 600 Kilo nicht besonders üppig ausfielen. Der Opel Kadett mit einem 1,3-N- oder 1,3-S-Motor darf eine Anhängelast von 1000 kg ziehen.

Die am Testfahrzeug aufgezogenen Goodyear Ultra Grip 2 mit Polyester-Karkasse im Format 165 SR 13 machten in puncto Fahrverhalten den ansonsten sehr gutmütigen Kadett zum Schaukelpferd. Bei schnell überfahrenen Längsrillen geriet die Fuhre so stark ins Wanken, daß ein ungeübter Fahrer in arge Bedrängnis geraten könnte. Dies veranlaßte AUTO ZEITUNG dazu, auf Sommerreifen umzurüsten. Und siehe da – aller Fahrwerksärger war vergessen. Ein zu Vergleichszwekken herangezogener normaler Kadett Caravan lief mit den Winterreifen Ultra Grip 2 längst nicht mehr so schlecht geradeaus. Daher liegt der Verdacht nahe, daß die Differentialsperre in Verbindung mit dem härteren Fahrwerk und dem kleineren Frontspoiler trotz des zusätzlichen Lenkungsdämpfers eine sorgsame Reifenwahl erfordert. Der serienmäßig montierte Goodyear Allweather stellt womöglich einen guten Kompromiß dar zwischen Haftung auf schlüpfrigen Waldwegen und Komfort auf befestigten Straßen.

Serienmäßig mit M+S-Reifen und Unterfahrschutz sowie einem verstärkten Fahrwerk mit auf 150 mm erhöhter Bodenfreiheit.

Um die passable Sitzlängsverstellung bei umgeklappter Heckbank nicht durch das verstellbare Sicherheitsnetz einzuschränken, bestückten die Opel-Techniker diese nützliche Einrichtung mit zwei schwenkbaren Befestigungspunkten. Bedauerlicherweise vergaßen sie, die benötigten Schrauben gegens Herausfallen zu sichern. So gerät die Verstellprozedur zur zeitraubenden Fummelei, und mancher Waldmeister wird sich wohl ohne Rückendeckung auf die Pirsch begeben.

Das Gepäcknetz gehört zur Serienausstattung.

Der Testwagen war mit schweißtreibenden Kunstledersitzen ausgerüstet, der Käufer sollte sich daher besser für die beinah ebenso pflegeleichten Stoffbezüge entscheiden.

Was das Blechkleid des Pirsch anbetrifft, so stehen sämtliche Opel-Farben zur Wahl. Es scheint freilich schwer vorstellbar, daß der umwelt- und standesbewußte Jägersmann anstelle des gefälligen Schilfgrün der Grundausstattung ein knalliges Rot bevorzugt.

Das bei Ausflügen auf unwegsamen Feld-, Wald- und Wiesenwegen nützliche Steinschlaggitter unterm Fahrzeugbug sitzt leider zu dicht am Ölfilter. Wird durch ein verstecktes Hindernis diese Schutzvorrichtung verbogen, schmiegt sie sich notgedrungen an die Filterpatrone an.

Tageskilometerzähler, Motor-, Kofferraum- sowie Handschuhfachbeleuchtung und Verbundglasfrontscheibe gehören beim Pirsch zur Serie.

Fazit: Der Kadett Pirsch zielt auf einen speziellen Käuferkreis, der für seine Zwecke weder einen Geländewagen noch einen Normal-Kombi brauchen kann. Und für den Wildbrettransport über geräumte Waldwege ist der Opel allemal gut.

aus: „Auto Zeitung“ 12/82; Autor: Wolfgang Scholz

Die erste Zeichnung des D-Kadett aus dem Jahre 1978, in der „Auto Zeitung“ veröffentlicht.

Die letzte Version des Opel Kadett D, der GTE aus dem Jahre 1983. Erstaunlich die Parallelen zur ersten Phantom-Zeichnung.

Kadett E (ab 1984)

Und wieder Generationswechsel im Hause Adam Opel. Das Gesicht des Neuen ist ganz vom Windkanal geprägt. Chrom à la A-Kadett ist völlig out, Aerodynamik in.

Wenn auch nur in puncto Kühler und Spoiler verändert, wirkt der GSi gegenüber der normalen Limousine wesentlich jugendlicher und harmonischer in seinem Erscheinungsbild. Auch sein cW-Wert ist besser: 0,30 gegenüber 0,32 bei der Limousine.

Der Erlkönig ist erlegt! In der Ausgabe 8/84 der „Auto Zeitung", die Anfang April des Jahres erscheint, präsentiert das Kölner Fachblatt seinen Lesern den ersten auf ein Photo gebannten Kadett E in seiner schon fast endgültigen Form. Dazu gibt es vier Zeichnungen und Spekulationen um die zukünftigen Karosserie-Varianten. Die Zeitschrift liegt mit ihren Vermutungen goldrichtig. Den Kölnern ist klar, daß es eine zwei- und viertürige Fließheck-Version, einen Kombi und eine Stufenheck-Alternative geben wird.

„Viele Hunde sind des Hasen Tod. Der Hase heißt in den USA Rabbit (Kaninchen) und bei uns Golf. Einer der schärfsten Jagdhunde trägt die Berufsbezeichnung eines Azubi zur See: Kadett." So macht „Auto Zeitung"-Redakteur Werner Müller im Juni, zwei Monate vor der offiziellen Vorstellung, die Geschichte auf, in der erstmals alle neuen Kadett-Modelle der Reihe nach vorgestellt werden. Und er hat wohl recht, der Golf hat einen neuen Jäger zu fürchten. Schon zwei Monate zuvor ist in den Kölner Ford-Werken die dortige Presseabteilung fast von den Stühlen gefallen, als sie die Bilder der ersten enttarnten Erlkönige erblickt. Einer gesteht: „Wir haben die Opel-Leute unterschätzt, wir hatten nur ein Facelift erwartet."

Im August 1984 läßt Opel die Katze endlich aus dem Sack. Bei der ersten Präsentation des neuen Modells fällt den Journalisten, die sich gerade noch über Geraldine Ferraros Kandidatur zur amerikanischen Vizepräsidentin, den neuen James Bond-Film „Sag niemals nie" oder die Entdeckung der „Yuppies" unterhalten haben, ein Detail am stärksten auf: Das Gesicht des modernsten Kadett in der Opel-Geschichte hat der Windkanal geprägt. Fritz W. Lohr, Opel-Vorstandsmitglied und Direktor der Produktionsentwicklung/(PEK), über die Arbeit im Windkanal: „Im Verlauf von rund 1200 Windkanal-Stunden haben unsere Ingenieure und Techniker für den neuen Kadett eine aerodynamische Qualität erzielt, wie sie in dieser Klasse zuvor noch nicht erreicht wurde." Mit einem cw-Wert von 0,30 ist der Kadett E GSi Aerodynamik-Weltmeister in seiner Klasse. Rund um den Globus gibt es 1984 kein Serienfahrzeug, das der sechsten Kadett-Generation das Wasser reichen kann.

Kleider machen Leute. Und für manchen Mann ist das Auto als Image-Träger so wichtig wie die Hose, die er trägt. Hatte der Kadett D noch arg mit einem negativen Hosenträger-Image zu kämpfen, streift der Windkanal-Star Kadett E

Die neuen Kadett E haben gegenüber der alten D-Reihe einen bis zu sieben Prozent reduzierten Kraftstoffverbrauch.

diese alten Plattitüden vollständig ab. Er wirkt progressiv, dynamisch und verkörpert mit seinem Äußeren schon jetzt den Sprung in das nächste Jahrhundert. VW, immer noch stolz auf den neuen Golf, steht plötzlich nicht mehr ganz so strahlend da. Zwar technisch überzeugend, wirkt der Golf im Vergleich zum neuen Kadett doch etwas kommod.

Technisch basiert der E auf dem D. Trotzdem mußte Opel 1,5 Milliarden ausgeben, bis die ersten neuen Kadetten ins Rollen kamen. Ein Großteil dieser Riesensumme ging in die Entwicklung. Fünf Jahre lang arbeiteten 4000 Techniker und Ingenieure in der PEK (Produktionsentwicklung), um das neue Kadett-Konzept zu perfektionieren. Im Vordergrund stand das Ziel, dem Kunden ein wirtschaftliches, leistungsfähiges und zeitloses Automobil anbieten zu könen — nicht der Wunsch, mit dem cw-Wunder ins Guiness-Buch der

Dank extremer Tropfenform und geringer Stirnfläche ist der Kadett GSi die Serienlimousine mit der geringsten Luftwiderstandsfläche überhaupt.

Rekorde zu kommen. Der andere Investitions-Schwerpunkt war der Um- und Ausbau der neuen Fertigungsanlagen im Bochumer Kadett-Werk. Daß sich diese Anstrengungen gelohnt haben, beweist der Blitzstart, den die Opel-Händler schon bald verzeichnen können. Anlaufschwierigkeiten, wie sie oft nach einem Modellwechsel auftreten, hat der Neue nicht.

Mit der großen Heckklappe wird der E in allen Ausstattungsvarianten zur Kombi-Limousine.

In der Basisversion hat der Kadett E nur einen zentral angeordneten Tacho und ein Zweispeichenlenkrad.

Dreispeichen-Komfortlenkrad, Drehzahlmesser und Schalensitze machen den GT zu einem guten Komplett-Angebot.

Im GSi gibt es wahlweise Analog- oder Digitalinstrumente. In der Digitalversion soll die Drehzahlkurve gleichzeitig den Leistungsverlauf darstellen.

Die Basistriebwerke werden weitgehend aus der alten Modellreihe übernommen. Im Hause Opel begnügt man sich allerdings nicht damit, einfach die alten Motoren in die neue Karosserie zu transplantieren. Eine Bypass-Operation verschafft den Opel-Motoren „die Kraft der zwei Herzen". Vom Start weg schickt Opel den Kadett mit sechs verschiedenen Motoren in das Rennen um die Käufergunst. Basisversion ist der 1,2 Liter-S-Motor mit 55 PS. Die S-Aggregate sind sogenannte Low-End-Torque-Motoren, die sich durch besonders niedrigen Spritverbrauch und durch große Durchzugskraft bei geringen Drehzahlen auszeichnen. Nächstgrößeres Triebwerk sind die 1,3 Liter-N-Maschinen mit 60 PS und der 1,3 Liter-S mit 75 PS, wobei das N für Normalbenzin und das S für Superbenzin stehen. Richtig nobel wird es ab dem 1,6 Liter S mit 90 PS und dem 1,8 E, der mit einer Einspritzanlage 115 PS aufbringt. Er treibt den ersten Kadett GSi an, mit

Sind Sie mit Ihrem Golf verheiratet?

Der neue Kadett ist einfach verführerisch
Ein Rendezvous ohne Reue versprechen wir Ihnen, wenn Sie zu uns kommen und den neuen Kadett testen.
Sie als Golf-Fahrer werden das richtige Gefühl für eine objektive Beurteilung des neuen Kadett haben und den Testern recht geben: Der neue Kadett verdient das Prädikat „menschliche Technik". Kein Wunder, denn man hat ihn um den Menschen herumgebaut.

Das „Goldene Lenkrad"
24 Journalisten aus acht Nationen würdigten den neuen Kadett mit dem Goldenen Lenkrad 1984.

„Auto des Jahres 1985"
Eine internationale Fachjury, 51 Motorjournalisten aus 16 europäischen Ländern, kürten den neuen Opel Kadett zum „Auto des Jahres 1985".

Was ist so „menschlich" am neuen Kadett?
- Mehr Wirtschaftlichkeit durch ausgefeilte Aerodynamik.
- Weit öffnende Türen und der bequeme Einstieg.
- Viel Bewegungsfreiheit im Innenraum.
- Schalter und Hebel sind übersichtlich in klaren Funktionszonen aufgeteilt.
- Optimale körpergerechte Sitze.
- Überzeugende Fahreigenschaften.
- Sichere Technik.
- Vollwertiger Reservereifen.
- Und damit der Mensch sich nach dem Autokauf noch etwas leisten kann, hat jeder Kadett einen vernünftigen Preis.

Für Sie als Golf-Fahrer haben wir Sonder-Einstiegspreise
Kommen Sie mit Ihrem Golf zu uns, wir bieten Ihnen den Tageshöchstpreis für Ihren gebrauchten Wagen.
Ihre Zuzahlung (die sich über Leasing verrechnen läßt) wird überraschend niedrig sein.

Tel. 27 07 01–10 2000 Hamburg 60 · Barmbeker Straße 35-37
Tel. 27 07 01–60 2000 Hamburg 54 · Osterfeldstraße 20

Händlerwerbung: Der neue Kadett ist „Auto des Jahres 1985" und Gewinner des „Goldenen Lenkrades". Im Kampf gegen den Golf ist jedoch nur eine Schlacht gewonnen.

dem Opel gezielt Scharfschüsse in Richtung VW GTI austeilen will.

Als einziger Selbstzünder im Programm kommt der 1,6 D mit 54 PS angedieselt, der zur Freude aller Sparer nur zwischen 4,7 und 7,1 Liter Sprit verzehrt. Alle Maschinen sind wassergekühlte Vierzylinder-Reihenmotoren und quer im Bug eingebaut. Jeder Motor hat eine obenliegende Nockenwelle, die über einen Zahnriemen angetrieben wird. Ausnahmen bestätigen die Regel: Im 1,2 S liegt die Nockenwelle seitlich und wird über eine Rollenkette angetrieben. Als einzige Maschine muß die kleinste auch mit einer nur dreifach gelagerten Kurbelwelle auskommen, in allen anderen sorgt eine fünffach gelagerte Welle für mehr Fahrkomfort. Daß der 1,2 Liter ein billiges Basis-Triebwerk sein will, zeigt auch folgendes: Während alle seine Kollegen auf dem Band mit einer kontaktlosen Transistor-Zündanlage mit Hall-Geber bestückt werden, muß er mit einer konventionellen Batteriezündanlage auskommen. Außer GSi und Diesel, die beide ihre Gemischaufbereitung über eine Einspritzanlage (GSi mit Schubabschaltung) regeln, sind alle Motoren mit einem mechanischen Vergaser bestückt. Standard-Getriebe ist – mit Ausnahme des GSi – in allen Versionen ein Viergang-Getriebe. Der GSiläuft serienmäßig mit einem Fünfgang-Getriebe aus dem Bauch der großen Bochumer Fertigungshallen. Gegen Aufpreis können auch die Kadetten ohne „i" damit ausgerüstet werden.

Nicht nur die Karosserie-Form ist unter der Kontrolle hochmoderner Computer im Windkanal gereift, auch ihr Innenleben haben sich elektronische Rechner ausgedacht. Die selbsttragende Ganzstahl-Karosserie ist unter Anwendung der „Finite-Elemente-Methode" entstanden. Jenes schlaue Wort steht für die Einbringung von vorprogrammierten Verformungszonen an Front- und Heckpartie. Tragende Elemente der Karosserie sind zudem die verstärkten seitlichen Fenstersäulen, die A-Säule als Front-Fenster-Säule, die B-Säule als Träger für die mittlere Karosserie und die C-Säule als Abschluß-Element am Heck.

Türschweller und Längsträger sorgen für Schutz bei eventuellen seitlichen Attacken und auch das leidige Thema Rost soll in der Zukunft des neuen Kadett keine tragende Rolle mehr spielen. Den haben die Techniker mit dem partiellen Einsatz von verzinkten Blechen in die Hölle geschickt. Da eine Grundierung alleine nicht ausreicht, wird die gesamte Rohkarosserie durch ein phosphatisch-kathodisches Elektro-Tauchbad in ihrer molekularen Struktur so gestärkt, daß die Musik-Kassette mit dem Song „Rust never sleeps" von Neil Young endgültig gelöscht werden kann. Sämtliche Schweißnähte und Bördelkanten sind mittels einer Spezial-Masse konserviert. Steinschlaggefährdete Bereiche schützen sich durch eine spezielle Grundierung. Die vorderen Radkästen sind für diesen Zweck mit Kunststoff ausgekleidet.

Während die Opel-Techniker dem Kadett ein bis auf die letzte Schraube neues Kleid strickten, mußte das ohnehin sehr gute Fahrwerk des Kadett D nur in einigen Details überarbeitet werden. Dem Stand der Technik angepaßt ist jetzt die Abstimmung der Schraubenfedern und der Teleskopstoßdämpfer. Danach verzeichnet der erste Prospekt stolz eine wartungsfreie Einzelradaufhängung an McPherson-Federbeinen und Querlenkern vorne sowie ab der 75 PS-Version und beim Caravan einen Querstabilisator. Bei schwächerer Motorisierung ist der „Stabi" aufpreispflichtig. Hinten verrichtet eine Verbundlenkerachse mit Miniblockfedern (Schraubenfedern) ihre Arbeit, dazu senkrecht angeordnete Teleskopstoßdämpfer (beim Caravan schräg) und ebenfalls je nach Motor ein Querstabilisator. Die vorderen Schraubenfedern sind zudem konisch geformt und wirken progressiv.

Der 1,8i-OHC-Motor mit elektron. Kraftstoffeinspritzung und Schubabschaltung.

Die Armaturentafel des E-Kadett wird in Modul-Bauweise vorgefertigt und komplett installiert.

Alle neuen E-Kadetten sind von der schnellen Truppe. Vom Diesel mit 152 km/h Höchstgeschwindigkeit bis zum GSi mit 203 km/h Spitze übertreffen sie deutlich die Leistungen

Der 1,3-S-OHC-Motor mit 75 PS, rechts daneben der 1,6-Liter-Diesel-OHC-Motor und darunter die Hinterachse mit doppelkonischen Miniblockfedern.

ihrer Vorgänger. Auch dem Golf weht jetzt ein scharfer Wind um die Nase, wenn ein Kadett an ihm vorbeizieht: Er hat es nicht eben einfach mit seiner kantigeren Karosserie. Damit der Vorwärtsdrang im Notfall schnell abgebaut werden kann, spendierten die Rüsselsheimer dem Kadett ein Zweikreis-Bremssystem mit Bremskraftverstärker und -regler sowie Scheibenbremsen vorn, die beim GSi sogar innenbelüftet sind. Hinten wandeln Trommelbremsen, auf die auch die Handbremse wirken, Bewegungsenergie in Wärme um. Zwischen der Zahnstangenlenkung und dem Lenkrad kauert eine energieverzehrende Gitterrohr-Lenksäule mit der bekannten Teleskopspindel und einem Abreißschlitten.

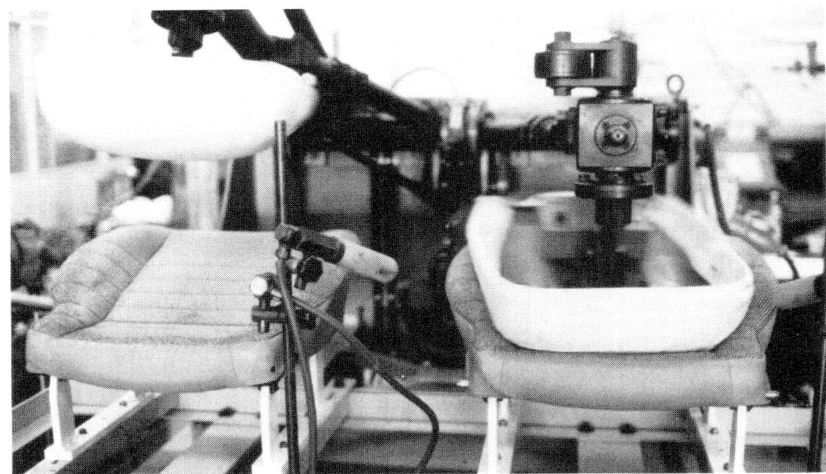

Sitzerprobung in der PEK. Maschinen simulieren Verschleiß im Zeitraffertempo.

„Auswendig lernen" heißt das Motto für die Opel-Händler im Lande, als das Werk die Ausstattungspalette bekannt gibt. Allein fünf verschiedene Karosserie-Varianten schrauben die Männer an den Fließbändern rund um die Uhr zusammen: drei- und fünftürige Stufenheck-Limousinen, den Caravan mit drei oder fünf Türen und den Caravan-Lieferwagen mit Blechfenstern. Alle Modelle kann der Kunde, hat er sich denn endlich durch die Prospekte gearbeitet, je nach Motorisierung und Karosserie als LS, GL, GLS, GT oder GSi bekommen. Mit diesen neuen Modell-Codes ist der Kadett wieder einmal Wegbereiter im Opel-Programm. „Diese Codes charakterisieren ein neues Ausstattungskonzept," läßt die Rüsselsheimer Presseabteilung verlauten.

Der Kadett GT von 1984 ist an speziellen Felgen und der Zweifarbenlackierung zu erkennen. Er hat 75 und auf Wunsch auch 90 PS.

Erfreulich ist die schon reichliche Grundausstattung in der LS-Basisversion. So besitzt der Fünftürer wie seine besser ausgestatteten Brüder eine Gurt-Höhenverstellung. Vor allem kleinere Fahrer wissen den Griff an die B-Säule zu schätzen, damit der Gurt endlich nicht mehr vor dem Kehlkopf hängt. Nacktes Blech an A- und B-Säule und an den Türen ist unter Kunststoffabdeckungen verschwunden. Weitere serienmäßige Extras sind Halogen-Scheinwerfer, ein verschließbarer Tankdeckel, ein dreistufiges Gebläse, eine von innen herausnehmbare Laderaumabdeckung und eine umklappbare Rücksitzbank. Was außerdem positiv auffällt, ist die – gegenüber dem D-Modell – wesentlich bessere Rundumsicht und die um 19 Prozent größere Wischerfläche der Scheibenwischer. Die Mittelkonsole richtet sich zum Fahrer hin, so daß sämtliche Bedienungselemente ohne größere Körperakrobatik einzusehen sind. Der dreitürige Kadett LS mit 55 PS schlägt mit 13 995 Mark zu Buche.

Wer mehr Geld ausgeben will, bekommt auch mehr Ausstattung. Im GL-Paket sind für zusätzliche 395 Mark eine Intervallschaltung für den Heckscheibenwischer, seitliche PVC-Schutzleisten, ein Warnsummer für beim Parken nicht ausgeschaltete Scheinwerfer, eine Quarzuhr, ein Tageskilometerzähler und der – auf die Wagenfarbe abgestimmte – Teppichboden enthalten. Dazu kommt ein lärmschluckendes Dämm-Paket. Der „GL"-Schriftzug steht an der Heckklappe in grauen Lettern. Wer noch weitere 420 Mark übrig hat, bekommt dafür ein Fünfgang-Getriebe. Die Automatik muß mit 1350 Mark Aufpreis bezahlt werden eine Servolenkung mit 990 Mark. Was früher unter der Bezeichnung Berlina die neidischen Blicke der „N"-Fahrer auf sich zog, ist nun der GLS. Mit fünf Türen und 75 PS kostet er 17 905 Mark. Er verwöhnt seine Insassen zusätzlich mit reichlich bemessenem Veloursstoff im Innenraum, dicken Teppichen, einer asymmetrisch (⅓ zu ⅔) teilbaren Rücksitzbank, einer Nebelschlußleuchte und einem Drehzahlmesser. Mit 835 Mark kauft man sich die Sonne ein – dann ist auch ein Schiebedach eingebaut. Den Platz des alten SR nimmt Mitte der achtziger Jahre der GT ein (fünftürig, 90 PS für 18 360 Mark). Was sich unter Grand Tourisme zusätzlich serienmäßig in der Ausstattungsliste versteckt, liest sich so: Kombiniert mit 75 oder 90 PS-Motor wird der GT über ein kurz abgestuftes Fünfgang-Getriebe geschaltet. Dazu gehören Sportsitze mit besonders gutem Seitenhalt und einer wirbelsäulen-freund-

Diesen Schriftzug bekommen Golf-GTI-Fahrer ab Ende 1984 immer häufiger zu sehen. Er ziert das Heck des stärksten Kadett.

lichen Lehne, ein Sportlenkrad und eine angemessen sportlichere Fahrwerksabstimmung.

Den Stoff, aus dem die Träume sind, vereint der GSi in der Summe seiner Eigenschaften. Er kostet dreitürig 22 065, fünftürig 22 785 Mark. Damit der superschnelle Flachmann unter den Kadetten seine Leistung auch sicher auf die Straße bringt, ist er rundum mit Gasdruck-Dämpfern ausgestattet. Seine 185/60 HR 13-Reifen auf Alu-Felgen der Größe $5\frac{1}{2}$ J x 14 aufgezogen, kosten 758 Mark Aufpreis. Die Sitze sind von der Basis her die gleichen, die sich auch im GT befinden. Allerdings sind sie mit Stoff im exklusivem GSi-Design überzogen. Wahlweise gibt es im Kommando-Stand normale Analog-Anzeigen oder ein hypermodernes LCD-Display. Dazu informiert ein Check-Controlsystem über Motoröl- und Scheibenwaschwasser-Stand, Bremsflüssigkeit und Beleuchtung. Äußerlich dokumentiert der GSi seinen Sportsgeist über seitliche Schwellerleisten, einen geänderten Frontgrill mit integriertem Spoiler und – als i-Tüpfelchen – einem Heckspoiler sowie einem schwarzen Streifen zwischen den Rückleuchten. Diese Aufbauten sorgen außer für optische Reize auch für eine bessere Aerodynamik.

Eine ganz besonders eigenständige Optik zeigt die Heckpartie des neuen Caravan. Er kostet in der Basis-Version mit 55 PS und drei Türen 15 435 Mark. Für 158 Mark gibt es eine Niveau-Regulierung. Nichts ist so wichtig an einem Nutzfahrzeug wie seine praktische Handhabung. Aus diesem Grund weist der Caravan eine extrem weit heruntergezogene Heckklappe auf, die quasi in die Stoßstange hineinmündet. Diese ist in einem Bogen weit nach unten gezogen. Auch hier wurde der Kadett wieder zu einem Vorreiter im Hause Opel, wie ein Blick auf den aktuellen Omega-Caravan verrät. Der Lastesel-Kadett kommt mit einem in der Caravan-Klasse hervorragenden cw-Wert von 0,35 angeflogen, und das sogar bei aufgesetzter Dachreling. Nach einem Aufenthalt auf der Streckbank kann der E-Kombi einen 48 Millimeter längeren Radstand als sein Vorgänger auf Basis des Kadett D vorweisen. Im Caravan lassen sich nun Regale, Bretter oder Bernhardiner bis zu einer Gesamtlänge von 1666 Millimeter verstauen.

Jeder zweite Kombi-Käufer wählt in der unteren Mittelklasse den Caravan aus Rüsselsheim.

Der seit Juni 1986 130 PS starke Fronttriebler verhält sich bis in weite Grenzbereiche hinein neutral.

Für Tuner und Fans: der Kadett GSi

Traum oder Alptraum: Der GSi-„Extrem" von Mattig bricht alle Breite-Rekorde.

Der Kadett GSi ist der legitime Nachfolger des legendären GT/E. Und das gleich in mehrfacher Hinsicht: Nicht nur, daß er im Motorsport ähnlich erfolgreich ist, seine Beliebtheit bei Tunern und Tuning-Fans hat er ebenfalls mit dem Vorgänger gemein. Das Tuning-Angebot für den Kadett E ist so umfangreich wie für keinen anderen Opel: Nicht weniger als 20 Tuning-Firmen bieten vom GFK-Spoilersatz bis zum Sportfahrwerk alles Erdenkliche an, um dem GSi einen individuellen Touch zu verleihen. Der Fächerkrümmerauspuff mit den armdicken Endrohren ist dabei schon fast ebenso obligatorisch wie die breiten Niederquerschnittsreifen auf den polierten Alu-Felgen.

GSi-Fans hatten 1988 auf der Opel-Tuning-Show in Pahlen/Schleswig-Holstein erstmals Gelegenheit, sich an getunten Traum-Kadetts so richtig sattzusehen. Und zu sehen gab's einiges: So etwa das superbreite Kadett-Cabrio von Schneider motorsport im Ferrari-Look, vorn mit 285er, hinten mit 345er Reifen! Wie gut, daß es da für den Kadett E erstmals eine Servolenkung gibt. Der Kadett GSi-Superbreit von MS-Design versucht nach Auskunft seines Herstellers „gar nicht erst, mit dem Understatement zu kokettieren." Und den Ferrari Testarossa als stylistisches Vorbild haben sich auch der Kadett „Extrem" von Mattig und der GSi-Exclusiv von SFJ genommen. Letzterer ist auch für Ex-Nationaltorhüter Toni Schumacher ein „aufregender Auto-Traum". 156 PS stark, durchbricht der SFJ-Kadett mit Rückleuchten vom Audi 200 die 200-km/h-Schallgrenze ohne Mühe, auch ohne Sechzehn-Ventil-Kopf. Einen noch stärkeren Auftritt hat allerdings der von Kissling getunte Datené-Kadett. Ein Weber-Doppelvergaser in Verbindung mit einem Roots-Kompressor ist für 200 PS gut – mit TÜV-Segen. Damit schafft der „Datené-GS" die 100-km/h-Marke in 5,8 Sekunden und eine Spitze von über 250 km/h.

Alle Anzeichen sprechen also dafür, daß sich der Kadett GSi ebenso wie sein Vorgänger, der GT/E, zum echten Liebhaberauto entwickeln wird. Und tatsächlich gibt es schon eine Club-Szene, die sich dem GSi verschrieben hat. Klaus-Peter Gallus organisierte bereits 1986 das erste Kadett-GSi-Treffen im schleswig-holsteinischen Kommunikationszentrum Pahlazzo. Rund 100 Fahrzeuge kamen im ersten Jahr. 1988 besuchten das Meeting, zusammen mit der Opel-Tuning-Show, bereits 2500 Kadett-Fans. Der Show-Teil nimmt bei den GSi-Treffen einen ganz besonderen Raum ein: Da wird nicht nur ein „Traum-GSi", sondern auch gleich ein „Mr. GSi" gewählt. Und nach einer „heißen Disco-Nacht" geht es dann zum Relaxen nach St. Peter-Ording an den Strand. Aber auch die Information soll nicht zu kurz kommen. So gibt es im Tuning-Seminar Gelegenheit, mit Opel-Händlern oder -Tunern über ihre Produkte zu fachsimpeln.

Wer bei der „heißen GSi-Nacht" mitmachen oder aber gleich „Mr. GSi" werden will, wendet sich an:

GSi-Windsbraut
Klaus-Peter Gallus
Markt 44
2240 Heide/Holst.

Tuning Kadett GSi:

KS Motorsport
Mülgaustraße 187
4050 Mönchengladbach

Zastrow
Im Hammereisen 31
4193 Kranenburg

Kissling
Zum Eisenhammer 9
4200 Oberhausen 1

Mantzel
Zum Eisenhammer 3
4200 Oberhausen 1

Hella KG Hueck & Co.
Postfach 2840
4780 Lippstadt

Brinckmeyer
Kreckenhof 1
4952 Porta Westfalica

Opel Schleusener
Hauptstraße 151
5204 Lohmar

Zender
Florinstraße
5430 Mülheim-Kärlich

CD-Design
Pfalzstraße 1
5657 Haan

db (Bilas)
Alte Falterstraße 13
6000 Frankfurt 80

SFJ-Szamatulski
Messenhäuser Straße 47
6074 Rödermark

Lexmaul
Sennefelder Straße 31
6074 Rödermark-Oberroden

Rücker
Bierstadter Höhe 68
6200 Wiesbaden

Kamei
Bodenstedtstraße 4
6200 Wiesbaden

Mich
Rheingaustraße 81
6200 Wiesbaden-Biebrich

Hainbach
Vogelsbergstraße 25
6479 Schotten 1

Pitz
Mundenheimer Straße 140
6700 Ludwigshafen

Irmscher
Pappelstraße
7064 Remshalden

Schneider motorsport
Ahrain 2
8165 Hundham-Fischbachau

Peter Mattig
Poststraße 6
8395 Hauzenberg

MS-Design
Huben 222
A-6444 Längenfeld

Muß sein: Breitreifen für den getunten GSi.

Aussagekräftiges Spruchband: Opel-Tuning-Show.

Clubs:

GSi-Club Mülheim/Ruhr
Rainer Stornowski
Am Bühl 67
4330 Mülheim/Ruhr

GSi-Club Köln
Thomas Glier
Menschendahlerstraße 5
5090 Leverkusen 3

GSi-Club Siegerland
Armin Graef
Graf-Luckner-Straße 46
5900 Siegen 21

GSi-Club Pfalz
Michaela Schmitt
Bergstraße 27
6719 Carlsberg

GSi-Club e.V.
Peter Fischer
Am Schelmengraben
7270 Nagold

GSi-Club Weinfelden
Urs Christen
Unterdorf 81
CH-8507 Hörhaus

Immer noch ein Kadett: GSi-Cabrio von Schneider Motorsport.

Vom ältesten Opel-Tuner: Irmscher-GSi.

Test: Kadett GSi – Der Offizier unter den Kadetten

Ein neuer 130-PS-Motor treibt jetzt den Kadett GSi an. Sorgt er für Anschluß in der GTI-Klasse?

Offiziere haben es schwer. Sie müssen ihren Untergebenen stets ein leuchtendes Vorbild sein und alles ein wenig besser können als die niederen Ränge.

Im Falle des alten Kadett GSi mit 115 PS hapert es mit Respekt und Anerkennung. Zwar gehörte der Top-Kadett mit zu den schnellsten in der GTI-Kompanie, doch machte der 16-Ventiler-Golf ihm die Führungsrolle streitig. Nun soll eine neue Antriebsquelle den GSi wieder einen Rang höher befördern. Dabei setzten die Rüsselsheimer auf bewährte Technik. Sie erhöhten den Hubraum um 200 cm^3, wodurch sich die Durchzugskraft (Drehmoment) in den niedrigen Drehzahlbereichen kräftig erhöhte. Für Techniker: Das Drehmoment stieg von 151 Newtonmeter bei 4800/min auf 180 Newtonmeter bei 4600/min. Eine Bosch-Motronic der neuesten Generation regelt den Zündzeitpunkt und die Einspritzmenge. Klaglos verträgt der Motor auch bleifreies Euro-Super.

Zweifellos taten dem Kadett die Leistungsspritze von 15 PS und der Hubraumzuwachs gut. Denn war sein Vorgänger noch auf hohe Drehzahlen angewiesen, so prägt den Newcomer die souveräne Art der Kraftentfaltung. Schon aus tiefstem Drehzahlkeller heraus zieht der neue GSi munter los. Der Griff zum

Die profilierten Sportsitze für optimalen Seitenhalt.

Schalthebel des sportlich abgestuften Fünfganggetriebes wird seltener. Den subjektiven Eindruck hervorragender Durchzugskraft unterstreichen denn auch die objektiven Meßwerte. Der neue sprintet im Fünften von 60 auf Tempo 120 knapp vier Sekunden schneller als sein Vorgänger.

Einen neuen Maßstab setzt er auch in einer Standard-Disziplin: Aus dem Stand auf 100 km/h vergehen gerade 8,2 Sekunden. Und lediglich knapp 29 Sekunden benötigt er, um einen Kilometer zurückzulegen. Erst bei 208 km/h endet der Vorwärtsgang. Solche Werte waren bis vor wenigen Jahren nur Sportwagen vorbehalten.

Trotzdem bleibt der GSi erfreulicherweise seltener Gast an der Zapfsäule. Lediglich 9,4 Liter Supersprit fließen pro 100 Kilometer durch die Einspritzanlage – ein Spitzensparwert. Einen Spitzenwert erreichen jedoch auch die Geräusche im Innenraum – auf längeren Etappen sollte der Motor leiser sein.

Sprinterqualitäten reichen allein nicht aus, wenn andere Eigenschaften dabei auf der Strecke bleiben. Dem PS-Zuwachs angepaßt wurde daher auch die Bremsanlage. Sie wird von einem größeren Bremskraftverstärker und leistungsfähigeren Bremszylindern an den Hinterrädern unterstützt. Auf ein Anti-Blockier-System müssen Kadett-Kunden noch warten. Ford, die Konkurrenz aus Köln, ist da beim Escort einen Schritt weiter. Äußerlich unterscheiden den Power-GSi vom Vorgänger Reifen der Dimension 185/65 VR 14 und ein ovales Auspuffrohr.

Unten herum beließen die Opel-Techniker alles beim alten – das Fahrwerk blieb bis auf eine andere Feder-Dämpferabstimmung unverändert. Das ist auch gut so, zählte doch der GSi auch bisher schon zu den Exemplaren mit sehr guter Straßen-

Eindrucksvolles Temperament bescheinigt auch die opto-elektronische Messung.

lage. So nimmt er Kurven aller Art weitgehend neutral. Nur wenn der Fahrer in den Kurven Vollgas gibt, schiebt der Muskel-Kadett sanft mit seiner windschlüpfrigen Nase in Richtung Kurvenaußenrand.

Die insgesamt straffe Fahrwerksauslegung kommt zwar dem Fahrverhalten zugute, keineswegs aber dem Komfort. Schlechte Wegstrecken bekommen die Kadett-Passagiere deutlich zu spüren. Dafür bieten die bequemen Sportsitze hervorragenden Seitenhalt. Hat man vorne noch gut Platz, müssen sich die Hinterbänkler mit dem nötigsten Fußraum zufriedengeben. In der Disziplin sind die GSi-Konkurrenten Golf und Escort überlegen.

Steht die Sonne ungünstig, wird das Cockpit mit seinen Flüssigkeitskristallanzeigen zum Spiegel: man kann sie nur noch schlecht ablesen. Den Blick nach hinten trübt zudem ein gewaltiger Heckspoiler.

Diese Kritikpunkte werfen jedoch nur einen schmalen Schatten auf ein insgesamt gelungenes Auto. Denn mit den Fahrleistungen können Kadett-Führungskräfte voll und ganz zufrieden sein. Im übrigen ergänzt eine Kat-Version mit 115 PS das GSi-Programm.

Fest steht: Mit dem neuen Motor baut der GSi seine Führungsrolle nicht nur unter den Kadetten aus. Er gibt nun auch in der gesamten GTI-Kompanie den Ton an.

aus: „Auto Zeitung" 17/86; Autor: Norbert Giesen

Ein Bild, an das sich die Golf-GTI-Fahrer erst einmal gewöhnen mußten: Wenn der GSi im Rückspiegel auftaucht, bleibt den Golfern nur die Flucht nach rechts.

Am elektronischen Mäusekino scheiden sich die Geister.

Mehr Hubraum = mehr Kraft: Mit zwei Litern leistet der GSi jetzt 130 PS.

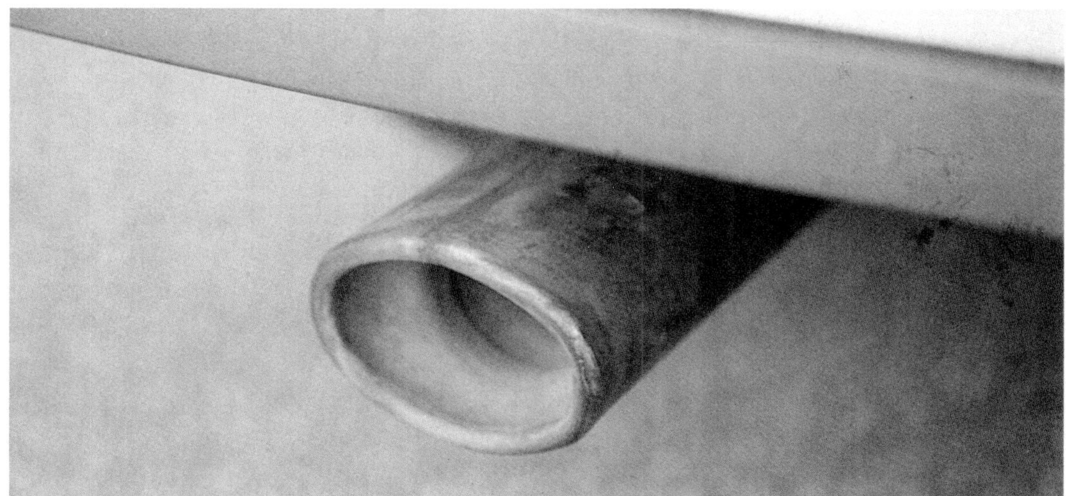

Großes Rohr: Leider bläst die 130-PS-Version ihre Abgase völlig ungefiltert in die Luft.

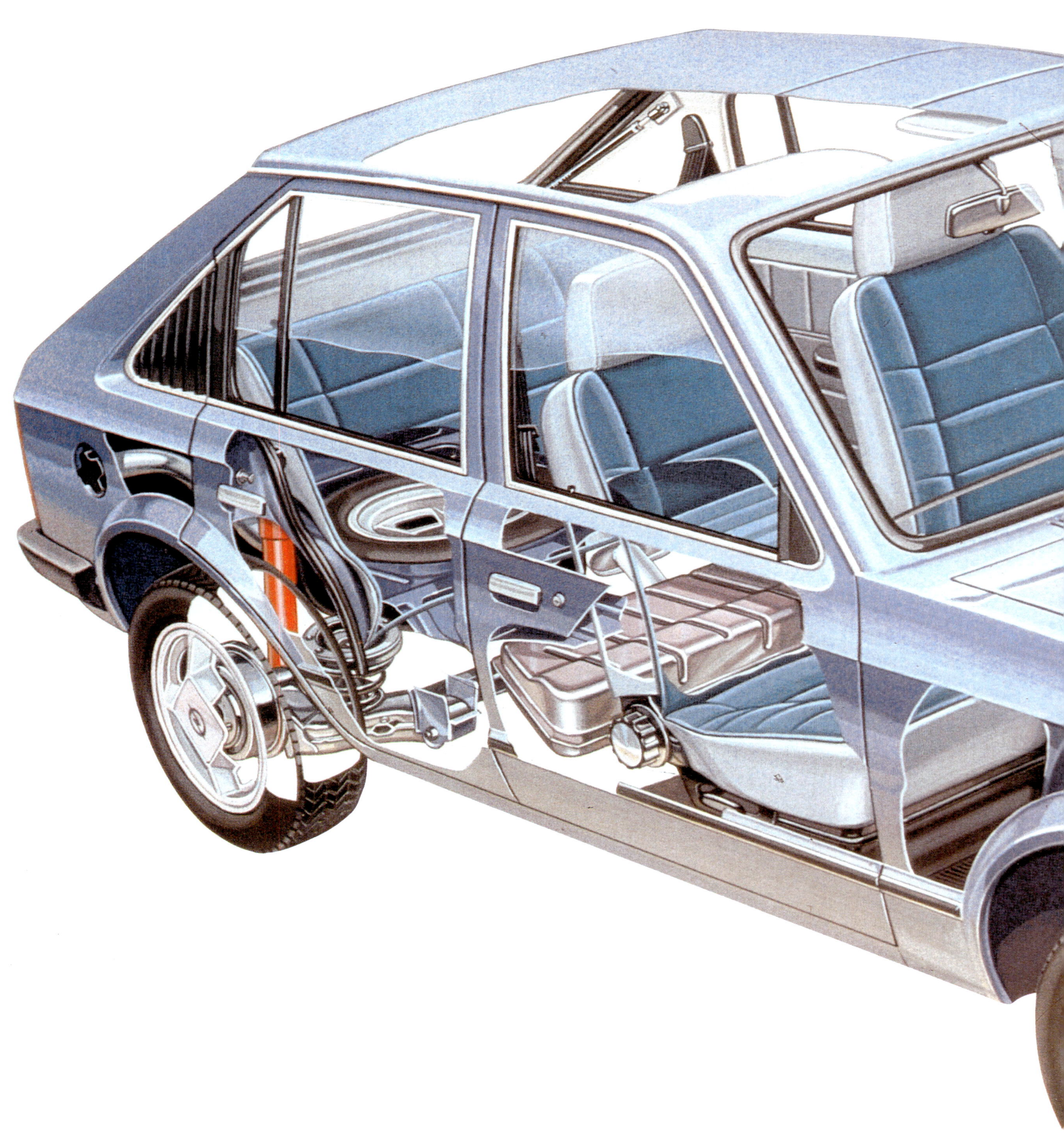

Betti-Schnittzeichnung vom ersten frontangetriebenen Opel, dem Kadett D.

Auf solchen Marterstrecken spulen Entwicklungsfahrzeuge bis 1000 km täglich ab.

Der Kadett als Saubermann mit Kat

Im März 1985 präsentiert Opel den ersten Kadett mit geregeltem Dreiwege-Katalysator. Die Umweltdiskussion in Deutschland hat gerade ihren Höhepunkt erreicht. Die Themen Luftverschmutzung und Waldsterben bestimmen die Berichterstattung der deutschen Medien und zwingen die Autofirmen zum Handeln. Nach wie vor hängt die Drohung eines generellen Tempolimits auf deutschen Autobahnen wie ein Damoklesschwert über der Nation. Die Bundesregierung beschränkt sich jedoch vorerst auf einen Großversuch mit der umstrittenen Tempobremse und überprüft, welche Auswirkungen eine Beschränkung auf 100 Stundenkilometer tatsächlich auf die Umwelt hat. Außerdem setzt sie strengere EG-Abgasrichtlinien durch und macht den Kauf von schadstoffarmen Autos ab 1. Juli 1985 steuerlich attraktiv. Durch eine Steuersenkung für bleifreies Benzin ab 1. April 1985 sollen zusätzlich die Bleiemissionen vermindert werden. Opels neues Kat-Triebwerk, dessen Einführung im März 1985 terminlich genau paßt, leistet 90 PS und ist mit einer elektronischen Einspritzanlage bestückt. Doch schon im August fliegt diese Version wieder aus dem Programm, da die Leistungsausbeute und -entfaltung weder Kunden noch Opel überzeugt. An die Stelle des Erstlings tritt eine Weiterentwicklung mit 100 PS.

Gleichzeitig präsentiert Opel seinen neuen 1,3i-Motor mit Zentraleinspritzung. Er ist eine konsequente Weiterentwicklung des aus dem kleinen Corsa bekannten 1,3 Liter-OHC-Motors mit 75 PS und Querstrom-Zylinderkopf aus Leichtmetall. In der neuen Version leistet das Triebwerk 60 PS und ist ausschließlich für bleifreies Normalbenzin ausgerüstet. Die Multec-Zentraleinspritzung wird dabei über eine digitale Elektronik gesteuert. Ein zentrales Einspritzventil im Drosselklappen-Einspritzgehäuse versorgt alle Zylindereinhei-

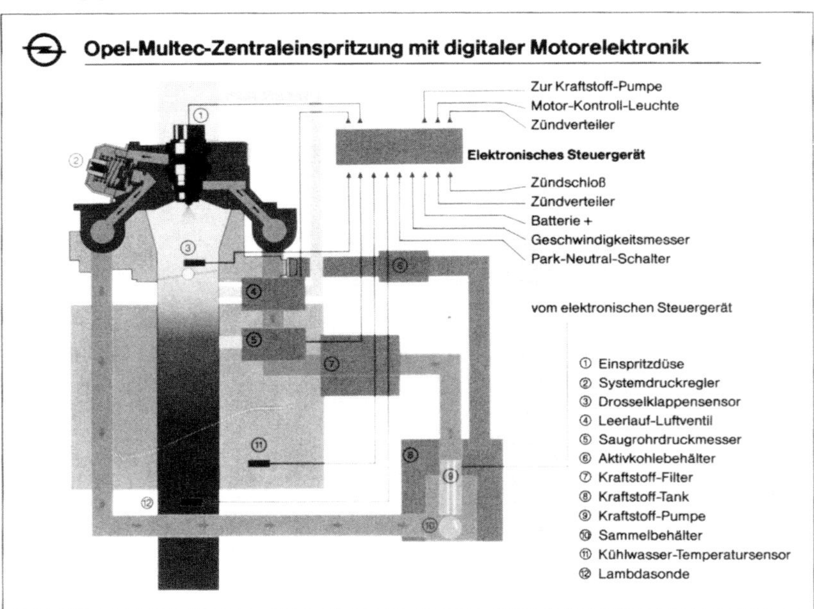

Die ursprünglich für den Corsa entwickelte Multec-Benzineinspritzung des 1,3 i.

ten. Neben der Einspritzdauer steuert die Elektronik auch die Zündung, Leerlaufauffüllung und die Schubabschaltung. Zudem ist die Elektronik selbständig in der Lage, Fehler im Programm zu erkennen und auszuschalten. Diese Fähigkeit, sich lernend den Betriebszuständen des Motors anzupassen, macht die Maschine extrem unanfällig gegen Störungen und damit auch gegen den schlimmsten Fall, den Motor-Kollaps.

Ab 1985 wieder mit Stufenheck: Der Kadett E findet den Weg zurück zur klassischen Limousinenform. Mit dem dritten Seitenfenster wirkt das „Formheck" harmonisch in die Linie integriert. Die Außenlänge wuchs um 220 Millimeter

Nächste Seite: Mit Stufenheck und Abgasreinigung: der 1,8 i mit 90 PS und geregeltem 3-Wege-Katalysator.

KADETT 1.8 i
OPEL
GG CY 383

GSi
GG-T 85

BRUNO BETTE

Das Stufenheck prädestiniert den Kadett dank 550 Liter Kofferraumvolumen für lange Urlaubsreisen.

◀ Sportwagen für die Familie: Betti-Schnittzeichnung vom GSi 5-türer.

Macht aus jeder Perspektive eine gute Figur: Kein Wunder, schließlich war das Stufenheck von Anfang an geplant.

Der Kadett als Stufenheck

Bei Opel geht es jetzt Schlag auf Schlag. Die Autobauer wollen der Auto-Welt zeigen, was ihre Techniker in Rüsselsheim auf dem Kasten haben. Im August 1985 bekommt die Fachpresse zu sehen, was die Kunden erst im September während der 51. Frankfurter IAA bestaunen können: den Kadett-Stufenheck. Damit hat Opel erstmals seit dem Abschied vom Kadett C wieder eine Version mit „normalem" Kofferraum zu bieten. Während der Fließheck-Kofferraum genau 390 Liter Gepäck nach VDA-Norm aufnehmen kann, ist das Stufenheck-Pendant geradezu ein „schwarzes Loch". Erst nach 550 Litern verweigert er weitere Gepäckaufnahme. Er läßt sich aber überlisten, da sich nicht nur die Beifahrer-, sondern auch die Fondlehne umlegen läßt. Danach stehen 1230 Liter Stauraum zur Verfügung. Ab der GLS-Ausstattung läßt sich die Lehne auch geteilt umklappen. Die „Auto Zeitung" attestiert dem Gepäckabteil: „Die Proportionen stimmen. Schließlich hat Opel diese Variante seit Beginn der Modell-Entwicklung an berücksichtigt."

Nicht zuletzt will Opel aber mit der Stufenheck-Limousine konservativere Kunden ansprechen, denen der normale Kadett zu futuristisch geraten ist. In der GT- und GSi-Version wird der Neue zunächst nicht angeboten. Ein GT mit 1,6i-Kat-Motor (75 PS) folgt erst im November 1986, als GSi ist der Stufenheck-Kadett gar nicht vorgesehen. Lediglich die 130 PS starke 2,0i-Maschine (mit Kat: 115 PS) wird später eingebaut. Von der Vergrößerung des Volumens bleibt auch der anfänglich oft bemängelte, viel zu kleine 42 Liter-Tank nicht verschont. Er schluckt nun 52 Liter Benzin oder Diesel.

Nach Einführung der Katalysator- und Stufenheck-Modelle sowie einem größeren Zubehör-Angebot läßt sich der Verkauf des Kadett E noch besser an. Opel schwimmt zunehmend auf der Erfolgswelle. Die Krönung ist 1985 der Titel „Auto des Jahres", den alljährlich eine Jury aus internationalen Motorjournalisten vergibt. Am Sylvesterabend knallen die Sektkorken. Während normale Menschen die Jahreswende feiern, stoßen die Opel-Mannen auf die Auszeichnung und 190 124 verkaufte Kadetten an.

Im Gegensatz zum Jetta von vorn kaum von seinem Schrägheck-Bruder zu unterscheiden: Kadett mit Stufenheck.

Kadett Combo

Die Programmerweiterungen scheinen im August 1985 kein Ende zu nehmen. Erstmals bietet Opel auf der Basis des Kadett nun auch einen Klein-Transporter an, mit dem die Hessen in den Markt des Golf Caddy einbrechen wollen. Der Combo hat einen Stauraum von 2 400 Litern und eine Nutzlast von 635 Kilogramm. Im offiziellen Opel-Pressetext heißt

Mit blattgefederter Hinterachse und 2400 Liter Stauraum: der Combo von 1985.

es zur neuen Hinterachse des Combo: „Die Hinterachs-Konstruktion paßten die Fahrwerks-Ingenieure der besonderen Aufgabenstellung des Combo an: Robuste Blattfedern, ein Stabilisator, verstärkte Räder und Reifen des Formats 165 R 13 sorgen ohne Komfort-Einbußen bei jedem Beladungszustand für die gebotene Fahrsicherheit." Daß die Blattfedern nicht mehr ganz den Stand der Technik in Sachen Fahrwerk darstellen, läßt der Text allerdings unter den Tisch fallen. Für den Combo hält Opel vier verschiedene Motoren bereit: den 1,3 N, 1,3 S, 1,6 S und den 55 PS-Diesel mit 1,6 Litern Hubraum. Gegen Aufpreis gibt es ein Fünfgang-Getriebe und in Verbindung mit dem 1,6 S-Motor auch eine Automatik.

Kadett-Cabrio

Wer nach Opels Einbruch mit dem Aero-Kadett 1978 dachte, die Rüsselsheimer hätten die Nase von offenen Modellen gestrichen voll, sieht sich im Sommer 1985 bitter um sein Vorurteil betrogen. Tatsächlich hatten sich zwischen 1976 und 1978 nur magere 1224 Käufer zum Kauf des C-Kadett im Targa-Look hinreißen lassen. Doch vor der 85er IAA rauschen plötzlich Farbfotos von einem bildhübschen Cabrio aus dem Hause Opel quer durch den bundesdeutschen Blätterwald: dem neuen Kadett-Cabrio.

Dynamisch in die neunziger Jahre: GSi 16 V.

GSi
MV 737
16V

Auf der 51. Frankfurter Super-Schau vom 12. bis zum 22. September feiert die Opel-Idee vom offenen Fahren – präsentiert neben dem Kadett-Stufenheck und dem Combo – fröhlichen Einstand. Schneeweiß präsentiert sich dort ein aufgeschnittener Kadett. „Das neue Kadett Cabriolet verspricht vor allem Lust und Laune," feiert die hauseigene „Opel Post" den Neuen. Vom „italienischen Chic und Kopffreiheit bis zu den Wolken" schwärmt die „Auto Zeitung". Deren IAA-Beobachter analysiert: „Opel geht in die Offensive. Der Golf-Jäger Kadett entwickelt sich zur kompletten Modellreihe mit Schräg-, Stufenheck- und Kombikarosserie. Neuester Streich der Rüsselsheimer: Eine Cabrio-Version des Kompakt-Opel. Ihre Motorisierung reicht von 75 PS über den 100 PS-Kat-Motor bis hin zum GSi mit 115 PS. Beim Design-Feinschliff half Meister Nuccio Bertone."

Der italienische Guru des Automobil-Designs – Vater so berühmter Autos wie Lamborghini Miura, Ferrari Dino oder Alfa Romeo Montreal – legte zwar nur den letzten Feinschliff an die Karosserie, darf den Oben Ohne-Kadett dafür aber produzieren. Ansonsten stammt die Form aus Rüsselsheim. „Für unser Kadett Design-Team," sagt Opel-Chef-Designer Hans Seer, „war der Entwurf dieses Cabrios der krönende Abschluß der Entwicklung dieser Modellreihe. Dabei kam uns die für ein offenes Fahrzeug ideale aerodynamische Grundkonzeption der Kadett-Karosserie entgegen." Unter den offenen Autos ist der Kadett ein cw-Wunder. Die Techniker ermitteln im Windkanal bei geschlossenem Verdeck einen Luftwiderstandsbeiwert von cw 0,34, mit offenem Dach von cw 0,38 – rund 40 Prozent weniger als bei den Mitbewerbern.

Während VW und Ford ihre Cabrios bei Karmann in Osnabrück fertigen lassen, schickt Opel die Kadett-Komponenten ins italienische Grugliasco bei Turin, wo Bertone – der für Fiat auch den Ritmo aufschneidet – Opels Beauty für Büro, Boulevard und Bella Italia auf Kiel legt. Dort werden auch sämtliche Cabrio-spezifischen Teile vom Überrollbügel über die Karosserie-Verstärkungen bis zum fünflagigen Verdeck gefertigt, während das Bochumer Kadett-Werk nur die Zutaten liefert, die sich im offenen Kadett nicht von seinen geschlossenen Geschwistern unterscheiden.

Größtes Problem der Konstrukteure: die Steifigkeit der Karosserie, die ohne Dach einen Großteil ihrer Stabilität verliert. Die Abteilung PEK löste das Problem durch massive Verstärkungen, vor allem im Bereich der Türschweller und des

So stellten sich Opel-Hausdesigner nur eine von unzähligen Einsatzmöglichkeiten des Combo vor: als Kamerawagen mit Dachaufbau.

Die aufregendste Neuheit im Kadett-Programm von 1985: Das Cabrio entsteht bei Italiens berühmtem Karosserieschneider Bertone.

High-Tech im Röntgenblick: Betti-Schnittzeichnung vom Rallye 4x4. ▶

Vor mondäner Kulisse: Mediterranes Klima läßt Frischluftfreuden im Cabrio besonders oft genießen.

Kofferraums, die mit Hilfe computerunterstützter Konstruktionssysteme (CAD/CAM) entwickelt wurden. Ergebnis: Ein Stummelheck, das dem Kadett aber, wie IAA-Besucher einhellig befinden, gut zu Gesicht steht. Fast alle sind auf den ersten Blick von der Harmonie der Linienführung und den Proportionen begeistert. Für die Stabilität der Karosserie ist auch der Überrollbügel bedeutend. Zwar stand auch ein Vollcabrio zur Diskussion, hätte das neue Modell aber nochmals um rund 1000 Mark verteuert und – wegen zusätzlicher Verstrebungen – noch schwerer gemacht. Schon jetzt hat der offene Kadett ein (cabrio-typisches) Übergewicht von 85 Kilo gegenüber der Limousine.

Die Entscheidung gegen ein Vollcabrio ist aber auch eine Entscheidung für mehr Sicherheit, wie Crash-Tests beweisen. Zwei der insgesamt zehn Prototypen, die zusammen rund 600 000 Testkilometer abspulen, müssen dabei ihr Leben lassen. Ergebnis: Im Kadett-Cabrio sind die Passagiere genauso sicher wie in einer geschlossenen Limousine. Viel lauter als unter einem Blechdach geht es dank des dick gepolsterten Verdecks auch nicht zu. Im heruntergeklappten Zustand ragt es dennoch nur zwölf Zentimeter über die Oberkante der Gürtellinie hinaus, da die Opel-Techniker eine spezielle Wanne konstruierten, in die das Verdeck versenkt werden kann. Nachteil: der relativ kleine Kofferraum von nur 290 Litern Volumen (nach VDA-Norm). Um den Stauraum zu erhöhen, können die Rücksitze umgeklappt werden. Bei kleineren Gegenständen ist das durchaus praktikabel. So können Ski-Freunde zum Beispiel ohne Dachgepäckträger die Bretter verstauen, die ihnen die Welt bedeuten – aus dem Sommer-Auto wird eine Winter-Limousine.

Vier Motoren stehen zum Einbau unter die Cabrio-Haube bereit, als die 85er IAA-Neuheit im Frühjahr 1987 endlich in

OPEL

OPEL
BRUNO BETTI

die Schaufenster rollt. Basismotorisierung ist der 1,6 Liter-Motor. Als Einspritzer mit geregeltem Dreiwege-Katalysator leistet er 75 PS und kostet 26 870 Mark, als 1,6 S-Maschine ohne Kat sieben PS mehr. Die 115 PS-Maschine aus dem Kadett GSi mit zwei Litern Hubraum, wahlweise mit oder ohne Kat, rundet die Palette ab. Preis: 30 920 Mark. 193 Stundenkilometer mißt die „Auto Zeitung" in ihrem ersten Test. Die Konkurrenzmodelle kann der Kadett damit ohne Mühe hinter sich lassen: Das Escort-Cabrio schafft mit der 90 PS-Maschine aus dem XR3i 178 km/h, der offene Golf trotz 95 PS-Motor nur 164 km/h Spitze. Auch in der Beschleunigung setzt sich der Rüsselsheimer deutlich von seinen Verfolgern aus Köln und Wolfsburg ab. Die 9,6 Sekunden, die er von 0 auf 100 braucht, sind rund zweieinhalb Sekunden schneller als bei der Konkurrenz.

Auch die Ausstattung ist nicht von Pappe. Das Basis-Cabrio rollt auf 175/70-SR 13-Reifen mit 5½ J x 13-Sportfelgen. Die Heckscheibe ist beheizbar, die beiden Außenspiegel von innen verstellbar, im Überrollbügel sitzt eine Innenraumbeleuchtung. Getönte Scheiben, ein Drehzahlmesser, ein beleuchtetes Handschuhfach, Sportsitze und eine Nebelschlußleuchte gehören ebenfalls zum Ausstattungspaket. Das GSi-Cabrio hat Stoßfänger, Kühlergrill, seitliche Schutzleisten und Seitenschweller im GSi-Look, 185/60 HR 14-Reifen auf 5½ J x 14-Felgen unter dem Wagenboden und ein „Mäusekino", ein elektronisches Cockpit mit futuristischen LCD-Instrumenten. Das hat seinen Preis. Wie der Aero-Kadett anno 76 ist auch das Cabrio der achtziger Jahre keine Ausverkaufsware vom Wühltisch: 26 870 Mark kosten die 1,6-Liter-Versionen, 30 920 Mark das GSi-Cabrio. Eine Automatik schlägt zusätzlich mit 990 Mark zu Buche.

1986: Die Explosion der Raumfähre „Challenger" erschüttert die Vereinigten Staaten, im Bundesstaat Oregon kommt die 85 Limousinen umfassende Rolls-Royce-Flotte des Sektenführers Bhagwan Shre Rajneesh unter den Hammer. Corazon Aquino wird Präsidentin der Philippinen, Sarah Ferguson durch ihre Heirat mit Prinz Andrew Mitglied der englischen Königsfamilie. Deutschland feiert den Geburtstag des Automobils. Seine Wiege steht in Mannheim. Dort erhält Carl Benz am 29. Januar 1886 das Patent Nr. 37435 für seinen Motorwagen. Der Apotheker John S. Pemberton wird in diesem Jahr noch die erste Coca-Cola brauen, der bayerische Märchenkönig Ludwig II. im Starnberger See ertrinken. 15 Stundenkilometer erreicht die dreirädrige Benzin-Kutsche des Carl Benz mit ihrem Einliter-Motörchen. Leistung: 0,9 PS. Deutschland und die Autoindustrie feiern die hundertste Wiederkehr des Ereignisses begeistert.

Opels eigentliches Jubelfest steht erst 1987 ins Haus. Denn im Geburtsjahr des Automobils baut Adam Opel noch Nähmaschinen, ab 1887 auch Fahrräder, auf denen seine fünf Söhne über 500 Rennsiege erringen. Erst 1899 zieht das erste Auto mit dem Blitz seine Runden, was jedoch ausreicht, um zweitältester Autohersteller der Bundesrepublik zu sein. Anlaß der Feierlichkeiten ist der 125. Geburtstag der Firma. Stolze Bilanz: Mehr als 24 Millionen Personenwagen und Nutzfahrzeuge. Gleichzeitig feiert das Bochumer Kadett-Werk sein 25jähriges Bestehen. Dort läuft am 29. September auch das sechsmillionste Fahrzeug aus der Ruhrgebiets-Produktion vom Band: Ein platinfarbener Kadett 1,6i mit 75 PS, geregeltem Katalysator, drei Türen und GL-Ausstattung. Da Bochum auch komplette Teilesätze zur Montage in anderen GM-Werken liefert, summiert sich die Gesamtzahl der produzierten Autos auf stolze 14,1 Millionen. 1100 Kadetten (und 1900 Teilesätze) verlassen das Werk täglich. Bis eines der Fahrzeuge fertig ist, vergehen durchschnittlich 40 Stunden, verteilt auf drei Tage.

Auch geschlossen macht das Kadett Cabrio eine ausgesprochen gute Figur.

GSi mit 130 PS

Auch im Jubeljahr des Automobils 1986 reißt die Musterung neuer Kadetten nicht ab. Im Juni geht ein Zittern durch das Lager der Golf GTI-Fahrer: Der Kadett GSi hat die Doping-Kontrolle beim TÜV bestanden und bringt jetzt 130 PS auf die Straße. Das Drehmoment der 2,0 Liter-Maschine ist von 151 auf 180 Nm, die Verdichtung auf 10:1 gewachsen – begleitet von einer deutlichen Erhöhung des thermischen Wirkungsgrades. Erstmals kommt zur Steuerung des Antriebs-Aggregates eine Bosch Motronic vom Typ ML 4.1 zum Einsatz. Das System mit integriertem Mikro-Computer steuert den Zündzeitpunkt und die Einspritzmenge exakt nach den jeweiligen Erfordernissen. So erfassen ein Luftmengen-Sensor und ein Drehzahl- und Motortemperaturfühler den Betriebszustand des Triebwerkes und wandeln die empfangenen Daten in elektrisch auswertbare Signale wie Spannungen und Widerstände um. Im Steuergerät werden die Informationen einem integrierten Mikro-Computer gemeldet, der aus Meßsignalen und den im Computer schon gespeicherten motorspezifischen Steuerwerten die Signale zur optimalen Ansteuerung, zum Beispiel der Einspritzventile, berechnet. Diese Impulse regeln Zündzeitpunkt und Einspritzmenge. Wie im 1,3i Motor gibt es auch hier die Möglichkeit der Eigendiagnose von Fehlern. Da das System die Störungs-Meldungen speichert, können sie später in der Werkstatt abgerufen werden, was Reparaturkosten und -zeit spart. Falls ein Fehler durch die selbst regelnde Elektronik nicht behoben wird, schaltet der Computer auf ein Notlaufprogramm um und arbeitet mit programmierten Ersatzwerten weiter. Zudem kann die Maschine über einen Stecker im

Motorraum problemlos vom Betrieb mit verbleitem Superbenzin auf unverbleites Eurosuper umgestellt werden.

Zur Beruhigung der GTI-Fans hat die GSi-Version mit Katalysator nur 115 PS bei einer Verdichtung von 9,2 : 1. Auch sie kann von bleifreiem Superbenzin mit 95 Oktan auf bleifreien Normal-Kraftstoff mit 91 Oktan umgestellt werden. Die „Auto Zeitung" schreibt im ersten Vergleich mit den zwei stärksten Konkurrenten Golf GTI 16V und Ford Escort RS turbo: „Weder mit Turbo noch mit Vierventil–Technik ist der Kadett zu halten." Der 24 405 Mark teure Kadett ist mit 209 km/h Spitze tatsächlich zwei Stundenkilometer schneller als der Golf, obwohl er neun PS weniger Leistung hat und zudem 1180 Mark weniger kostet. Da aber auch der Ford einen Achtungserfolg erzielt, schließt Redakteur Michael Droste seinen Artikel mit den Worten: „GTI-Golf-Spieler müssen sich wieder daran gewöhnen, öfter mal in den Rückspiegel zu gucken. Könnt' ja sein, ein GSi oder RS turbo läuft auf." Der 115 PS starke Kat-GSI erreicht nun eine Spitze von 200 Stundenkilometern. Außen bestückt die Adam Opel AG den GSi Modelljahr 1987 mit breiteren Reifen der Größe 185/65 VR 14 und einer neuen Auspuffanlage mit ovalem Endrohr. Der höheren Motorleistung entsprechend installiert Opel größer dimensionierte Bremsen vorn, hinten größere Radbremszylinder und für die gesamte Bremsanlage einen neuen 9 Zoll-Bremskraftverstärker.

Zur völligen Verwirrung der Kunden setzt Opel zum gleichen Zeitpunkt auch neue 1,6 Liter-Motoren ein. Der neue Euronorm-„S"-Motor leistet 82 PS. Ein verbessertes Drehmoment von 130 Nm sorgt schon in unteren Drehzahlbereichen für bessere Durchzugskraft. Das erreicht Opel durch eine aufwendige Operation, in der eine neue Kurbel- und Nockenwelle sowie leichtere Kolben und Pleuel in das alte 1,6 Liter-Triebwerk transplantiert werden. Im gleichen Arbeitsgang werden die Brennräume optimiert und die Kompression erhöht. Der 1,6 i ist sogar schadstoffarm nach der strengen US-Norm. Er leistet 75 PS und ist mit einem geregelten Dreiwege-Katalysator in Verbindung mit der schon bekannten Zentraleinspritzung ausgerüstet.

Während dieser Zeit gewinnen die schadstoffarmen Benziner immer mehr die Oberhand: Zwischen Januar und Juni 1986 registriert das Kraftfahrt-Bundesamt in Flensburg 50 307 Zulassungen von Opel-Modellen mit schadstoffarmen Kadett-Benzinern. Damit ist das Rüsselsheimer Unternehmen Marktführer für Fahrzeuge mit schadstoffreduzierten Otto-Triebwerken, gefolgt von VW (37 597 Zulassungen) und Daimler Benz (27 689 Zulassungen). Serienmäßig kommen die neuen Motoren in den optisch aufgewerteten GT-Modellen zum Einsatz. Gegen Aufpreis sind sie jedoch auch für die anderen Kadetten – natürlich außer dem GSi – verfügbar. Die GT setzen sich durch in Wagenfarbe lackierte

Leistungsspritze dank 16 Ventilen: Mit 150 PS und 3-Wege-Katalysator setzt der GSi 16V bei den sportlichen Kompakten ab 1988 neue Maßstäbe.

Bug- und Heckschürzen, kräftige Seitenschutzleisten und eine Nebelschlußleuchte von den „zahmeren" Versionen ab. Geänderte Sitzbezüge und neue Türverkleidungen runden das Bild der schon als '87er Modell bezeichneten GT ab.

Mit den Ausstattungen und Motorvariationen, kombiniert mit den verschiedenen Farben, ließen sich zwei Drittel aller Seiten der Enzyclopedia Britannica füllen. Die „Auto Zeitung" listet aus diesem Grund in ihrer Ausgabe 12/87 die drei empfehlenswertesten Varianten auf:

- „Der Preisgünstige: Ein Kadett 1,3 LS (ab Mai serienmäßiger Euronorm-Motor) hat alles, was ein Autokäufer, der keine großen Komfortansprüche stellt, braucht. Genug Temperament, niedrigen Verbrauch, sachliche Ausstattung. Und für gut 400 Mark gibt es das „Funktionspaket" mit sinnvollen Dingen wie Schutzleisten und einer Quarz-Uhr.
- Der Sportliche: Für Fans mit dicker Brieftasche führt kein Weg am GSi mit 130 PS vorbei.
- Der Komfortable: Der heißt 1,6i GLS, sorgt für ein gutes Umweltgewissen und mit seinem relativ leisen, sparsamen Motor für ordentliche Fahrleistungen. Mit ein paar Extras ausgerüstet, erhält man mit dem 1,6i GLS für 20 000 Mark ein harmonisches Auto ohne gravierende Mängel."

Nur das kleine Schildchen „16 V" kennzeichnet den Unterschied. Aber auch der normale GSi kann bei den Sportlern locker mithalten.

Caravan Club 2.0i

Damit auch die Kunden mit einem größeren Platzbedarf nicht auf den 115 PS-Motor mit Kat aus dem GSi verzichten müssen, beglückt Opel diese Klientel 1987 auf der IAA mit einem entsprechend motorisierten Caravan. Zudem trägt die mit dieser Entscheidung ganz klar dem neuen Trend Rechnung, daß es mehr und mehr Liebhaber von besonders gut ausgestatteten und schnellen Luxus-Kombis gibt. Diese Autos sollen mit einem profanen Lastesel nichts mehr gemein haben. Der 190 km/h schnelle Top-Caravan bevölkert seitdem unsere Autobahnen als Wolf im Schafspelz, denn kaum einer vermag sich vorzustellen, daß ein – zudem optisch kaum veränderter – Kadett Caravan in zehn Sekunden von 0 auf 100 km/h beschleunigt. Der nur in der fünftürigen Club-Ausstattung lieferbare Wagen ist unter anderem mit Sportsitzen, getönten Scheiben, zwei Außenspiegeln in Wagenfarbe, einer Quarzuhr und der obligatorischen Dach-Reeling ausgerüstet. Der Preis des schnellen „Lieferwagens" auf Kadett-Basis beträgt 24 420 Mark.

GSi 16V

Die nächste Breitseite in Richtung Wolfsburg feuert Opel während der 52. Internationalen Automobilausstellung 1987 ab: Mit 16 Ventilen und 150 PS zeigt Opel ein Triebwerk, das den Golf GTI 16V endgültig das Fürchten lehren soll. Erst ein halbes Jahr später, auf dem Autosalon in Genf im Frühjahr 1988, präsentiert Opel den Motor mit der dazugehörigen Karosserie – der GSi 16V verläßt die Startlöcher, serienmäßig schadstoffarm und steuerfrei.

Die eigentliche Geschichte des Kadett GSi 16V hat ihren Ursprung aber schon 1984: Da beginnt ein junges Team von Ingenieuren in Rüsselsheim mit der Entwicklung eines Vierventil-Motors. Unter dem neuen Alu-Zylinderkopf arbeitet ein aus dem Ascona und Omega bekannter Graugußblock. Das Unterscheidungsmerkmal der Blöcke ist nur gering: Der des GSi 16V hat ein kleines Loch, das für den Klopfsensor bestimmt ist. Der sichert das Überleben des Motors, falls

Schade, daß der appetitliche Kraftprotz sonst immer unter der Haube verborgen bleibt: Kadett GSi 16 V in Dudenhofen.

anstatt des vorgeschriebenen bleifreien Super mit 98 Oktan nur Euro-Super mit 95 Oktan in den Tank fließt. Mit Hilfe einer Kennfeld-Zündelektronik wird dann der Zündzeitpunkt zurückgenommen, bis der elektronische Sensor kein Klopfen mehr vernimmt. Die eingesetzte Bosch-Motronic ist so sensibel, daß sie sogar erkennt, aus welchem Zylinder es klopft. Nur für diesen einen Brennraum kann dann der Zündzeitpunkt zurückgestellt werden. Der Vorteil dieser selektiven Klopfregelung: Geringerer Verbrauch durch optimale Kraftstoffausnutzung.

Gewaltig sind auch die Leistungseckdaten des neuen Motors: Sein maximales Drehmoment von 196 Nm erreicht er bei 4800/min. Neunzig Prozent dieses Wertes stehen schon bei Drehzahlen zwischen 3100 und 6000/min zur Verfügung. Die Verdichtung beträgt 10,5 : 1. Die technischen Besonderheiten dieses Triebwerks lesen sich für begeisterte Auto-Fans wie die Speisekarte eines Menus mit 13 Gängen im „Windows of the World", dem Luxus-Restaurant im 104. Stock des World Trade Centers mit Blick auf New York:

- Aluminium-Zylinderkopf mit zwei Nockenwellen, Hydro-Tassenstößeln und bearbeiteten Einlaßkanälen für optimale Zylinder-Füllung
- Bearbeitete Brennräume, Ventilwinkel 46 Grad
- Natriumgefüllte Auslaßventile
- Hohlgebohrte Nockenwellen aus Schalen-Hartguß, feinbearbeitet und nitriert
- Kurbelwelle aus Kugel-Graphitguß
- Pleuelstangen mit schwimmenden Kolbenbolzen
- Geschmiedete Kolben
- Ölwanne aus Aluminium-Druckguß mit vergrößertem Volumen und dynamischer Ölstandskontrolle für Check-Control-System
- Schwing-Saugrohr mit Register-Drosselklappen-Stutzen
- Resonanz-Vorvolumen auf Drosselklappen-Stutzen
- Luftfilter mit Neben-Schlußresonator
- Bosch-Motronic M 2.5 mit Luftmassen-Messer, sequentieller Kraftstoffeinspritzung sowie selektiver Klopf-Regelung und integriertem Eigendiagnose-System
- Geschweißte Edelstahl-Auslaßkrümmer mit integrierter Lambda-Sonde für Katalysator-Betrieb.

Jeder Zylinder erhält pro Arbeitstakt nur einmal Benzin. Dadurch kann der Verbrauch um weitere zwei Prozent gesenkt werden. Weiterer Vorteil: Der nachgeschaltete Abgas-Katalysator muß zwölf Prozent weniger Kohlenwasserstoffe und neun Prozent weniger Stickoxyde verarbeiten. Benzin- und Luftgemisch müssen bei jedem Betriebszustand optimal zusammengesetzt sein. Die Motronic M 2.5 übernimmt beim neuen Kadett diesen Part mittels eines Lufmassenmes-

OPEL EURO
Mobil SHC
Mobil SHC
GG-DU 548

Weder von hinten ...

... noch von vorn ...

... noch von der Seite weist grelle „Kriegsbemalung" auf das enorme Leistungspotential hin. Der GSi 16 V gibt sich betont dezent.

sers, der über einen Heizdraht die Ansaugluft elektronisch berechnet. Das geschieht vor den Saugrohren direkt im Luftstrom. Je mehr Luft angesaugt wird, desto mehr kühlt sich der Heizdraht ab. Dabei ändert der Heizdraht seinen elektrischen Widerstand und damit den Heizstrom. Die Motronic verarbeitet diese Stromänderung als Maß für die angesaugte Luftmasse. Vorteil: Luftdruck- und Temperaturschwankungen werden miterfaßt und automatisch korrigiert. Da keine beweglichen Bauteile vorhanden sind, ist der Luftmassenmesser verschleiß- und wartungsfrei. Auf der Auslaßseite des GSi-Motors sorgt der geschweißte Edelstahlkrümmer für eine verbesserte Abgasströmung und damit für mehr Leistung.

Damit der 28 425 Mark teure GSi 16V die wesentlich höhere Leistung auch sicher auf den Boden bringt, ist auch sein Fahrwerk – wie es sich für einen Sportler gehört – dem High-Speed-Tempo angepaßt. Gegenüber dem GSi legten ihn die Fahrwerkstechniker zehn Millimeter tiefer. Die Hinterachse erhielt einen negativeren Sturz von minus 1 Grad 40. Dadurch erhöhen sich die Geradeaus-Stabilität und das Fahrverhalten auf welligen oder unebenen Straßen. Durch weitere Veränderungen, wie der Erhöhung der Federraten auf 23 N/Millimeter vorn und 42 bis 68 N/Millimeter hinten sowie der Verwendung eines Dual-Stabilisators an der Hinterachse, wurde das Fahrwerk knüppelhart. Der Stabilisator an der Vorderachse wurde um 22 Millimeter verstärkt.

In der Ausgabe 6/88 kommentiert „Auto Zeitung"-Redakteur Claus-Martin Friese: „Der Erfolg der gesamten Maßnahmen bleibt im Fahrbetrieb keineswegs verborgen. Die Maschine hängt traumhaft am Gas und setzt selbst das kleinste Zucken im Gasfuß in kompromißlosen Vortrieb um. Bei den ‚Auto Zeitung'-Fahrleistungsmessungen strafte der stärkste Serien-Kadett seine Erbauer Lügen. Den Sprint von 0 – 100 km/h erledigte der rund eine Tonne schwere Frontriebler in 7,6 Sekunden und somit vier Zehntel schneller, als das Werk verspricht. Auch was die Höchstgeschwindigkeit betrifft, war der Kadett mit 218 km/h schneller (Werksangabe 215 km/h)." Und er schließt seinen Artikel mit den Worten: „Im Concerto für GTI spielt der GSi 16V derzeit auf jeden Fall die erste Geige."

Leser der „Auto Zeitung" gehören im Februar 1988 zu den ersten, die den jungen Wilden aus Rüsselsheim unter die Lupe nehmen können. Sie sind von den Socken. „Der GSi 16V hat mich aufgrund seines Fahrverhaltens und vor allem wegen des bärenstarken Motors vollauf begeistert. Das Vorurteil, daß ein 16-Ventiler erst bei hoher Drehzahl zur Sache kommt, muß jetzt über Bord geworfen werden," sagt einer der

High-Tech im Innenraum: Das Cockpit entspricht allerdings dem normalen GSi.

Leser nach der Testfahrt. „Der neue Motor ist einfach Spitze", bringt es ein anderer auf den Punkt. „Trotz seiner Neuheit wirkt der GSi 16V sehr ausgereift," bemerkt einer der Tester, bemängelt aber: „Für meinen Geschmack gibt es im Innenraum zu viel Plastik, da wäre ein sportlicheres Finish wünschenswert."

Seine Sportlichkeit kann der neue GSi auch einen Monat später beweisen, als ihn das Kölner Fachblatt gegen einen Porsche 924 ins Rennen schickt. Titel: „Der Rebell unter Sportwagen." „Nun ist es passiert," schreibt Tester Michael Droste, „der Kadett GSi 16V stiftet in der ‚GTI-Zunft' Unruhe wie ein Fuchs im Hühnerstall. Er ist stark, schnell und stürmt unaufhaltsam voran. Seine Konkurrenten vom Schlage eines Golf & Co. erscheinen neben ihm wie Sportskameraden im Formtief. Er fährt allen davon, weit weg, bis hinauf in den Sportwagen-Dunstkreis. Dort kann er künftig seine Kräfte messen, denn sein technisches Datenblatt verschafft ihm den Eintritt." Die Eckdaten der scheinbar ungleichen Konkurrenten sind annähernd die gleichen: Der GSi 16V hat 150 PS, der Porsche 924S zehn Pferdestärken mehr. Der Rüsselsheimer gibt das maximale Drehmoment von 196 Nm bei 4800 U/min ab, der Stuttgarter schafft 210 Nm bei 4500 U/min.

Das Ergebnis überrascht: Zwar verbucht der Porsche Punkte in Sachen Fahrstabilität und liegt bei einer Höchstgeschwindigkeit von 224 km/h sechs Stundenkilometer vor dem Opel. Der jedoch ist in der Beschleunigung nicht zu schlagen, fegt in 7,6 Sekunden von 0 auf 100 und zeigt dem Sportler aus Stuttgart, der 0,3 Sekunden länger braucht, die Rücklichter. Zusatzpunkte Richtung Rüsselsheim: Der Durchschnittsverbrauch des Kadett liegt mit 9,2 Litern pro 100 Kilometer drei Liter unter dem Wert des Porsche. „Auf normalen Landstraßen spielt der GSi seine Trümpfe voll aus, hier kann er sein Leistungspotential voll entfalten," analysiert die „Auto Zeitung". Und: „Größere Unterschiede zeigen beide Autos im Durchzugsvermögen. Hier spielen Motorcharakteristik, Getriebeübersetzung, Achsantrieb und das Fahrzeuggewicht eine Rolle. Egal, aus welcher Geschwindigkeit und in welchem Gang der GSi-Fahrer sein Auto beschleunigt – der Porsche-Pilot muß immer mit der Opel-Heckpartie vorliebnehmen, deren viereckige Auspuffrohre ständig an das Powerpaket unter der Motorhaube erinnern."

Opels starkes Modell-Engagement wird belohnt. Im Jubiläumsjahr 1987 erwirtschaftet das Unternehmen einen Gewinn von mehr als 479 Millionen Mark. „Wir haben die Trendwende geschafft und die Verlustzone der Jahre 1984 bis 1986 hinter uns gelassen," erklärt Opel-Vorstandschef Horst W. Herke stolz bei der Vorlage der tiefschwarzen Bilanz. 125 Jahre nach der Firmengründung durch Adam Opel notiert das Unternehmen auch die besten Zulassungsergebnisse seit 1979: Mit rund 454 000 neu in den Verkehr gebrachten Modellen aus Rüsselsheim und Bochum erreicht Opel einen Marktanteil von 15,6 Prozent (1986: 14,7 Prozent) und belegt mit weitem Abstand vor Ford und Daimler-Benz den zweiten Platz der deutschen Zulassungs-Hitliste.

Einen Löwenanteil an diesem Erfolg hat – der Kadett. Ebenfalls mit deutlichem Abstand vor der Konkurrenz ist er, nach dem Golf, das zweitbeliebteste Auto Deutschlands. In der unteren Mittelklasse hat er 1987 einen Anteil von 23,7 Prozent. Im Klartext: Fast jeder vierte Kunde in diesem Marktsegment entschied sich für einen Kadett. Beliebtestes Modell: Der 1,3i-Schrägheck mit 60 PS-Motor. „Noch vor wenigen Jahren," resümiert Opel-Chef Herke, „war das Bild der Marke Opel vor allem geprägt von Begriffen wie Wirtschaftlichkeit und Zuverlässigkeit. Mit der neuen Generation von Opel-Automobilen haben wir jedoch sehr deutlich einen neuen Weg beschritten. Unsere Produkte unterstreichen das Know-How unseres Hauses auf den Gebieten Umweltschutz, Sicherheit, Aerodynamik, Design, Motorentechnik, Fahrwerk und Komfort."

Die Kadett-Karriere begann 1936 mit 23 PS Leistung und 96 km/h Höchstgeschwindigkeit. Mit 150 PS und 215 km/h Spitze im GSi 16V ist sie gut 50 Jahre später – so kann man vermuten – noch nicht am Ende.

Zwischen ihnen liegen mehr als 50 Jahre Automobil-Entwicklung: Vorkriegs-Kadett und Kadett GSi in einträchtigem Nebeneinander.

Schatzsucher – Vorkriegskadett ausgegraben

Eingemauert und wieder ausgegraben: Kadett von 1937.

Schatzsucher sind wir ja im Grunde unseres Herzen alle, wer träumt nicht vom röhrenden Hirschölschinken, der sich unter dem Firnis als verschollener Rembrandt entpuppt? Wer hat noch nicht vom Erbonkel in Amerika oder von der Seeräuber-Schatzinsel geträumt?

Doch während die meisten Zeitgenossen zwischen fragwürdigen Lotto-Millionengewinnen und unerfüllbaren kindlichen Tag-Träumen schwanken, haben Oldtimer-Liebhaber ganz konkrete Phantasien. Die Vorstellung, im Schuppen einer südfranzösischen Villa auf einen perfekt erhaltenen Bugatti zu stoßen, oder im Heuschober eines Tiroler Bergbauern einen hastig versteckten Zwölfzylinder-Rennwagen zu entdecken, erscheint keine reine Wunschvorstellung zu sein. Genährt wird solche Hoffnung von einer Unzahl ähnlich gelagerter Funde, deren Geschichten in Insiderkreisen fleißig die Runde machen – und die häufig auch sogar wahr sind.

Ob Hans Weiß je mit versonnenem Blick solchen Erzählungen nachhing – wir wissen es nicht. Es scheint aber eher unwahrscheinlich. Denn der Tankstellenbesitzer im fränkischen Poppenhausen bei Schweinfurt steht mit beiden Beinen fest auf dem Boden der Realität. Der stattliche 57jährige mußte sich als Flüchtling nach dem Kriege all das mit beiden Händen erarbeiten, was er heute besitzt. Da blieb für Träumereien wenig Zeit.

Trotzdem packte er zu, als von einem Traum die Rede war. An einem Winterabend im Jahre 1981: Ob er Interesse an einem gerade gefundenen Auto habe? Es handele sich um einen Opel, und die Sache sei brandeilig, ein Aufschub komme nicht in Frage, wenn die Gelegenheit nicht vertan werden solle. Er fahre am besten gleich los, um das Frühstück vor neidischen Mitwissern in Sicherheit zu bringen, hieß es am Telefon.

Weiß spannte an und fuhr noch in der gleichen Nacht zum verabredeten Ort – zu einer in Liquidation befindlichen fränkischen Brauerei. Dort zahlte er „ziemlich wenig" Finderlohn, lud das Fundstück auf und schaffte es zur heimischen Tankstelle.

Erst in den folgenden Tagen kam die Geschichte des Findlings langsam ans Licht. Aufgetaucht war tatsächlich eine Rarität. Denn vom Kadett der Baujahre 1936/37, als der sich das unbekannte Autowesen entpuppte, gibt es heute in Deutschland „nur noch eine Handvoll", wie Lothar Freiherr von Thuemmler, zuständiger Typreferent der „Alt-Opel-Interessengemeinschaft", weiß.

Würden heutigen Ansprüchen wohl kaum genügen: Stühle im Vorkriegs-Kadett.

Einst war das anders: Der Kadett war in den Jahren vor dem Krieg der meistverkaufte deutsche Kleinwagen. Doch besonders die erste Version, die am 4. Dezember 1936 der Weltöffentlichkeit vorgestellt wurde und bis Dezember 1937 in 33402 Exemplaren vom Band lief, wurde im Krieg arg dezimiert. Und die wenigen „Übergebliebenen" gingen anschließend im harten Alltag auf.

Das Findelkind des Franken entging diesem Schicksal in weiser Voraussicht seines Erstbesitzers. Mit 49371 Kilometern auf dem Tacho hatte der Mann, zugleich Besitzer der besagten Brauerei, sein Auto bei Kriegsausbruch in der Ecke eines Schuppens auf dem Brauereigelände eingemauert.

Mit welcher Hast die Kelle geschwungen wurde, damit der Kadett ja nicht zum Frontsoldaten wurde, davon zeugte der

Zustand des Wagens bei seiner Auferstehung: Im Zündschloß des Wagens steckte noch der Schlüssel, komplett mit Bakelit-Etui des heute noch existierenden Opel-Händlers Kümmeth und Ziegler. Selbst die Batterie wurde nicht ausgebaut – und hatte sich mittlerweile durch ihre Halterung gefressen. Als einzige weitere Schäden registrierte Weiß „von Mäusen zernagte Polster und einen Blechschaden am Kotflügel, der aber sicher beim Abriß des Schuppens entstand".

Nur die Nummernschilder und der Zeppelin als Kühleremblem fehlten – ein Verlust, der Weiß bei der Restaurierung des Oldies die meiste Mühe machte. Ob der Zeppelin, als Symbol des Fortschritts auf vielen Opel-Kühlern montiert und gern als „Opel-Zigarre" verspottet, dem ursprünglichen Besitzer des Kadett als sentimentales Erinnerungsstück an seinen geheimen Schatz diente?

Das Versteck hinter der Ziegelwand bewahrte den Kadett zwar vor der Requirierung zu kriegerischen Zwecken. Aber nicht vor dem Vergessenwerden. Denn bevor der Brauereibesitzer sich traute, sein gutes Stück wieder ans Tageslicht zu holen, verstarb er, wenige Jahre nach dem Krieg. Das Geheimnis nahm er mit ins Grab.

Erst mehr als vierzig Jahre später wurde der Kadett wiedergefunden, als eine zerstrittene Erbengemeinschaft das Brauereigelände profitableren Zwecken als der Bierherstellung zuführte. Der Erbenstreit war das Glück des Hans Weiß: Denn eine Partei wollte nicht, daß der überraschende Fund zur Erbmasse kommen und für zusätzlichen Hader im Familienkreis sorgen sollte.

Mit Elan und der Hilfe von Freunden machte sich der Poppenhausener Kraftfahrzeugmeister daran, sein Findelkind wieder fit zu machen. Schon wenige Wochen nach dem Erwerb „aus erster Hand" funkelte das Schmuckstück wieder im alten Glanz. Stolz greift Weiß zum Fotoalbum, in dem er seine Ausfahrten mit dem Kadett bei Oldtimer-Rallies und Jubiläumsveranstaltungen sorgfältig dokumentiert hat: „Neulich haben wir sogar den ersten Preis gewonnen", freut er sich noch immer über den Pokal in seiner Hand.

So erstaunlich die Geschichte des im Frankenland verschollenen und wiederaufgetauchten Kadett klingt, so erstaunlich ist das weitere Schicksal des Kadett in der Opel-Firmengeschichte. Hier wie da offenbart sich überraschende Überlebenskraft.

Nach dem Krieg wäre der Kadett sicher das ideale Auto gewesen, um Deutschland wieder mobil zu machen. Aber diese Gedanken hatten auch die Siegermächte.

Die Blumenvase war nicht serienmäßig, aber zeitgemäß.

Die Produktionsanlangen in Rüsselsheim wurden von der Sowjetunion demontiert, bald darauf rollte der Kadett unter dem Namen Moskwitsch jenseits des eisernen Vorhangs vom Band.

Erst 1962 sollte dann wieder ein Kadett im Opel-Katalog auftauchen. Auf dem Gelände einer Bochumer Zeche, deren Abriß Platz für das damals modernste Autowerk der Welt schaffte, feierte zum 100jährigen Opel-Jubiläum ein ganz neuer Kadett seine Premiere. Der Urahn aus Unterfranken aber, dessen Geschichte schon zu Ende schien, als sie erst richtig begann, ist unermüdlich unterwegs. In diesem Frühjahr durfte er sogar ins Ausland. General Motors Schweiz hatte sich den auberginfarbenen Oldie (die Farbe entspricht dem Original) als Ausstellungsstück für den Opel-Stand auf dem Genfer Salon geliehen.

Dorthin wurde der Kadett zwar auf einem Transporter gebracht, aber Hans Weiß ist ganz sicher: „Das hätte der Wagen jederzeit auch allein geschafft." Wie um die Rüstigkeit des Alten zu beweisen, drückt er den Starterknopf und fährt in einer Staubwolke davon. Vorher hat er aber noch gesagt, was ihm zum vollkommenen Glück noch fehlt: „Ich hätte furchtbar gerne Original-Nummernschilder aus jener Zeit."

Vielleicht schauen Sie einmal auf einem verlassenen Industriegelände in ihrer Nähe nach. Wer weiß, was sich in einem alten Schuppen sonst noch findet.

aus: Opel START 2/86
Text: Jochen Kruse
Fotos: J. Richter/W. Drehsen

Sogar der Original-Schlüssel befand sich noch im Wagen, stilecht im Etui.

Dynamisch in die Zukunft

1988 geht die Erfolgs-Story des Kadett ohne Unterbrechung weiter. Zwei Modellen haben die Rüsselsheimer dies vor allem zu verdanken: dem Caravan Club und dem GSi 16V. Sind von dem freizeitorientierten Kombi in Club-Ausstattung ursprünglich nur 3000 Exemplare geplant, so zeigt sich bald, daß die gelungene Synthese aus Raumangebot und sportlichem Flair bei den Kunden ins Schwarze trifft. Vor allem junge Familien lassen den Club-Anteil an den Caravan-Verkäufen bald auf 65% schnellen – und sorgen dafür, daß bald jeder dritte Kadett ein Caravan ist.

Über die Nachfrage nach dem GSi 16V können sich die Opel-Manager nicht so vorbehaltlos freuen. Die Kaiserslauterner Motorenbauer kommen mit der Produktion kaum nach, lange Lieferzeiten sind die Folge. Deshalb gelingt es im ersten Jahr noch nicht, den Erzrivalen aus Wolfsburg in der Klasse der sportlichen Kompakten auf den zweiten Platz zu verweisen. Andererseits: lange Lieferzeiten auf einen Kadett – wann hat es das zuletzt gegeben?

Attraktiv und bedienungsfreundlich zeigen sich Lenkrad und Armaturentafel in den sportlichen GT-Versionen.

Der Kadett der 90er Jahre

Bereits im Sommer 1988 kündigen es die Gazetten an. Opels Publikumsrenner bekommt ein neues Gesicht. „Minor-Facelift" lautet die GM-interne Bezeichnung für die behutsame Modellpflegemaßnahme. Vor allem geht es darum, den Kadett optisch stärker an den Omega und den neuen Vectra heranzurücken. Im Dezember lüftet sich der Schleier. Mit seiner nach wie vor jungen und modernen Form steht der Kadett mit frischem Make-Up an der Schwelle der neunziger Jahre. Grund genug für die Werbestrategen, ihm auch den passenden Slogan mitzugeben: Der Kadett der 90er Jahre.

Ein ganzes Paket von äußeren Veränderungen wertet den Millionen-Seller in seinem fünften Verkaufsjahr auf:

Sportlicher Auftritt mit Bugschürze und integrierten Zusatzscheinwerfern: Der Kadett GT.

- Eine neue Stoßfänger-/Spoilereinheit mit Silberstreifen
- Ein neuer, separater, lackierter Kühlergrill
- Neue breitere Seitenschutzleisten schon ab LS
- Von innen verstellbarer 2. Außenspiegel bereits ab LS
- Neue Radabdeckungen für GL und LS
- Neues Blitz-Emblem und neue Schriftzüge.

Zusätzlich erhält der Kadett GT:

- In Wagenfarbe lackierte Stoßfänger
- Einen schwarz lackierten Kühlergrill.

Auch im Innenraum haben die Designer noch einmal Hand angelegt:

- Ein neuer Sitzunterbau sorgt für besseren Seitenhalt und höheren Sitzkomfort
- Neue, hochwertige Polsterstoffe verschönern LS, GL und GSi
- Ein geändertes Instrumentendesign, neue Schalter und neu gestaltete Lenkräder lassen das Cockpit hochwertiger erscheinen.

Sicherheit mit ABS – für alle

Dem Sicherheitsgedanken haben die Opel-Ingenieure besonderes Engagement gewidmet. Erstmals ist der Kadett von Modelljahr 1989 an mit einem elektronisch gesteuerten Anti-Blockier-System erhältlich. So bleibt das Fahrzeug bei einer Vollbremsung jederzeit voll lenkbar – selbst wenn die linken Räder noch auf griffigem Asphalt, die rechten aber schon auf Schnee, Eis oder Nässe verzögern. Das Sicherheitsplus können Kadett-Käufer für jedes Modell bestellen. 1800 Mark beträgt der Aufpreis. In der neuen GS-Version und im GSi 16V ist es sogar serienmäßig eingebaut. Bei der Wolfsburger Konkurrenz wird das ABS erst ab 1,6 Litern angeboten. Und bei der ausländischen – insbesondere japanischen – Konkurrenz ist ein elektronisch geregeltes ABS oftmals nicht einmal für Geld und gute Worte zu haben.

Auch im Innenraum setzt sich der Sicherheitsgedanke fort. So verfügen bis auf Cabrio und Caravan alle Modelle vorn über höhenverstellbare Sicherheitsgurte. Mit Stoff bezogene Rahmen-Kopfstützen sorgen außerdem für mehr Sicherheit und Komfort. Mehr Komfort auf langen Strecken verspricht auch das 5-Gang-Getriebe, daß nun in allen Kadett mit Ausnahme der 1,3-Liter-Modelle eingebaut ist.

Technisch bleibt alles beim alten. Mit einer Ausnahme: Der neue 1,7 D-Motor mit 57 PS löst den alten 1,6 D-Motor ab. Die Vorteile des neuen Selbstzünders liegen vor allem im um 13% verbesserten Drehmoment, der besseren Elastizität sowie der höheren Wirtschaftlichkeit. Mit 5,4 Litern im Euromix können Kadett-Diesel-Fahrer erleben, wie preiswert Anfang der neunziger Jahre das Autofahren noch sein kann.

Serienmäßig mit Kat

Als Anfang April 1989 der Amerikaner Louis R. Hughes den Deutschen Horst W. Herke als Vorstandsvorsitzender der Adam Opel AG ablöst, nehmen davon nur wenige Notiz. Doch knapp drei Wochen später verkündete der 40jährige Manager auf einer Pressekonferenz in Bonn eine Nachricht, die in der Öffentlichkeit wie eine Bombe einschlägt: Ab sofort bietet Opel den geregelten Katalysator in allen Benzinern serienmäßig an. Eine beispiellose Kampagne in Presse, Funk und Fernsehen verkündet bundesweit Opels entschlossenes Eintreten für den Umweltschutz. Erstmals wagt ein Volumenhersteller, Umweltschutz nicht mehr eine Frage des Geldbeutels bleiben zu lassen.

Die Caravan-Modelle erfreuen sich besonders bei jungen Familien großer Beliebtheit.

Für den Kadett hat dies handfeste Folgen. Die 1,3-, 1,6- und 1,8-Liter-Euronorm-Motoren werden ab sofort nicht mehr angeboten. Basismotorisierung ist das 1,3-Liter-Aggregat mit 60 PS, das allerdings im Preis gesenkt wird. Etliche Mark weniger müssen umweltbewußte Kadett-Einsteiger nun bezahlen. Der mutige Schritt findet ein begeistertes Echo. „Opel gibt Gas, VW bremst"– so lauten im April 1989 die Schlagzeilen.

Mehr Hubraum, mehr Drehmoment

Doch nur fünf Monate nach der Strategie wartet der Kadett bereits mit der nächsten Neuerung auf. Anläßlich der IAA präsentiert Opel einen neuen 1,4i-Motor, der bei gleicher Leistung mit mehr Drehmoment als der 1,3i-Vorgänger operiert. 103 statt 96 Nm stehen bereits bei 2800/min statt bei 3400/min zur Verfügung. Mit dem neuen Basis-Aggregat setzt Opel erneut Maßstäbe. Denn in einem Vergleichstest der „Auto Bild" zeigt es sich dem 1,3-Liter-Motor des VW Golf in allen Belangen überlegen. Doch damit nicht genug: In einer Serie von Dopppeltests quer durch die gesamte Motorenpalette – vom Diesel bis zu den Sechzehnventilern – zeigt sich der Rüsselsheimer Herausforderer seinen Wolfsburger Erzrivalen stets überlegen.

1990 wird in der Kadetten-Zunft das Jahr der Sondermodelle. „Life", „Dream" und „Caravan Club" bilden die Eckpfeiler des Programms. Die Stars aber heißen „Champion" und „Edition". Der Champion basiert auf dem GSi und begeistert die Fans mit einer Leder-Komplettausstattung. Leichtmetallräder und Zweischicht-Metallic-Farben des Cabrio-Modells „Edition" lassen die Beliebtheit des offenen Kadetten weiter steigen. Und auch das ist neu: Erstmals wirbt Opel für Sondermodelle auch im Fernsehen.

Für alle, die in der Kadett-Palette ein Modell in der 90-PS-Klasse vermißt haben, offeriert Opel ab Herbst 1990 den abgasgereinigten 1,8i-Motor. Vor allem im Caravan erfreut sich der durchzugskräftige Vierzylinder großer Beliebtheit. Eine Beschleunigung von 0 auf 100 km/h in 11 Sekunden und eine Höchstgeschwindigkeit von 180 km/h kommen auch sportlichen Ansprüchen entgegen.

Doch der neue Motor und die neuen '91er Sondermodelle „Frisco", „Beauty" und „Caravan Club Special" können über eines nicht mehr hinwegtäuschen. Ab Frühjahr 1990 kursieren Bilder von Erlkönigen des Kadett-Nachfolgers, der im Herbst 1991 der Öffentlichkeit vorgestellt werden soll. Auch wenn eine offizielle Bestätigung zunächst ausbleibt, für die Journalisten ist eines sicher: Daß der neue „Kadett" nicht mehr Kadett heißen wird. „Astra" wird als heißester Tip für den neuen Namen gehandelt, die Bezeichnung also, unter der Opels Schwesterfirma Vauxhall in England den Kadett bereits ab 1984 vertreibt. Seit 1986 weht ein frischer Wind durch die Konzernzentrale. Mit der Einführung von Omega, Vectra und Calibra haben die Rüsselsheimer viel Image-Ballast über Bord geworfen. Der Traditionsname Kadett paßt da nicht mehr ins Bild.

Damit endet nach 55 Jahren die Geschichte des Opel Kadett. Ob mit 23 oder 150 PS, ob als Limousine, Caravan, Coupé oder Cabrio – stets hat der Kadett die Gunst der Opel-Kunden im Sturm erobert, und wird wohl lange das erfolgreichste Opel-Modell bleiben.

Das Ende der Straße: Die große Kadett-Tradition wird bald wohl unter anderem Namen fortgeführt werden.

Der Kadett – Neubeginn für Opel-Sport

Ganz schön sportlich: Kadett A bei der Rallye Monte Carlo 1963.

Erfolgreich auch bei Bergrennen: Helmut Mander auf Kadett.

197C: Klassensieg für Ragnotti bei der Rallye Monte Carlo.

Zwischen 1901 und 1939 hatten Opel-Fahrzeuge zahlreiche sportliche Erfolge errungen. Ob bei den Großen Preisen der Zwanziger Jahre oder den paramilitärischen Geländefahrten und Winterprüfungen der Dreißiger Jahre: Opel-Fahrzeuge waren immer vorne mit dabei. Dieser Sport-Tradition war in den Fünfziger Jahren keine Wiederauferstehung vergönnt. Die eher behäbigen Olympia, Rekord und Kapitän waren für den sportlichen Einsatz wenig geeignet.

Auch hier setzt der Kadett bei seinem Erscheinen 1962 neue Maßstäbe. Das neue Denken dokumentiert schon die Lage des Schalthebels. Anfang der Sechziger gilt eine Mittelschaltung als ausgesprochen sportiv: Der Kadett hat sie! Alle anderen Opel-Typen werden zu dieser Zeit noch am Lenkrad geschaltet und haben nicht vier Gänge wie der Kadett, sondern drei. Auch die Einliter-Kurzhuber-Maschine scheint mit ihrer spontanen Leistungsentfaltung und dem hohen Drehvermögen – die 40 PS werden bei 5000 U/min erreicht – für den Sporteinsatz geradezu prädestiniert. Als aber im Oktober 1963 das Coupé mit der 48-PS-Maschine erscheint, ist es nur noch eine Frage der Zeit, bis der Kadett erste Sporterfolge verbuchen kann.

Einträchtiges Nebeneinander: Renault Alpine und Opel Kadett 1970.

Kadett A Coupé auf der Nürburgring-Asphaltprüfung der Rallye Trifels.

Den ersten großen sportlichen Erfolg gibt's denn auch gleich im ersten Jahr: Hans Beck und Lutz Kemper holen bei der Tour d'Europe einen Klassensieg und damit eine begehrte Motorsporttrophäe nach Rüsselsheim! Entsprechend stolz die Opel-Pressemitteilung: „66 000 Kilometer hatte Hans Becks Kadett auf dem Tacho, als die Fahrt begann, die als eine der schwersten Langstreckenprüfungen der Welt gilt: Über 15 000 Kilometer, durch drei Kontinente und zwanzig Länder. 57 Wagen am Start, nur noch 36 am Ziel, darunter der Kadett als Sieger seiner Klasse und sechster der Gesamtwertung."

Und auch im Rennsport sorgt Opel dank des Kadett auf einmal wieder für Aufsehen: Die 48-Maschine des „Kadett-Luxus" stellt in einem Formel-3-Monoposto ihre Qualitäten unter Beweis. Die auf 11 : 1 erhöhte Verdichtung und der überarbeitete Zylinderkopf sind für 80 PS gut.

Läßt die Fetzen fliegen: Rallye-Kadett auf Schotterstrecke.

Nomen est omen: der Rallye-Kadett

Als im September 1965 der Kadett B erscheint, erkennen zahlreiche Sportfahrer sofort seine Tauglichkeit als Wettbewerbsfahrzeug. Besonders das Coupé mit dem sportlich kurzen Mittelschalthebel und der 55-PS-Maschine erfreut sich in der sportlichen Zunft großer Beliebtheit. Daß aber bereits im Januar 1966 ein Kadett Coupé mit Beck/Lambert bei der berühmtesten Rallye der Welt, der Rallye Monte Carlo, einen fünfzehnten Platz im Gesamtklassement sowie einen dritten Platz in der Klasse belegt, hätte dem Neuling wohl niemand zugetraut. Unmittelbar danach wird ein Kadett sogar Klassensieger der ADAC—Winter-Zuverlässigkeitsfahrt. Krönender Abschluß des Jahres 1966: Gesamtsieg für Beck/Heuser bei der Tour d'Europe auf Opel Kadett Coupé!

Das Werk reagiert prompt auf diese unverhofften sportlichen Lorbeeren: Ab November 1966 bereichert der „Rallye-Kadett" die deutsche Automobilszene und ist damit Vorläufer aller seither erschienenen sportlichen Kadett-Versionen.

Die Liste seiner sportlichen Erfolge ist schier endlos. Im In- und Ausland gehört der B-Kadett zum festen Rallye-Ensemble. Erfolge bei der Rallye Stuttgart-Lyon-Charbonnières, der Hessen-Rallye, der Rallye Trifels und der Tour de Luxembourg untermauern seinen Ruf als solides und erschwingliches Wettbewerbsgerät. Schließlich sind alle im Rallyesport eingesetzten Kadetten nicht viel anders als die Rallye-Kadetts, die jeder beim Opel-Händler kaufen kann. Und die Erfolgsserie geht weiter: Günther Irmscher gewinnt 1967 die Tour d'Europe. Den bis dahin größten Erfolg feiert der Kadett bei der „Monte" 1967: Das Team Lambart/Vogt wird Klassensieger.

Welche Impulse der Rallye-Kadett dem Motorsport in jener Zeit gibt, zeigen eindrucksvoll folgende Zahlen: Allein 1968 erringen Kadett-Piloten bei 238 Veranstaltungen 222 Klassensiege, 345 Goldmedaillen und 287 Silbermedaillen.

Daß Sporterfolge die Qualität von ansonsten braven Familienautos unter Beweis stellen können, wissen auch die Opel-Manager. So stiften sie 1968 den „Opel-Sportpokal". Geldprämien in Höhe von 66 000 DM winken den 50 besten deutschen Privatfahrern, die ihren Sport auf Fahrzeugen der Rüsselsheimer Produktion ausüben. Parallel entsteht im Werk eine Abteilung, die zur Aufgabe hat, die Sportfahrer zu betreuen. Die Opel-Sportabteilung arbeitet eng mit den Tuning-Firmen Irmscher in Winnenden und Steinmetz in Rüsselsheim zusammen.

Als Resultate dieser Zusammenarbeit entstehen hochkarätige Motoren: Spezielle Querstrom-Zylinderköpfe, eine optimierte Gemischaufbereitung mit 2 Doppelvergasern und eine Sport-Auspuffanlage bringen die 1,9-Liter-Maschine des Rallye-Kadett bei 7000 Touren auf 190 PS.

Die Erfolge derart intensiver Förderung bleiben nicht aus: 1969 stellen die Schweden Erikson/Berggren auf Opel Kadett den Klassensieger bei der „Monte". Doch der Kadett ist längst nicht mehr nur auf der Rallye-Piste zu Hause. Auch auf der Rennstrecke zeigt der Rüsselsheimer (oder Bochumer) den Konkurrenten, wo's langgeht. So holt sich ein Kadett beim 24-Stunden-Rennen auf dem Nürburgring den Klassensieg.

Verstärkt setzen die Teams in den nächsten Jahren im Rallye-Sport bei den Serientourenwagen die Sprint-Version des Rallye-Kadett mit der 106-PS-Maschine ein. 1969 gewinnen Waldner/Vogt das Gesamtklassement der Tour d'Europe, 1970 folgt abermals ein Klassensieg bei der „Monte", den der Franzose Ragnotti 1971 wiederholen kann.

Als der B-Kadett 1973 schließlich abtritt, hat er insgesamt neun nationale Motorsport-Meisterschaften errungen und

Exotisches Ambiente: Sieger-Kadett bei der Tour d'Europe.

ist zum meistgefahrenen Auto im Zuverlässigkeitssport geworden.

In den folgenden Jahren ist es dann vor allem der Ascona, der Opel im Motorsport vertritt. Er übertrifft die Erfolgsserie des Kadett noch: Walter Röhrl und Jochen Berger gewinnen 1974 für Opel die Rallye-Europameisterschaft!

Breitensport und High-Tech: der Kadett GT/E

Doch ein knappes Jahr später sind wieder sportliche Zeiten für Kadetten angesagt: Auf der IAA im Herbst 1975 präsentieren die Rüsselsheimer den Kadett GT/E. Der legitime Nachfolger des Rallye-Kadett erreicht Fahrleistungen, die weit über denen seines Vorgängers liegen. 105 PS aus 1900 cm^3 bei einem Leergewicht von 900 Kilogramm stempeln ihn zu einem waschechten Sportwagen. Und damit jeder sehen kann, was künftig noch von Opel zu erwarten sein wird, präsentieren die Rüsselsheimer den staunenden Besuchern zusammen mit dem GT/E auch einen Zweiliter-Vierventil-Sportmotor, der 240 PS mobilisiert.

Zur Sensation gerät der Auftritt des Vierventil-Kadetts bei der Rallye Monte Carlo 1976. Walter Röhrl pilotiert seinen gelb-schwarzen GT/E auf den vierten Gesamtrang, hinter den überlegenen Lancia Stratos. Das läßt auf mehr hoffen. Doch das Glück wendet sich bald: Der Vierventiler bereitet bei den folgenden Einsätzen arge Kopfschmerzen. Die hohe Leistung fordert ihren Tribut in punkto Zuverlässigkeit. Der Antriebsstrang zeigt sich der hohen Leistung nicht gewachsen. Nur noch zweimal steht Röhrl in dieser Saison auf dem Siegertreppchen: Er wird Zweiter bei der Hessen-Rallye und gewinnt die Ypern-Rallye. Trotzdem reicht es für Opel am Ende der Saison zu einem zweiten Platz in der Rallye-Marken-Weltmeisterschaft. Die Punkte fährt allerdings nicht der mit hohem Aufwand eingesetzte Vierventiler heraus, sondern Privatfahrer auf den alten Zweiventilern sind es, die immer wieder Plätze unter den ersten Zehn im Gesamtklassement belegen!

Auch die 1977er Saison fängt für das Opel-Werksteam nicht gerade rosig an. Walter Röhrl bleibt bei der Rallye Monte Carlo gleich auf einer der ersten Sonderprüfungen mit überhitztem Motor liegen. Und die Pechserie geht weiter: Probleme mit dem Vierventiler und Team-Querelen, infolge derer Walter Röhrl Opel verläßt, lähmen das Werksteam das ganze Jahr über. Die Konsequenz: Der neue Sportchef Tony Fall setzt jetzt werksseitig auch wieder auf den Zweiventiler. Und der hat immer noch einiges drauf: Anders Kulläng gewinnt 1978 bei der Monte die Klasse 1 und markiert einen Aufwärtstrend, der das ganze Jahr anhält. Am Ende der Saison ist Opel zusammen mit Ford hinter Fiat wieder Zweiter der Marken-WM.

Besonders erfreulich aber für Opel: Der Kadett GT/E ist der beliebteste Wettbewerbswagen seiner Klasse. Die gelb-

Mit 190 PS und Querstromzylinderkopf: Auch bei Asphaltprüfungen war der B-Kadett in seinem Element.

Nur ein Zwischenspiel: Walter Röhrl auf der Rundstrecke.

Röhrl läßt den GT/E bei der Hessen-Rallye ordentlich fliegen.

schwarzen Renner machen bei nationalen Veranstaltungen immer einen großen Teil des Startfeldes aus, oft ist jedes dritte Fahrzeug ein Kadett GT/E. Noch 1988 zählt der GT/E zu den bevorzugten Sportfahrzeugen und macht als Café-Racer, mit Kotflügelverbreiterungen, breiten Reifen und Spoilern bewehrt, immer noch vor jeder Disco eine gute Figur.

Der Modellwechsel zum Kadett D beendet, zumindest offiziell, die Sportkarriere des C-Kadett: Ab 1979 vertritt der Ascona 240 die Opel-Farben im internationalen Motorsport. Mit diesem Modell erreichen die Rüsselsheimer ihren größten Erfolg: Der aus Italien zurückgekehrte Walter Röhrl kann nicht nur die Rallye Monte Carlo gewinnen, er steht am Ende des Jahres auch als Rallye-Weltmeister fest.

Der Kadett D macht in dieser Zeit nur durch den ONS-Kadett-Cup von sich reden: Schon 1979 hat die Opel-Sportförderung 120 Nachwuchsfahrern die Gelegenheit gegeben, bei 8 Rallyes ihr Talent unter Beweis zu stellen. Im ersten

Beim Testeinsatz: 16 Ventiler mit 235 PS.

Achim Warmbold/Hanno Menne bei der Sachs-Winter-Rallye 1978.

Vierter Platz bei der Monte 1976: Walter Röhrl auf dem Vierventiler.

Nächste Seiten: Lange Jahre Aushängeschild des deutschen Rallye-Sports: Walter Röhrl mit seinem Kadett GT/E.

Jahr sind nur die Coupé- und die City-Modelle des C-Kadett in der SR-Version zugelassen. Ab 1980 macht sich auch der Frontantriebs-Kadett um die Nachwuchsförderung verdient. Auf 1.3-S-Kadetten mit 75 PS fahren die Teilnehmer des Kadett-Cups um insgesamt immerhin 48 000 Mark Preisgeld.

OPEL EURO
Mobil SHC
Mobil SHC
GG-DU 548

OPEL
EURO HÄNDLERTEAM
3

Rallye Monte Carlo 1978: Klassensieg für Kulläng.

Projekt ohne Zukunft: Der Kadett 4x4

Der nächste Kadett, dem wieder von Werksseite aus sportliche Ehren zuteil werden sollen, ist der Kadett E. Auf der IAA 1985 zeigen die Rüsselsheimer den Kadett Rallye 4x4, der von nun an als Nachfolger des Manta 400 die Rüsselsheimer Farben im internationalen Rallyesport vertreten soll. Der Rallye 4x4 basiert auf einer Zeichnung, die Sport-Entwicklungsleiter Heinz Goldstein bereits 1983, also vor der Präsentation des Kadett E, angefertigt hat. Den Opel-Managern scheint das Projekt die ideale Gelegenheit zu sein, technisches Know-How unter Beweis zu stellen: Sogar von einer Kleinserie des High-Tech-Renners ist die Rede. In zweijähriger Entwicklungsarbeit setzt die Crew um Geldstein, Tony Fall und Rallye-„Professor" Rauno Aaltonen neue Maßstäbe für den Opel-Motorsport.

Dabei soll der Kunde natürlich im 4x4 „seinen" GSi wiederfinden: Die Karosserie sieht deshalb auf den ersten Blick auch genau wie die des Serien-GSi aus – im Gegensatz zu den „Flügelmonstern", die dem Rallye-Sport in dieser Zeit ihren Stempel aufdrücken. Wer aber genau hinguckt, sieht, daß die Rallye-Version zehn Zentimeter breiter ist. Die Kunststoff-Karosserie ist nicht mehr selbsttragend, sondern um den vom Karosserie-Spezialisten Winfried Matter entwickelten Überrollkäfig herumgebaut, der als Rohrrahmen tragende Funktion hat. Alle Anbauteile, Kotflügel, Hauben und Türen sind aus Kevlar, die Fenster, bis auf die Frontscheibe, aus Kunststoff: Gewichtsparen heißt die Devise.

Bei den aerodynamischen Änderungen am cw-Weltmeister haben die Techniker vor allem der Führung der Kühlluft Beachtung geschenkt. Luft zum Durchatmen braucht das Aggregat nämlich: 500 PS soll der Doppelnockenwellenmotor mobilisieren, per „Overboost" sogar kurzfristig 950 bis 1000 PS. 16 Ventile und Abgastubolader sind da selbstverständlich. Um die per Sechsgang-Getriebe übertragene Kraft überhaupt auf den Boden zu bekommen, kommen die Techniker um einen Allradantrieb, X-trac genannt, nicht herum. X-trac ist der technische Clou des 4x4: Der britische Ingenieur Mike Endean entwickelte das geniale Allradsystem, das dem Fahrer erstmals ermöglicht, die Kraftverteilung zwischen Vorder- und Hinterrädern stufenlos zu regulieren. Die allrad-typischen Nachteile im Bremsverhalten soll eine Computersteuerung eliminieren, die die Kraftverteilung beim Antippen des Bremspedals sofort auf 50:50 reguliert.

Keine Sportskanone: Kadett D im ONS-Cup-Look.

Der Allradler soll in der Gruppe B mit den Boliden von Peugeot, Audi und Lancia konkurrieren. Er hat aber, im Gegensatz zum Peugeot 205 oder Lancia Rally, keinen Mittelmotor. Die Techniker sind der Ansicht, ein Mittelmotor-Fahrzeug könne mit seinen unberechenbaren Grenzbereich-Reaktionen die Koordinationsfähigkeit des Fahrers überfordern. Um dennoch eine gute Gewichtsverteilung zu erreichen, wird die Maschine längs nach hinten versetzt eingebaut, im Gegensatz zum Quermotor der Serien-GSi.

Die ersten Tests in Afrika mit zwei Prototypen verlaufen verheißungsvoll. Der Kadett 4x4 ist auf Anhieb schneller als der Manta 400. Erster Wettbewerbstest für die beiden Kraftprotze ist die berüchtigte Paris-Dakar-Rallye 1986. Doch das Opel-Team hat Pech: Technische Probleme vor allem am Fahrwerk machen die zunächst guten Plazierungen zunichte. Am Ende rollen Erwin Weber auf Platz 37 und Guy Colsoul auf Platz 40 ins Ziel. Aber immerhin: Die Erfahrungen, die das Team bei der härtesten aller Rallyes gesammelt hat, sollen dem Kadett, der in der Rallye-Weltmeisterschaft eingesetzt werden soll, zugute kommen.

Doch dazu kommt es nicht mehr: Zahlreiche Unfälle überschatten die Rallye-Jahre 1985 und 1986. Mit Geschwindigkeiten bis zu 240 km/h rasen die PS-Monster durch Wälder, an ungesicherten Abhängen, und – vor allem – Zuschauern vorbei. Die Konsequenz läßt nicht lange auf sich warten: Die FISA schafft die Gruppe B Ende 1986 ab und führt die angekündigte Gruppe S gar nicht erst ein. Die Prototypen verschwinden aus dem Rallye-Sport. Seriennähe ist wieder angesagt. Für Opel heißt das: Alle Arbeit war umsonst, sofortiger Entwicklungsstopp für den 4x4, der voll und ganz für die Gruppe B konstruiert wurde. Die beiden Prototypen nehmen nicht ein einziges Mal an einer WM-Rallye teil.

Ganz umsonst ist die Arbeit allerdings doch nicht: Das schon totgeglaubte Projekt feiert im Rallye-Cross Wiederauferstehung. Schließlich ist Rallye-Cross die einzige Motorsportart, deren Reglement einen Einsatz des Rallye 4x4 noch zuläßt. Der englische Rallye-Cross-Champion John Welch geht in der Saison 1988 mit dem auf 650 PS erstarkten Allrad-Kadett auf Punktejagd.

Statt Über-Auto Seriennähe: Der Gruppe-A-GSi

Der Ehrgeiz, aus dem E-Kadett ein erfolgreiches Rallye-Auto zu machen, hat die Rüsselsheimer trotz des 4x4-Debakels gepackt: Statt des Gruppe-B-Überkadetts geht die Sportabteilung ab 1987 daran, in der Gruppe A auf der Basis des Kadett GSi ein konkurrenzfähiges Fahrzeug auf die Beine zu stellen. Rauno Aaltonen leistet dem Team um Opel-Sportchef Tony Fall erneut wertvolle Schützenhilfe und steuert bei der East-African-Safari 1987 eigenhändig einen Gruppe-A-GSi. Im weiteren Verlauf des Jahres ist es dann vor allem der Österreicher Sepp Haider, seines Zeichens Hotelier aus Saalbach, der mit dem GSi hervorragende Ergebnisse erzielt: Immer wieder kann er sich in der Gruppe A der deutschen Rallye-Meisterschaft mit seinem 175 PS leistenden GSi gegen die scheinbar übermächtigen Allradler von Lancia und Audi durchsetzen.

Daß Motorsport und Umweltschutz nicht unbedingte Gegensätze bleiben müssen, beweist der Kadett 1986: Beim 24-Stunden-Rennen auf dem Nürburgring setzen die Motorjournalisten Wilhelm Hahne, Nikolaus Reicher und Ludwig Scheuer einen fast völlig serienmäßigen Kadett GSi mit Katalysator ein. Gegen die überwiegend reinrassigen Renntourenwagen erreicht der Saubermann immerhin Platz 84 im Gesamtklassement. Was aber wichtiger ist: Nachdem die schwarz-weiß-karierte Zielflagge den Vollgas-Marathon beendet hat, zeigt sich auf dem Abgasprüfstand, daß die

Knüpft an alte GT/E-Rallye-Traditionen an: Gruppe-A-GSi.

Schadstoff-Werte immer noch 50 % unter der strengen US-Norm liegen — womit der Opel-Katalysator-Technologie ein hervorragendes Zeugnis ausgestellt ist.

Aber auch Erfolgsmeldungen anderer Art kommen aus dem Rennsport. Ab 1987 ist Opel wieder aktiv in der Deutschen Tourenwagen-Trophy vertreten. Heinz-Friedrich Peil pilotiert einen von Kissling auf ca. 180 PS getunten Kadett GSi beim ersten Lauf in Hockenheim auf Platz 1 in der Klasse bis zwei Liter. 1988 ist der Kadett dank 16 Ventilen noch weiter erstarkt: 250 PS, eine Beschleunigung von 0 – 100 km/h in 6,5 sec. und eine Endgeschwindigkeit von 270 km/h sind die Eckdaten. Dabei ist der Kissling-GSi vom Serien-GSi äußerlich kaum zu unterscheiden!

High-Tech-Sackgasse: Rallye 4x4 bei der Paris-Dakar 1986.

1988: Erster WM-Erfolg für Kadett

Den größten Erfolg feiert der GSi jedoch im Rallye-Sport: Nahezu unerwartet gewinnt Sepp Haider im Juli 1988 auf einem 180 PS leistenden Gruppe-A-GSi die zur Rallye-Weltmeisterschaft zählende Neuseeland-Rallye — mit einem seriennahen Fahrzeug, ohne Turbo und ohne Allrad. Haiders Sieg ist damit der erste Erfolg für Opel bei einem Rallye-Weltmeisterschaftslauf seit 1983. Für den Kadett ist es der erste Rallye-WM-Erfolg überhaupt — ein Erfolg, auf den der GT/E vergeblich gewartet hat.

Das Rallye-Engagement um den GSi hat Früchte getragen: Der GSi tritt immer mehr die Nachfolge des Rallye-Kadett und des GT/E an. Bei Privatfahrern in ganz Europa ist er als Wettbewerbsfahrzeug beliebt. Und die Beliebtheit steigt verständlicherweise noch, seit ihn das hochmoderne Sechzehnventil-Aggregat, übrigens ein direkter Abkömmling des Rallye-4x4-Triebwerks, in seiner Klasse zum Favoriten stempelt.

Karriere als Formel-Rennwagen: der Lotus LC 88

Eine Nachwuchs-Formel zu schaffen, um junge deutsche Motorsportler zu fördern, das ist die Idee, die beim „Opel Lotus Challenge Cup 1988" Pate steht. Für verhältnismäßig wenig Geld soll jungen, ambitionierten Motorsportlern Gelegenheit gegeben werden, in einer Formel mitzufahren, für die vor allem eins gilt: Chancengleichheit. Nicht das meiste Geld

Die Verwandtschaft zur Serie sollte unverkennbar bleiben: Der Rallye 4 x 4 ist breiter und flacher als der Serien-GSi.

Deutlich zu erkennen: Gitterrohr-Elemente im Motorraum verstärken die Serienkarosserie. Der Motor ist längs statt quer eingebaut.

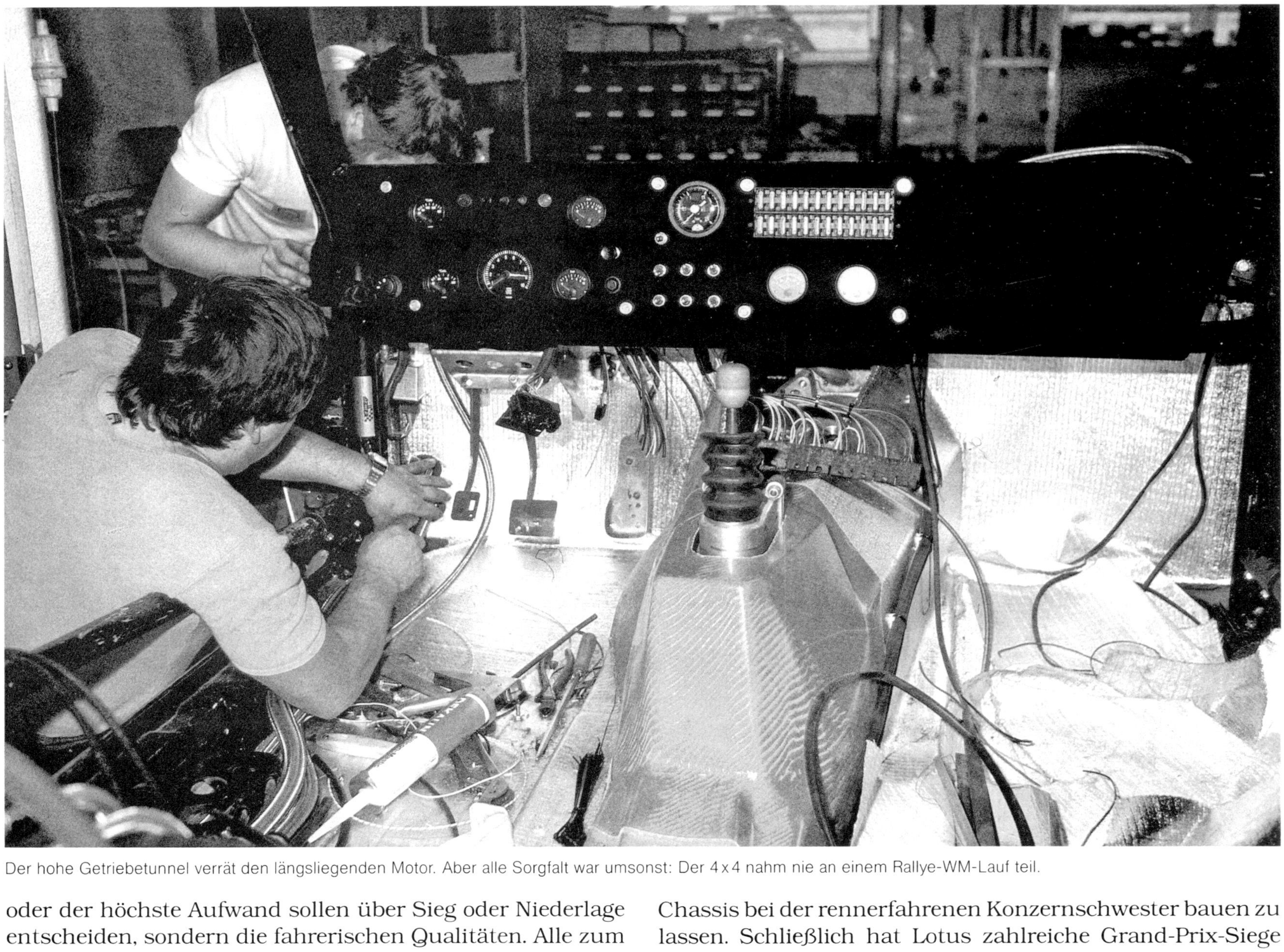

Der hohe Getriebetunnel verrät den längsliegenden Motor. Aber alle Sorgfalt war umsonst: Der 4x4 nahm nie an einem Rallye-WM-Lauf teil.

oder der höchste Aufwand sollen über Sieg oder Niederlage entscheiden, sondern die fahrerischen Qualitäten. Alle zum Rennsport angetretenen Eleven sollen mit dem gleichen Material ausgerüstet sein.

Die Eingliederung der englischen Sportwagenschmiede Lotus in den GM-Konzern legte die Überlegung nahe, das

Chance für den Nachwuchs: Lotus LC 88 mit GSi-16V-Motor.

Chassis bei der rennerfahrenen Konzernschwester bauen zu lassen. Schließlich hat Lotus zahlreiche Grand-Prix-Siege und Weltmeisterschaften zu verzeichnen. So entstand ein Monoposto, der wie eine verkleinerte Ausgabe eines Formel-1-Lotus wirkt: Tatsächlich sind Konstruktionsmerkmale wie das Aluminium-Sandwich-Monocoque und die Radaufhängungen direkt der Formel 1 entnommen.

Um bei so hochkarätiger Renntechnik die Kosten für den Nachwuchs noch gering zu halten, mußte eins vor allem gewährleistet sein: Zuverlässigkeit und Stehvermögen der Motoren. Was lag also näher, als sich des Serientriebwerks vom Kadett GSi 16V zu bedienen. Um Manipulationen von vorneherein einen Riegel vorzuschieben, rüstet die Opel-Sportabteilung die Monoposti mit zwei Weber-Doppelvergasern anstelle der Motronic des Serienfahrzeugs aus. 155 PS leistet das Aggregat, bei einem Gesamtgewicht von450 Kilogramm. Die Fahrleistungen sind entsprechend rennmäßig: Tempo 100 erreichen die Nachwuchs-Boliden bereits nach 4,5 Sekunden, je nach Übersetzung ist eine Endgeschwindigkeit von 260 km/h drin.

Zwar ist der Opel Lotus LC 88 kein waschechter Kadett mehr, er setzt aber die sportliche Geschichte des Kadett in dem Sinne fort, in dem sie begonnen hat: Als preisgünstiges und leistungsfähiges Einsteigerfahrzeug für den Motorsport.

Modellautos Opel Kadett

Typ	Hersteller/ Land	Maßstab	Material	Preis	Bemerkungen
Kadett A	Siku/D	1:60	Metall	10–40 DM [1]	Verglasung, Innenausstattung, Federung, Strass-Frontscheinwerfer, extra eingesetze Heckleuchten
	Tecno/DK	1:43	Metall	50–120 DM [1]	Gummireifen, Verglasung, Innenausstattung, extra eingesetzte Frontscheinwerfer und Heckleuchten, Lenkung, Kofferraumdeckel zu öffnen, Reserverad im Kofferraum
	Dinky Toys/F	1:43	Metall	40–110 DM [1]	Gummireifen, Verglasung, Innenausstattung, Federung, Türen zu öffnen
Kadett A Coupé	Politoys/I	1:43	Metall	50–120 DM [1]	Gummireifen, Verglasung, Innenausstattung, Federung, Türen zu öffnen
Kadett B zwei Türen	Hostaro/NL	1:43	Gießharz	59,50 DM	Kleinserien-Bausatz, Gummireifen, Verglasung, Innenausstattung, geätzte Scheibenwischer und Außenspiegel
Kadett B Coupé 1. Version	Gama/D	1:45	Metall	20–65 DM [1]	Modell des ersten Rallye-Kadett, Gummireifen, Verglasung, Innenausstattung, Federung, originalgetreue Kriegsbemalung, Chrom-Stoßstangen, Motorhaube zu öffnen, Motornachbildung
Kadett B Olympia A	Siku/D	1:60	Metall	5–50 DM [1]	Verglasung, Innenausstattung, Federung, Strass-Frontscheinwerfer, extra eingesetzte Heckleuchten, Türen zu öffnen
Kadett C zwei Türen	Hostaro/NL	1:43	Gießharz	59,50 DM	Kleinserien-Bausatz, Gummireifen, Verglasung, Innenausstattung, geätzte Scheibenwischer und Außenspiegel
Kadett C Coupé	Solido/F	1:43	Metall	20–45 DM [1]	Modell einer Rallyeversion mit Kotflügelverbreiterungen, Gummireifen, Verglasung, Innenausstattung
Kadett D zwei Türen	Herpa/D	1:87	Kunststoff	2–5 DM [1]	Verglasung, Innenausstattung
Kadett D zwei Türen SR	Herpa/D	1:87	Kunststoff	2–7 DM [1]	Verglasung, Innenausstattung, auch mit Metalliclack, auch als Rallye-Version
	Hostaro/NL	1:43	Gießharz	59,50 DM	Kleinserien-Bausatz, Gummireifen, Verglasung, Innenausstattung, geätzte Scheibenwischer und Außenspiegel
Kadett D vier Türen	Gama/D	1:43	Metall	14,50 DM	Verglasung, Innenausstattung, Federung, Chrom-Teile, Türen und Heckklappe zu öffnen, auch als ADAC-Version
Kadett D Kombi	Herpa/D	1:87	Kunststoff	2–5 DM [1]	Verglasung, Innenausstattung, auch mit Metalliclack, auch als Feuerwehr- und ADAC-Version
Kadett E zwei Türen GSi	Gama/D	1:43	Metall	16,50 DM	Verglasung, Innenausstattung, Federung, Chrom-Teile, Türen und Heckklappe zu öffnen, auch als Vauxhall Astra (rechtsgelenkt),

[1] Da das Modell nicht mehr im Handel erhältlich ist, handelt es sich hier um Sammlerpreise

Modellautos Opel Kadett:

Typ	Hersteller/ Land	Maß-stab	Material	Preis	Bemerkungen
	Herpa/D	1:87	Kunststoff	3 DM	Verglasung, Innenausstattung, nachgebildete Scheinwerfer und Rückspiegel, auch mit Metalliclack, auch als Rallye-Version
Kadett E Schrägheck vier Türen GL	Gama/D	1:43	Metall	16,50 DM	Verglasung, Innenausstattung, Federung, Chrom-Teile, Türen und Heckklappe zu öffnen, auch als AvD-Version
	Herpa/D	1:87	Kunststoff	3 DM	Verglasung, Innenausstattung, nachgebildete Scheibenwischer und Rückspiegel, auch als Post-Version
Kadett E Schrägheck Vier Türen SR	Herpa/D	1:87	Kunststoff	3 DM	Verglasung, Innenausstattung, nachgebildete Scheibenwischer und Rückspiegel
Kadett E Stufenheck GL	Gama/D	1:43	Metall	16,50 DM	Verglasung, Innenausstattung, Federung, Chrom-Teile, Türen und Heckklappe zu öffnen
	Herpa/D	1:87	Kunststoff	3 DM	Verglasung, Innenausstattung, nachgebildete Scheibenwischer und Rückspiegel
Kadett E GSi Cabrio	Gama/D	1:43	Kunststoff	14,50 DM	Verglasung, Innenausstattung, Kunststoffmodell ursprünglich als Opel-Werbemodell, auch mit Werbebedruckung
	Herpa/D	1:87	Kunststoff	3,90–4,90 DM	Verglasung, Innenausstattung, nachgebildete Scheibenwischer und Rückspiegel, auch mit Metalliclack
Kadett E Caravan	Gama/D	1:43	Metall	16,50 DM	Verglasung, Innenausstattung, Federung, Chrom-Teile, Türen und Heckklappe zu öffnen, auch mit Werbebedruckung
Kadett E Combo	Hostaro/NL	1:43	Gießharz	59,50 DM	Kleinserien-Bausatz, Gummireifen, Verglasung, Innenausstattung, geätzter Scheibenwischer und Außenspiegel

Den Kadett Caravan hat Gama in drei Versionen im aktuellen Programm. Die Modelle sind ungefähr handtellergroß, Türen und Heckklappe lassen sich öffnen.

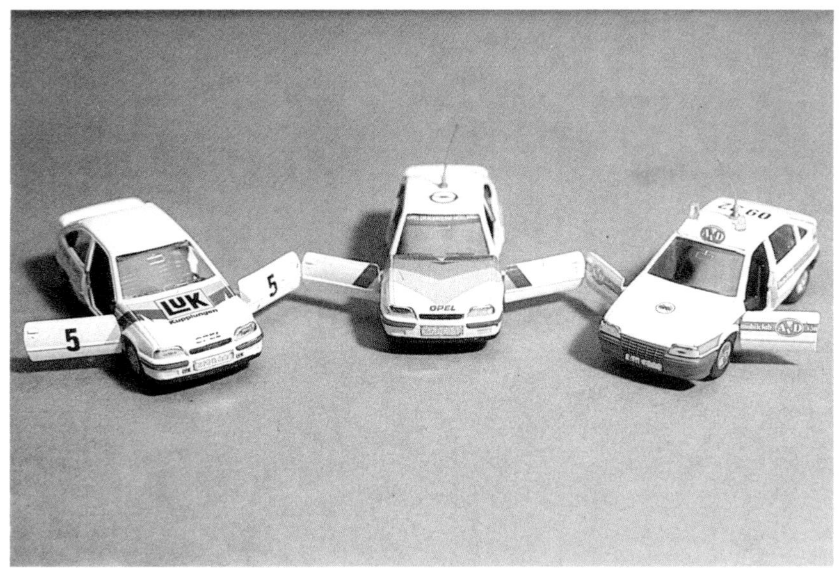

Sauber bedruckt: Kadett-Sondermodelle. Endlich auch einmal ein Pannenhilfswagen vom AvD und nicht vom übermächtigen ADAC.

Das ADAC-Modell des Kadett D gibt es nur noch auf dem Flohmarkt. Eine Gama-Nachbildung der Standardversion sollte jetzt gekauft werden – die Preßformen für die Fabrikation gehen zur Neige.

Bei Sammlern heiß begehrt: Kadett B Coupé in der ersten Ausführung. Echte Gummireifen, Türen und Motorhaube aufklappbar.

Höchst selten: Per Draht ferngelenktes Kadett B Coupé von Gama mit Kunststoffkarosserie. Hier in der Rallye-Variante, gab es aber auch zivil.

Ursprünglich als Werbemodell zum 125jährigen Opel-Jubiläum geplant, jetzt in jedem Spielwarenladen zu haben: Kadett-Cabrio mit Kunststoff-Karosserie im Maßstab 1:43.

Der erste Rallye-Kadett als Modell: Gama brachte ihn kurz nach dem Original im Maßstab 1:45 mit Zinkdruckgußkarosserie.

Der Kadett in Presseveröffentlichungen

Auto Zeitung

1969	Heft
Opel Kadett (A) 1100 45 PS VT	11/69

1970	Heft
Opel Kadett Rallye 1900 90 PS ET	3/70
Opel Kadett Sprint Gruppe I 108 PS ET	8/70

1971	Heft
Opel Kadett Rallye 1900 Sprint 106 PS ET	10/71
Opel Kadett 1100 A	11/71
Opel Kadett 1200 B 60 PS Story	19/71

1972	Heft
Opel Kadett 1,2 L Automatik 60 PS	11/72; 12/72
Opel Kadett 1,2 L B 60 PS VT	19/72; 20/72

1973	Heft
Opel Kadett Rallye 1900 90 PS VT	10/73
Opel Kadett C 1200 52–60 PS ET	19/73
VT mit Kadett B 1100 L	22/73

1974	Heft
Opel Kadett 1,2 L B DT-Zwischenbericht	3/74
Opel Kadett C 1200 VT	5/74
Opel Kadett 1200 LS VT-Wirtschaftlichkeit	5/74
Opel Kadett 1000 40 PS ET	7/74
Opel Kadett 1200 L 52 PS	9/74; 10/74
Dauertest 50 000 km	15/74
Opel Kadett 1200 LS VT	21/74; 22/74

1975	Heft
Opel Kadett 1200 L 52 PS VG	12, 13, 14, 15/75
Opel Kadett GT/E 105 PS FB	19/75
Opel Kadett City 60 PS	22/75
Opel Kadett GT/E 105 PS ET	26/75

1976	Heft
Opel Kadett C Modellpalette	8/76
Opel Kadett Aero 60 PS Einzeltest	8/76
Opel Kadett GT/E-Rallye 230 PS	9/76
Opel Kadett GT/E 105 PS VT	16/76
Opel Kadett City L 40 PS Vergleich	23/76; 24/76
Opel Kadett 1200 B 60 PS ET	26/76

1977	Heft
Opel Kadett L 55 PS VG	11/77
Opel Kadett 1,6 75 PS ET	15/77
Modellpalette 1978	23/77

1978	Heft
Opel Kadett 1,2/1,6 S 60/75 PS Autom. VT	4/78
Cabrio Vergleich Kadett Aero	13/78
Opel Kadett Rallye GT/E 115 PS ET	13/78
Opel Kadett 2,0 E ET 110 PS	13/78
Irmscher Tuning für Kadett	25/78

1979	Heft
Opel Kadett (D) Vorstel. 40-55-60-75 PS	10/79
Fahrbericht 53–75 PS	19/79
Opel Kadett (D) 1,3 L VT	20/79
und weiterer VT 1,3 S 1. Teil	26/79

1980	Heft
Opel Kadett (D) 1,3 S L VT 2. Teil	1/80
Opel Kadett (D) KB	7/80
Opel Kadett 1,3 L VT	15/80
Opel Kadett (D) SR VT	20/80
Opel Kadett (D) 1,3 S VT 1. Teil	26/80

1981	Heft
Opel Kadett (D) 1,3 S VT 2. Teil	1/81
Opel Kadett (D) 1,3 N L DT 50 000 km	15/81
Opel Kadett 1,6 SR VT	23/81

1982	Heft
Opel Kadett (D) D VT	8/82
Opel Kadett (D) Pirsch ET	12/82
Opel Kadett (D) 1,3 N VT	20/82

1983	Heft
Opel Kadett (D) GT/E VT	9/83
Opel Kadett (D) 1,3 N L VT	22/83; 23/83
Opel Kadett (D) 1,6 D Berlina DT	26/83

1984	Heft
Opel Kadett (D) GT/E VT	4/84; 5/84
Opel Kadett (E) D VT	10/84
Opel Kadett (E) VT-Kadett (A)	19/84
Opel Kadett (E) GSi VT	20/84
Opel Kadett (E) GL 75 PS VT	23/84

1985	Heft
Opel Kadett GSi VT	5/85; 6/85
Opel Kadett (E) 1,2 S LS VT	15/85
Opel Kadett (E) 1,6 D VT	16/85; 17/85
Opel Kadett (E) Stufenheck	18/85
Opel Kadett (E) Stufenheck 1,6 GLS FB	23/85

1986	Heft
Opel Kadett (E) GS i 115 PS DT-50 000 km	3/86
Opel Kadett (E) GSi VT	5/86
Opel Kadett (E) 1,3i VT	6/86
Opel Kadett (D) Gebraucht-T.	7/86
Opel Kadett (E) 1,6 D GL ET 55 PS	13/86
Opel Kadett (E) GSi 130 PS VT	18/86
Opel Kadett (E) GSi 130 PS ET	19/86

1987	Heft
Opel Kadett (E) GT 1,6 S 82 PS VT	3/87
Opel Kadett (E) GSi 130 PS VT	6/87; 7/87
Opel Kadett (E) Cabrio GSI 115 PS VT	9/87
Opel Kadett (E) KB 10 Varianten	12/87
Opel Kadett (E) GSI Irmscher 150 PS ET	26/87

1988	Heft
Opel Kadett (E) 1,6i GL ET	2/88
Opel Kadett (E) GSi 16 V 150 PS V	6/88
Opel Kadett (E) GSi 16 V VT	8/88
Opel Kadett (E) Cabrio 1,6i VT	9/88
Opel Kadett (E) GSi 16 V VT	12/88
Opel Kadett (E) 1,6i GL VT	14/88

mot

1969	Heft
Die neue Opel-Automatik	2/69
Opel Kadett 1100 LS Dauertest 25 000	6/69
Opel Kadett Automatic Vergleich	11/69
Opel Rallye Kadett	17/69
Änderungen bei Opel	18/69
Opel Kadett 1100 LS Dauertest 40 000	19/69
Opel Aero GT	19/69

1970	Heft
Opel Kadett Sprint Gruppe 1	16/70
Opel Querstrom-Zylinderkopf	21/70

1971	Heft
Tuning: Opel Querstromkopf	1/71
Opel Kadett B	3/71
Opel Kadett mit 45 PS	4/71
Das neue Kadett-Programm	17/71
Opel Kadett Caravan mit Automatik	19/71
Erst Kadett, dann Ascona	23/71
Opel Kadett kontra Ford Escort	25/71

1972	Heft
Opel Kadett 1100 S Dauertest	2/72
Opel Kadett 1100 Vergleich	9/72; 10/72
Opel Kadett 1973	19/72
Opel Rallye Kadett	19/72

1973	Heft
Opel Kadett 1100 N	12/73
Nachlaufen beim Kadett 100 N	15/73
Opel Kadett LS	20/73
Opel Kadett C Test	22/73

1974	Heft
Reifen für Kadett B	21/74

1975	Heft
Pflegespaß Opel Kadett C	6/75
Opel Kadett City	11/75
Opel Kadett City Vergleich 1. Teil	16/75
Opel Kadett GT/E	17/75
Opel Kadett City Vergleich 2. Teil	17/75

1976	Heft
Sechzehnventiler von Opel	1/76
Aero Kadett Test	9/76
Opel Kadett City Vergleich 1. Teil	17/76
Opel Kadett City Vergleich 2. Teil	18/76
Pflegespaß Opel Kadett 1,2 N	20/76
Opel Kadett B	24/76

ET = Einzeltest V = Vergleich VT = Vergleichstest FB = Fahrbericht

1977	Heft
Opel Kadett 1,6 S Test	12/77

1978	Heft
Kadett/KadettGT/E Vergleich mit Ford	2/78

1979	Heft
1,3-Liter-Motor von Opel	5/79
Opel 1,3 Liter	10/79
Neuer Kadett	17/79
Der Weg zum neuen Kadett	19/79
Wie gut ist der neue Kadett?	23/79

1980	Heft
Opel Kadett SR	2/80
Opel Kadett Voyage Berlina	6/80
Neue Opel-Motoren	12/80
Opel Kadett 1,3 N Berlina Vergleich	14/80
Opel Kadett Vergleich	15/80
Opel Kadett 1,3 S Vergleich	16/80
Opel Kadett contra Golf 30 000 km DT	21/80
Opel Kadett 1,3 S Vergleich	23, 24/80
Opel Kadett Voyage	26/80

1981	Heft
Opel Kadett Test	1/81
Opel Kadett 1,3 N Berlina Vergleich	4/81
Kadett 1,3 Vergleich	9/81
Pflegespaß Kadett 1,3	11/81
Moderne Motoren: Opel 1,6 Liter	12/81
Kadett Motorenvergleich	18/81
Pflegespaß Kadett 1,2 S	24/81
Kadett 1,6 S	26/81

1982	Heft
Pflegespaß Opel Kadett 1,3 S	10/82
Moderne Motoren – Opel 1,6 D	16/82
Pflegespaß Kadett 1,6 SR	17/82
Kadett J (1,2 ST-Motor)	17/82
Kadett GT/E	21/82
Pflegespaß Kadett Diesel	24/82

1983	Heft
Opel Kadett GTE	4/83; 10/83
Opel Kadett GTE Vergleich	21/83

1984	Heft
Neuer Opel Kadett (E)	9/84
Opel Kadett (E) Caravan	15/84
Neuer Opel Kadett (E) (Vorstellung)	18/84
Alles über den neuen Kadett (E)	20/84
Modellpflege für '85	21/84
Opel Kadett GSi für Motorsport	21/84
Alle Kadett (E) gegen alle Golf	22/84
Neuer Kadett (E) (Spezialtest)	25/84

auto, motor und sport

1962	Heft
Kadett (A) am Horizont	3/62
Neuer Opel-Motor	20/62
Opel Kadett (A) Vergleich	26/62

1963	Heft
Opel Kadett (A) Vergleich	15/63
Opel Kadett (A) S	22/63

1964	Heft
Opel Kadett (A) Coupé	3/64
Ein Kadett-Sportwagen?	17/64
Opel Kadett (A) 1-Liter Vergleich	26/64

1965	Heft
Opel Kadett (B) S Vergleich	1/65
Opel Kadett (B)	3/65
Neuer Opel Kadett (B)	20/65
Opel-Motoren neu	22/65

1966	Heft
Opel Kadett (B)	4/66
Opel Kadett (B) Coupé Vergleich	12/66
Neue Modelle bei Opel	18/66

1967	Heft
Opel Rallye Kadett	3/67
Opel Kadett L Vergleich	11/67
Die neuen Opel-Modelle	19/67

1968	Heft
Opel Rallye Kadett 1,9	3/68

1969	Heft
Opel Kadett LS Vergleich	12/69
Opel Kadett Automatik Vergleich	16/69

1970	Heft
Opel Kadett Vergleich	11/70

1971	Heft
Opel Kadett 1,2 Liter	19/71

1972	Heft
Opel Kadett 1100 Vergleich	9/72
Neuer Opel Kadett	16/72

1973	Heft
Opel Kadett 1200 S	20/73

1974	Heft
Opel Kadett 1200 S Vergleich	8/74
Opel Kadett mit 40 PS	10/74
Opel Kadett Coupé SR	15/74
Opel Kadett Kombi	24/74
Opel Kadett Vergleich	26/74

1975	Heft
Opel Kadett 1200 S Test	1/75
Opel Kadett 1200 S Test	12/75
Opel Kadett City	17/75
Opel Kadett GT/E Fahrbericht	19/75
Opel Kadett Test	23/75
Opel Kadett GT/E	25/75

1976	Heft
Opel Kadett Aero	6/76
Opel Kadett Jahrgang 1939 und 1976	11/76
Opel Kadett Aero Test	17/76
Opel Kadett GT/E Hetzer + Gräf	22/76

1977	Heft
Opel Kadett 1,2 N Test	3/77
Opel Kadett L 1200 S Vergleich	9/77
Opel Kadett 1,6 Berlina Test	12/77
Opel Kadett L Vergleich 1. Teil	13/77
Opel Kadett L Vergleich 2. Teil	14/77

1978	Heft
Opel Kadett	8/78
Kadett GT/E Test	12/78
Opel Kadett Jagdwagen Test	22/78
Opel-Tuner mit neuer Kadett-Serie	22/78

1979	Heft
Opel Kadett D Fahrbericht	18/79
Opel Kadett mit Frontantrieb	19/79
Opel Kadett 1,3 N/1,3 S Test	25/79

1980	Heft
Opel Kadett Caravan 1,2 S Vergleich	17/80

1981	Heft
Opel Kadett 1,3 S Vergleich	5/81
Opel Kadett L 1,3 S Dauertest	6/81
Opel Kadett 1,6 S	26/81

1982	Heft
Opel Kadett 1,6 D Vergleich	5/82
Opel Kadett 1,6 D	8/82
Opel Kadett 1,6 SR-Irmscher	8/82
Opel Kadett Diesel Vergleich	14/82
20 Jahre Opel Kadett	19/82

1983	Heft
Opel Kadett GTE Test	9/83
Opel Kadett 1,6 D Vergleich	12/83
Opel Kadett 1,3 S Berlina Vergleich	21/83; 22/83

1984	Heft
Opel Kadett GTE Vergleich	15/84
Opel Kadett (E) Entwicklungsgeschichte	17/84
Opel Kadett (E) 1,3 S Fahrbericht	19/84
Opel Kadett (E) GSi	20/84
Opel Kadett (E) 1,3 GL	21/84
Opel Kadett (E) Vergleich	23/84

1985	Heft
Opel Kadett GSi Vergleich	7/85
Opel Kadett GT Test	8/85
Opel Kadett-Modellreihe	18/85
Opel Kadett GSi Dauertest	19/85
Opel Kadett 1,6 S	23/85

1986	Heft
Opel Kadett GL Vergleich	1/86
Opel Kadett Cabrio	5/86
Opel Kadett GSi Dauertest	5/86

1987	Heft
Opel Kadett 1,6i Vergleich	5/87
Opel Kadett GSi Vergleich	9/87
Opel Kadett Schräg-, Stufenheck, Kombi	14/87
Opel Kadett Cabrio 2,0i Vergleich	15/87

Der Kadett in Zahlen
Technische Daten

MODELL	**Kadett**	**Kadett**	**Kadett A**
gebaut	1936–1937	1938–1940	1962–1965
Stückzahl	34 951	72 657	688 575
MOTOR Motorvarianten			1,0 1,0 S
Hubraum cm³	1073	1073	993
Verbrennungsart	Otto	Otto	Otto
Zylinder / Anordnung	4 / Reihe	4 / Reihe	4 / Reihe
Zylinderkopf / Motorblock	Grauguß / Grauguß	Grauguß / Grauguß	Grauguß / Grauguß
Bohrung × Hub	67,5 × 75	67,5 × 75	72 × 61 72 × 61
Leistung / min⁻¹	23 / 3400	23 / 3400	40 / 5000 48 / 5400
max. Drehmoment Nm / min⁻¹	k. A.	k. A.	72 / 2200 72 / 2800
Verdichtung	6,0	6,0	7,8 8,8
Ventilsteuerung	seitl. stehend, Stirnräder	seitl. stehend, Stirnräder	o. h. v. / Rollenkette
Schmierung	Öldruckumlaufschmierung	Öldruckumlaufschmierung	Öldruckumlaufschmierung
Gemischaufbereitung	Opel-Fallstromvergaser mit Beschleunigungspumpe	Opel-Fallstromvergaser mit Beschleunigungspumpe	Opel-Fallstromvergaser mit Beschleunigungspumpe
Kühlsystem	Wasserkühlung mit Pumpe und Ventilator	Wasserkühlung mit Pumpe und Ventilator	frostsichere Überdruck-Flüssigkeits-Kühlung
Zündsystem / Bordspannung	Batterie, 6V 70 Ah	Batterie, 6V 62,5 Ah	Batterie, 6V 66 Ah
KRAFTÜBERTRAGUNG Kupplung	Einscheiben-Trockenkupplung	Einscheiben-Trockenkupplung	Einscheiben-Trockenkupplung
Getriebe	Opel, Dreigang-Getriebe	Opel, Dreigang-Getriebe	synchr. Viergang-Getriebe
Schaltung	Mittelschaltung	Mittelschaltung	Mittelschaltung
Radantrieb	Hinterradantrieb, Differential mit Spiralverzahnung	Hinterradantrieb, Differential mit Spiralverzahnung	Hinterradantrieb, Differential mit Hypoid-Verzahnung
KAROSSERIE / FAHRWERK Aufbau / Türen	2tür. Spezial-Limousine	2tür. Normal-Lim., 2tür. Spezial-Lim.	2tür.-Limousine
Ausstattungsvarianten	Cabrio-Limousine, 4tür. Limousine (nur Export)	4tür. Limousine, Cabrio-Limousine	Caravan 1000, ab 1963: Coupé und Luxus-Limousine
Aufbau / Chassis / Konstruktion	Selbsttragende Ganzstahlkar.	selbsttragende Ganzstahlkar.	selbsttragende Ganzstahlkar.
Vorderradaufhängung	Starrachse, geschmiedet	Starrachse, geschmiedet	wartungsfreie Einzelradaufhängung mit Doppel-Querlenkern
Vorderradfederung	Dubonnet-Feder, Stoßdämpfer	Normal-Lim.: halbellipt. Blattfed. andere: Dubonnet-Feder, Stoßd.	Querblattfeder, Teleskop-Stoßdämpfer
Hinterradaufhängung	Starrachse, Banjo-Typ	Starrachse, Banjo-Typ	Zentralgelenk-Hinterachse
Hinterradfederung	halbellipt. Blattfeder, hydr. Stoßdämpfer	halbellipt. Blattfeder, hydr. Stoßdämpfer	Blattfedern / Teleskop-Stoßdämpfer
Reifen / Dimension	4,50-16	4,5-16	5,50-12 (Caravan: 6,00-12)
LENKUNG / BREMSEN Lenkung / Bauart	Schnecken-Segment-Lenkung	Schnecken-Segment-Lenkung	Zahnstangenlenkung mit zwei Spurstangen
Fußbremse	hydr. Vierradbremse	hydr. Vierrad-Servo-Bremse	Vierrad-Hydraulik-Bremse
Vorderradbremse	Trommel	Trommel	Trommel
Hinterradbremse	Trommel	Trommel	Trommel
Handbremse	Seilzug auf Hinterräder	Seilzug auf Hinterräder	Seilzug auf Hinterräder
MASSE / GEWICHTE / FAHRLEISTUNGEN / PREISE Länge, Breite, Höhe mm	3810 × 1375 × 1455	3840 × 1375 × 1535 (Spezial)	3923 × 1470 × 1410 3990 × 1470 × 1410 (Coupé u. L-Limousine)
Radstand mm	2337	2340 (Spezial)	2325
Spurweite v / h mm	1075 / 1168	1105 / 1168 (Spezial)	1200 / 1205
Leergewicht kg	757	757	670
Zuladung kg			320 (Caravan: 430)
Tankinhalt l	27	27	33
Verbrauch l / 100 km	7,5–8,5	7,5–8,5	6,5–7,5
Vmax km / h	98	98	120 130
Preis / Verkaufsbeginn DM	Limousine: 2100,– Cabrio: 2100,–	Normal-Lim.: 1795,–, Spez.-Lim.: 2100,–, 4tür.-Limousine: 2350,–	5075,–, L: 5525,–, Coupé: 5775,–, Caravan: 5445,–

MODELL	**Kadett B**			**Kadett B LS 1700 S**	**Kadett B 1200 S**
gebaut	1965–1973			1967–1970	1971–1973
Stückzahl	2 649 501			in Kadett B enthalten	in Kadett B enthalten
MOTOR					
Motorvarianten	1,1	1,1 S	1,1 SR		
Hubraum cm^3	1078			1698	1196
Verbrennungsart	Otto			Otto	Otto
Zylinder / Anordnung	4 / Reihe			4 / Reihe	4 / Reihe
Zylinderkopf / Motorblock	Grauguß / Grauguß			Grauguß / Grauguß	Grauguß / Grauguß
Bohrung × Hub	75 × 61	75 × 61	75 × 61	88 × 69,8	79 × 61
Leistung / min^{-1}	45 / 5000	55 / 5400	60 / 5200	75 / 5200	60 / 5400
max. Drehmoment Nm / min^{-1}	76 / 2400	83 / 2400	85 / 3800	130 / 2700	90 / 3400
Verdichtung	7,8	8,8	9,2	8,8	9,0
Ventilsteuerung	o. h. v. / Rollenkette			c. i. h. / Duplex-Rollenkette	o. h. v. / Einfach-Rollenkette
Schmierung	Öldruckumlaufschmierung			Öldruckumlaufschmierung	Öldruckumlaufschmierung
Gemischaufbereitung	Fallstromvergaser mit Beschleunigungspumpe			Fallstromvergaser mit Beschleunigungspumpe	Fallstromvergaser mit Beschleunigungspumpe
Zündsystem / Bordspannung	Batterie, 12V 36 Ah			Batterie, 12V 36 Ah	Batterie, 12V 44 Ah
KRAFTÜBERTRAGUNG					
Kupplung	Einscheiben-Trockenkupplung			Einscheiben-Trockenkupplung	Einscheiben-Trockenkupplung
Getriebe	synchr. Viergang-Getriebe			synchr. Viergang-Getriebe	synchr. Viergang-Getriebe
Schaltung	Mittelschaltung			Mittelschaltung	Mittelschaltung
Radantrieb	Hinterradantrieb, Differential mit Hypoidverzahnung			Hinterradantrieb / Kardanwelle	Hinterradantrieb / Kardanwelle
KAROSSERIE / FAHRWERK					
Aufbau / Türen	2- und 4türige Limousine			2- und 4türige Limousine	2- und 4türige Limousine
Ausstattungsvarianten	Limousine L, Coupe, Caravan, Caravan L			2- und 4tür. Schrägheck-Coupé	L-Ausstattung, 2tür. Coupé
Aufbau / Chassis / Konstruktion	selbsttragende Ganzstahlkar.			selbsttragende Ganzstahlkar.	selbsttragende Ganzstahlkar.
Vorderradaufhängung	Einzelrad mit Doppelquerlenkern			Einzelrad mit Doppelquerlenkern	Einzelrad mit Doppelquerlenkern
Vorderradfederung	Querblattfeder mit Teleskop-Stoßdämpfern			Querblattfeder mit Teleskop-Stoßdämpfern	Querblattfeder mit Teleskop-Stoßdämpfern
Hinterradaufhängung	Zentralgelenk-Hinterachse			Zentralgelenk-Starrachse, Längslenker, Panhardstab	Zentralgelenk-Starrachse, Längslenker, Panhardstab
Hinterradfederung	Blattfedern, (ab 1967 Schraubenfedern), Teleskop-Stoßdämpfer			Schraubenfedern mit Teleskop-Stoßdämpfern	Schraubenfedern mit Teleskop-Stoßdämpfern
Reifen / Dimension	5,50-12	155-13	155-13	155 S 13 4PR	155 S 13 4PR
LENKUNG / BREMSEN					
Lenkung / Bauart	Zahnstangenlenkung			Zahnstangenlenkung	Zahnstangenlenkung
Fußbremse	Hydraulik, ab 1967 Zweikreis			hydr. Zweikreis-Vierrad mit Servo	hydr. Zweikreis-Vierrad mit Servo
Vorderradbremse	Trommel, ab 1967 Scheibenbremse			Festsattel-Scheibenbremse	Festsattel-Scheibenbremse
Hinterradbremse	Trommel			Trommel	Trommel
Handbremse	Seilzug auf Hinterräder			Seilzug auf Hinterräder	Seilzug auf Hinterräder
MASSE / GEWICHTE / FAHRLEISTUNGEN / PREISE					
Länge, Breite, Höhe mm	4105 × 1573 × 1400 4182 × 1573 × 1405 (Coupé u. L-Lim.)			4182 × 1573 × 1405	4105 × 1573 × 1405
Radstand mm	2416			2416	2416
Spurweite v / h mm	1250 / 1280	1250 / 1274	1250 / 1274	1250 / 1274	1252 / 1282
Leergewicht kg	745			870	780
Zuladung kg	375			380	375
Tankinhalt l	40			40	40
Verbrauch l / 100 km	7,8	7,7	7,9	11,0	10,0
Vmax km / h	125	135	140	153	140
Preis / Verkaufsbeginn DM	5175,– Caravan: 5585,–	L: 5625,–	Coupé: 5775,–	7300,– bis 8500,–	7825,– bis 9450,–

MODELL	**Rallye Kadett**		**Olympia A**			**Kadett C**			
gebaut	1966–1973		1967–1970			1974-1979	1973-1979		1977-1979
Stückzahl	103 622 (in B-Kadett)		80 637			1 701 000			
MOTOR									
Motorvarianten	1,1 SR	1,9 S (ab 1967)	1,1 SR	1,7 S	1,9 S	1,0	1,2	1,2 S	1,6 S
Hubraum cm^3	1078	1897	1078	1698	1897	993	1196	1196	1584
Verbrennungsart	Otto		Otto			Otto			
Zylinder / Anordnung	4 / Reihe		4 / Reihe			4 / Reihe			
Zylinderkopf / Motorblock	Grauguß / Grauguß		Grauguß / Grauguß			Grauguß / Grauguß			
Bohrung × Hub	75 × 61	93 × 69,8	75 × 61	88 × 69,8	93 × 69,8	72 × 61	79 × 61	79 × 61	85 × 69,8
Leistung / min^{-1}	60 / 5200	90 / 5100	60 / 5200	75 / 5200	90 / 5100	40 / 5400	52 / 5400	60 / 5400	75 / 5200
max. Drehmoment Nm / min^{-1}	85 / 3800	149 / 2500	85 / 3800	130 / 2500	149 / 2500	70 / 2600	78 / 2400	88 / 3400	115 / 3800
Verdichtung	9,2	9,0	9,2	8,8	9,0	7,9	7,8	9,0	8,8
Ventilsteuerung	o. h. v.	c. i. h.	o. h. v.	c. i. h.	c. i. h.	o. h. v. / Rollenkette			c. i. h.
Schmierung	Öldruckumlaufschmierung		Öldruckumlaufschmierung			Öldruckumlaufschmierung			
Gemischaufbereitung	Fallstromvergaser mit Beschleunigungspumpe		Fallstromvergaser mit Beschleunigungspumpe			Opel-Fallstromvergaser mit Beschleunigungspumpe			
Bordspannung	12V / 36 Ah	12V / 44 Ah	12V / 36 Ah	12V / 44 Ah	12V / 44 Ah	12V / 36 Ah			12V / 40Ah
KRAFTÜBERTRAGUNG									
Kupplung	Einscheiben-Trockenkupplung		Einscheiben-Trockenkupplung			Einscheiben-Trockenkupplung			
Getriebe	synchr. Viergang-Getriebe		synchr. Viergang-Getriebe			synchr. Viergang-Getriebe			
Schaltung	Mittelschaltung		Mittelschaltung			Mittelschaltung			
Radantrieb	Hinterradantrieb, Differential mit Hypoidverzahnung		Hinterradantrieb, Differential mit Hypoidverzahnung			Hinterradantrieb, Differential mit Hypoid-Verzahnung			
KAROSSERIE / FAHRWERK									
Aufbau / Türen	Coupé		2- und 4tür. Limousine			2- und 4tür. Limousine			
Ausstattungsvarianten			Coupé			Limousine L, Coupé SR			
Aufbau / Chassis / Konstruktion	Selbsttragende Ganzstahlkar.		selbsttragende Ganzstahlkar.			selbsttragende Ganzstahlkar.			
Vorderradaufhängung	Einzelrad mit Doppelquerlenkern		Einzelrad mit Doppelquerlenkern			Einzelrad mit Doppelquerlenkern			
Vorderradfederung	Querblattfeder, Teleskop-Stoßdämpfer		Querblattfeder, Teleskop-Stoßdämpfer			Schraubenfedern, Teleskop-Stoßdämpfer, Stabilisator			
Hinterradaufhängung	Zentralgelenk-Hinterachse		Zentralgelenk-Hinterachse			Zentralgelenk-Hinterachse			
Hinterradfederung	Schraubenfedern, Teleskop-Stoßdämpfer		Schraubenfedern, Teleskop-Stoßdämpfer			Schraubenfedern, Teleskop-Stoßdämpfer Stabilisator			
Reifen / Dimension	155 S 13	155 S 13	155 S 13	155 S 13	155 S 13	155 SR 13			
LENKUNG / BREMSEN									
Lenkung / Bauart	gedämpfte Zahnstangenlenkung		gedämpfte Zahnstangenlenkung			gedämpfte Zahnstangenlenkung			
Fußbremse	hydr. Zweikreis-Vierrad mit Servo		hydr. Zweikreis-Vierrad mit Servo			hydr. Zweikreis-Vierrad mit Servo			
Vorderradbremse	Festsattel-Scheibenbremse		Festsattel-Scheibenbremse			Scheiben			
Hinterradbremse	Trommel		Trommel			Trommel			
Handbremse	Seilzug auf Hinterräder		Seilzug auf Hinterräder			Seilzug auf Hinterräder			
MASSE / GEWICHTE / FAHRLEISTUNGEN / PREISE									
Länge, Breite, Höhe mm	4182 × 1573 × 1405		4182 × 1614 × 1400 4182 × 1573 × 1354 (Coupé)			4124 × 1570 × 1375 (Limousine)			
Radstand mm	2416		2416			2395			
Spurweite v / h mm	1250 / 1274		1250 / 1274			1300 / 1301			
Leergewicht kg	780	890	770 bis 880			785			
Zuladung kg	380	390	370 bis 400			365			
Tankinhalt l	40	40	40	40	40	44			
Verbrauch l / 100 km	7,5	10,4	7,9	9,4	9,6	7,5	8,5	8,1	10,0
Vmax km / h	148	168	140	153	162	122	132	142	155
Preis / Verkaufsbeginn DM	7215,–	7855,–	Lim.: 6835,–, 4tür. Lim.: 7215,–			7175,–	7175,–	7570,–	10 775,–

MODELL	**Kadett C Caravan**				**Kadett C GT/E**	**Kadett City**			
gebaut	1974–79	1973–79		1977–79	1975–1977	1975-1979			1977-1979
Stückzahl	in Kadett C enthalten				8 660 (in Kadett C enthalten)	263 090 (in Kadett C enthalten)			
MOTOR									
Motorvarianten	1,0	1,2	1,2 S	1,6 S	1,9 E	1,0	1,2	1,2 S	1,6 S
Hubraum cm³	993	1196	1196	1584	1897	993	1196	1196	1584
Verbrennungsart	Otto				Otto	Otto			
Zylinder/Anordnung	4/Reihe				4/Reihe	4/Reihe			
Zylinderkopf/Motorblock	Grauguß/Grauguß				Grauguß/Grauguß	Grauguß/Grauguß			
Bohrung × Hub	72 × 61	79 × 61	79 × 61	85 × 69,8	93 × 69,8	72 × 61	79 × 61	79 × 61	85 × 69,8
Leistung/min⁻¹	40/5400	52/5400	60/5400	75/5200	105/5400	40/5400	52/5600	60/5400	75/5200
max. Drehmoment Nm/min⁻¹	70/2600	78/3400	88/3400	115/3800	152/4300	70/2600	78/3400	90/2600	115/3800
Verdichtung	7,9	7,8	9,0	8,8		7,9	7,8	9,0	8,8
Ventilsteuerung	o. h. v. Rollenkette			c. i. h.	c. i. h./Duplexkette	o. h. v./Rollenkette			c. i. h.
Schmierung	Öldruckumlaufschmierung				Öldruckumlaufschmierung	Öldruckumlaufschmierung			
Gemischaufbereitung	Fallstromvergaser mit Beschleunigungspumpe				Benzineinspritzung, Bosch L-Jetronic	Fallstromvergaser mit Beschleunigungspumpe			
Bordspannung	12V/36 Ah		12V/40 Ah		12V/44 Ah	12V/36 Ah			12V/44 Ah
KRAFTÜBERTRAGUNG									
Kupplung	Einscheiben-Trockenkupplung				Einscheiben-Trockenkupplung	Einscheiben-Trockenkupplung			
Getriebe	synchr. Viergang-Getriebe				synchr. Viergang-Getriebe, auf Wunsch 5-Gang	synchr. Viergang-Getriebe			
Schaltung	Mittelschaltung				Mittelschaltung	Mittelschaltung			
Radantrieb	Hinterradantrieb, Differential mit Hypoidverzahnung				Hinterradantrieb, Differential mit Hypoidverzahnung	Hinterradantrieb, Differential mit Hypoid-Verzahnung			
KAROSSERIE/FAHRWERK									
Aufbau/Türen	3tür.Kombi				2tür. Coupé	3tür. Schrägheck-Limousine			
Ausstattungsvarianten	Caravan L, Berlina					Luxus, Berlina, J			
Aufbau/Chassis/Konstruktion	Selbsttragende Ganzstahlkar.				selbsttragende Ganzstahlkar.	selbsttragende Ganzstahlkar.			
Vorderradaufhängung	Einzelrad mit Doppelquerlenkern				Einzelrad mit Doppelquerlenkern	Einzelrad mit Doppelquerlenkern			
Vorderradfederung	Schraubenfedern mit Teleskop-Stoßdämpfern, Stabilisator				Schraubenfedern, Gasdruck-Stoßdämpfer, Stabilisator	Schraubenfedern, Teleskop-Stoßdämpfer, Stabilisator			
Hinterradaufhängung	Zentralgelenk-Hinterachse				Zentralgelenk-Hinterachse	Zentralgelenk-Hinterachse			
Hinterradfederung	Schraubenfedern, Teleskop-Stoßdämpfer, Stabilisator				Schraubenfedern, Gasdruck-Stoßdämpfer Stabilisator	Schraubenfedern, Teleskop-Stoßdämpfer Stabilisator			
Reifen/Dimension	155 SR 13		155-13		175/70 HR 13	155 SR 13			
LENKUNG/BREMSEN									
Lenkung/Bauart	gedämpfte Zahnstangenlenkung				gedämpfte Zahnstangenlenkung	gedämpfte Zahnstangenlenkung			
Fußbremse	hydr. Zweikreis-Vierrad mit Servo				hydr. Zweikreis-Vierrad mit Servo	hydr. Zweikreis-Vierrad mit Servo			
Vorderradbremse	Scheibenbremsen				Scheibenbremsen	Scheibenbremsen			
Hinterradbremse	Trommel				Trommel	Trommel			
Handbremse	Seilzug auf Hinterräder				Seilzug auf Hinterräder	Seilzug auf Hinterräder			
MASSE/GEWICHTE/ FAHRLEISTUNGEN/PREISE									
Länge, Breite, Höhe mm	4138 × 1570 × 1370				4124 × 1580 × 1335	3895 × 1580 × 1375			
Radstand mm	2395				2395	2395			
Spurweite v/h mm	1300/1301				1300/1299	1300/1299			
Leergewicht kg	820				900	795	795	810	910
Zuladung kg	450				365	410			
Tankinhalt l	44				43	37			
Verbrauch l/100 km	7,4	8,5	8,1	9,7	8,9	7,5	8,5	8,3	9,9
Vmax km/h	122	132	142	157	184	125	135	140	155
Preis/Verkaufsbeginn DM	7815,–	7815,–	8210,–	12080,–	13119,80	8795,–	8795,–	8964,80	11395,–

MODELL	**Kadett C GT/E 2**	**Kadett C Rallye**	**Kadett C „Aero"**
gebaut	1977–1979	1978–1979	1976-1978
Stückzahl	2234 (in Kadett C enthalten)	8 549 (in Kadett C enthalten)	1224 (in Kadett C enthalten)
MOTOR			
Motorvarianten	2,0 EH	1,6 S 2,0 E	1,2 S 1,6 S
Hubraum cm³	1979	1585 1979	1196 1584
Verbrennungsart	Otto	Otto	Otto
Zylinder / Anordnung	4 / Reihe	4 / Reihe	4 / Reihe
Zylinderkopf / Motorblock	Grauguß / Grauguß	Grauguß / Grauguß	Grauguß / Grauguß
Bohrung × Hub	95 × 69,8	85 × 69,8 95 × 69,8	79 × 61 85 × 69,8
Leistung / min⁻¹	115 / 5600	75 / 5200 110 / 5400	60 / 5400 75 / 5200
max. Drehmoment Nm / min⁻¹	162 / 3000	115 / 3800 162 / 3400	90 / 2600 115 / 3800
Verdichtung	9,4	8,8 9,4	9,0 8,8
Ventilsteuerung	c. i. h. / Duplexkette	c. i. h. / Duplexkette	o. h. v. c. i. h.
Schmierung	Öldruckumlaufschmierung	Öldruckumlaufschmierung	Öldruckumlaufschmierung
Gemischaufbereitung	Benzineinspritzung, Bosch L-Jetronic	Vergaser Einspritzung Bosch L-Jetronic	Fallstromvergaser mit Beschleunigungspumpe
Bordspannung	12V / 55 Ah	12V / 38 Ah 12V / 44 Ah	12V / 38 Ah 12V / 44 Ah
KRAFTÜBERTRAGUNG			
Kupplung	Einscheiben-Trockenkupplung	Einscheiben-Trockenkupplung	Einscheiben-Trockenkupplung
Getriebe	synchr. 5-Gang-Getriebe	synchr. Viergang-Getriebe, auf Wunsch 5-Gang	synchr. Viergang-Getriebe
Schaltung	Mittelschaltung	Mittelschaltung	Mittelschaltung
Radantrieb	Hinterradantrieb, Sperrdifferential mit Hypoidverzahnung	Hinterradantrieb, Differential mit Hypoid-Verzahnung	Hinterradantrieb, Differential mit Hypoid-Verzahnung
KAROSSERIE / FAHRWERK			
Aufbau / Türen	2tür. Coupé	2tür. Coupé	2tür. Limousine mit Überrollbügel, abnehmbarem Kunststoffdach, Verdeck
Ausstattungsvarianten			Luxus, Berlina, J
Aufbau / Chassis / Konstruktion	selbsttragende Ganzstahlkar.	selbsttragende Ganzstahlkar.	selbsttragende Ganzstahlkar.
Vorderradaufhängung	Einzelrad mit Doppelquerlenkern	Einzelrad mit Doppelquerlenkern	Einzelrad mit Doppelquerlenkern
Vorderradfederung	Schraubenfedern, Gasdruck-Stoßdämpfer, Stabilisator	Schraubenfedern, Teleskop-Stoßdämpfer, Stabilisator	Schraubenfedern, Teleskop-Stoßdämpfer, Drehstab
Hinterradaufhängung	Zentralgelenk-Hinterachse	Zentralgelenk-Hinterachse	Zentralgelenk-Hinterachse mit Längslenkern
Hinterradfederung	Schraubenfedern, Gasdruck-Stoßdämpfer, Stabilisator	Schraubenfedern, Teleskop-Stoßdämpfer Stabilisator	Schraubenfedern, Teleskop-Stoßdämpfer Stabilisator
Reifen / Dimension	175 / 70 HR 13	175 / 70 SR 13	175 / 70 SR 13
LENKUNG / BREMSEN			
Lenkung / Bauart	gedämpfte Zahnstangenlenkung	gedämpfte Zahnstangenlenkung	gedämpfte Zahnstangenlenkung
Fußbremse	hydr. Zweikreis-Vierrad mit Servo und Bremskraftregler	hydr. Zweikreis-Vierradbremse mit Servo	hydr. Zweikreis-Vierradbremse mit Servo
Vorderradbremse	Scheibenbremsen	Scheibenbremsen	Scheibenbremsen
Hinterradbremse	Trommel	Trommel	Trommel
Handbremse	Seilzug auf Hinterräder	Seilzug auf Hinterräder	Seilzug auf Hinterräder
MASSE / GEWICHTE / FAHRLEISTUNGEN / PREISE			
Länge, Breite, Höhe mm	4124 × 1580 × 1340	4124 × 1580 × 1340	4127 × 1580 × 1375
Radstand mm	2395	2395	2395
Spurweite v / h mm	1318 / 1314	1300 / 1299	1300 / 1299
Leergewicht kg	920	905	820 920
Zuladung kg	375	365	400 400
Tankinhalt l	43	43	43
Verbrauch l / 100 km	8,8	9,2 8,8	7,9 9,7
Vmax km / h	190	163 189	142 157
Preis / Verkaufsbeginn DM	16700,–	11900,– 13475,–	14500,– 15375,–

MODELL	**Chevette**		**Kadett D**					
gebaut	1980–1982		1979–84	1980–84	1979–84	1979–84	1981–84	1982–84
Stückzahl			2 092 087					155 483 (in Kadett D)
MOTOR								
Motorvarianten	1,3 N	1,3 S	1,2 N	1,2 S	1,3 N	1,3 S	1,6 S	1,6 D
Hubraum cm^3	1256	1256	1196	1297	1297	1297	1598	1598
Verbrennungsart	Otto		Otto					
Zylinder/Anordnung	4/Reihe		4/Reihe					
Zylinderkopf/Motorblock	Grauguß/Grauguß		Grauguß/Grauguß		Aluminium/Grauguß			
Bohrung × Hub	81 × 61	81 × 61	79 × 61	79 × 61	75 × 73,4	75 × 73,4	80 × 79,5	80 × 79,5
Leistung/min^{-1}	53/5400	57/5400	53/5400	60/5800	60/5800	75/5800	90/5800	54/4600
max. Drehmoment Nm/min^{-1}	84/2600	90/2600	82/3600	88/3000	94/3400	101/3800	126/3800	96/2400
Verdichtung	7,3	8,7	7,8	9,0	8,2	9,2	9,2	23
Ventilsteuerung	o. h. v.		o. h. v./Rollenkette		o. h. c./Zahnriemen			
Schmierung	Öldruckumlaufschmierung		Öldruckumlaufschmierung					
Gemischaufbereitung	Fallstromvergaser mit Beschleunigungspumpe		Fallstromvergaser mit Beschleunigungspumpe					Wirbelkammersystem Diesel-Einspritzpumpe
Bordspannung	12V/36 Ah		12V/36 Ah				12V/44 Ah	12V/66 Ah
KRAFTÜBERTRAGUNG								
Kupplung	Einscheiben-Trockenkupplung		Einscheiben-Trockenkupplung					
Getriebe	synchr. Viergang - Automatic		synchr. Viergang-Getriebe (auf Wunsch 5-Gang)					
Schaltung	Mittelschaltung		Mittelschaltung					
Radantrieb	Hinterradantrieb, Differential mit Hypoid-Verzahnung		Frontantrieb, Differential mit Getriebe verblockt					
KAROSSERIE/FAHRWERK								
Aufbau/Türen	2- und 4türige Limousine, 3tür. Schrägheck-Limousine, Caravan		2- und 4tür. Limousine mit Kofferdeckel/Heckklappe					
Ausstattungsvarianten	L, GL		Luxus, Berlina, J, SR					
Aufbau/Chassis/Konstruktion	selbsttragende Ganzstahlkar.		selbsttragende Ganzstahlkar.					
Vorderradaufhängung	Einzelradaufhängung mit Doppelquerlenkern		Einzelradaufhängung an McPherson Federbeinen					
Vorderradfederung	Schraubenfedern, Teleskop-Stoßdämpfer Drehstab		Schraubenfedern, Teleskop-Stoßdämpfer, Stabilisator					
Hinterradaufhängung	Zentralgelenk-Hinterachse mit Längslenkern		Verbundlenker-Hinterachse					
Hinterradfederung	Schraubenfedern, Teleskop-Stoßdämpfer		Miniblockfedern, Teleskop-Stoßdämpfer, Stabilisator					
Reifen/Dimension	155 SR 13		145 SR 13				155 R 13	155 R 13
LENKUNG/BREMSEN								
Lenkung/Bauart	gedämpfte Zahnstangenlenkung		wartungsfreie Zahnstangenlenkung					
Fußbremse	hydr. Zweikreis-Vierrad mit Servo		Diagonal Zweikreis-Vierradbremse mit Bremshilfe					
Vorderradbremse	Scheibenbremse		Schwimmsattel-Scheibenbremsen					
Hinterradbremse	Trommel		Trommel					
Handbremse	Seilzug auf Hinterräder		Seilzug auf Hinterräder					
MASSE/GEWICHTE/FAHRLEISTUNGEN/PREISE								
Länge, Breite, Höhe mm	4178×1570×1370 (3tür.: 3944×1570×1365; Kombi: 4191 × 1570 × 1370)		3998 × 1636 × 1380					
Radstand mm	2395		2514					
Spurweite v/h mm	1300/1300		1400/1406					1406/1406
Leergewicht kg	835 885	860 910 (Kombi)	815					950
Zuladung kg	479 450	454 424 (Kombi)	455					490
Tankinhalt l	45		42					
Verbrauch l/100 km	8,9	8,8	8,5	7,3	8,0	7,9	9,3	6,5
Vmax km/h	140	138	140	150	150	158	170	143
Preis/Verkaufsbeginn DM	10265,–	11260,–	10754,–	11092,–	11140,–	11395,–	13024,–	13980,–

MODELL	**Kadett D Caravan**						**Kadett D GTE**
gebaut	1979–84	1980–84	1979–84	1979–84	1981–84	1982–84	1983–84
Stückzahl							36 513 (in Kadett D enthalten)
MOTOR							
Motorvarianten	1,2 N	1,2 S	1,3 N	1,3 S	1,6 S	1,6 D	1,8 E
Hubraum cm^3	1196	1297	1297	1297	1598	1598	1796
Verbrennungsart	Otto						Otto
Zylinder / Anordnung	4 / Reihe						4 / Reihe
Zylinderkopf / Motorblock	Grauguß / Grauguß		Aluminium / Grauguß				Aluminium / Grauguß
Bohrung × Hub	79 × 61	79 × 61	75 × 73,4	75 × 73,4	80 × 79,5	80 × 79,5	84,8 × 79,5
Leistung / min^{-1}	53/5400	60/5800	60/5800	75/5800	90/5800	54/4600	115/5800
max. Drehmoment Nm / min^{-1}	82/3600	88/3000	94/3400	101/3800	126/3800	96/2400	151/4800
Verdichtung	7,8	9,0	8,2	9,2	9,2	23	9,5
Ventilsteuerung	o. h. v. / Rollenkette		o. h. c. / Zahnriemen				o. h. c. Hydrobolzen, Zahnriemen
Schmierung	Öldruckumlaufschmierung						Öldruckumlaufschmierung
Gemischaufbereitung	Fallstromvergaser mit Beschleunigungspumpe					Wirbelkammersystem	elektronische Benzineinspritzung mit Schubabschaltung, LE-Jetronic
Zündsystem	kontaktgesteuert				kontaktl. Transist.		kontaktlose Tansistor-Zündung
Bordspannung	12V / 36 Ah				12V / 44 Ah	12V / 66 Ah	12 V 44 Ah
KRAFTÜBERTRAGUNG							
Kupplung	Einscheiben-Trockenkupplung						Einscheiben-Trockenkupplung
Getriebe	synchr. Viergang-Getriebe (auf Wunsch 5-Gang)						synchr. Fünfgang-Getriebe
Schaltung	Mittelschaltung						Mittelschaltung
Radantrieb	Frontantrieb, Differential mit Getriebe verblockt						Frontantrieb, Differential mit Getriebe verblockt
KAROSSERIE / FAHRWERK							
Aufbau / Türen	2- und 4türige Kombilimousine,						3- u. 5tür. Schrägheck-Limousine
Ausstattungsvarianten	Luxus, Berlina, Voyage						
Aufbau / Chassis / Konstruktion	selbsttragende Ganzstahlkar.						selbsttragende Ganzstahlkar.
Vorderradaufhängung	Einzelradaufhängung an McPherson Federbeinen						Einzelradaufhängung an McPherson Federbeinen
Vorderradfederung	Schraubenfedern, Teleskop-Stoßdämpfer, Stabilisator						Schraubenfedern, Gasdruck-Stoßdämpfer, Stabilisator
Hinterradaufhängung	Verbundlenker-Hinterachse						Verbundlenker-Hinterachse
Hinterradfederung	Miniblockfedern, Teleskop-Stoßdämpfer, Stabilisator						Miniblockfedern, Gasdruck-Stoßdämpfer, Stabilisator
Reifen / Dimension	145 SR 13				155 R 13	155 R 13	185/60 HR 14
LENKUNG / BREMSEN							
Lenkung / Bauart	wartungsfreie Zahnstangenlenkung						wartungsfreie Zahnstangenlenkung
Fußbremse	Diagonal Zweikreis-Vierradbremse mit Bremshilfe						Diagonal Zweikreis-Vierradbremse mit Bremshilfe
Vorderradbremse	Schwimmsattel-Scheibenbremsen						innenbelüftete Scheibenbremsen
Hinterradbremse	Trommel						Trommel
Handbremse	Seilzug auf Hinterräder						Seilzug auf Hinterräder
MASSE / GEWICHTE / FAHRLEISTUNGEN / PREISE							
Länge, Breite, Höhe mm	4207 × 1636 × 1400						3998 × 1656 × 1380
Radstand mm	2514						2514
Spurweite v/h mm	1400/1406					1406/1406	1400/1406
Leergewicht kg	885	895	895	895	945	1015	980
Zuladung kg	510	500	500	500	495	535	460
Tankinhalt l	50						42
Verbrauch l/100 km	8,7	7,8	8,3	7,8	8,1	6,5	8,1
Vmax km/h	143	150	150	160	170	143	187
Preis / Verkaufsbeginn DM	12050,–	12161,–	12190,–	12445,–	14250,–	15808,–	20255,–

MODELL	**Kadett E GSi**				**Kadett E GSi 16V**	**Kadett E Cabrio**		**Cabrio GSi**
gebaut	1984–86	1986	ab 1986	ab 1986	ab 1988	ab 1986		
MOTOR								
Motorvarianten	1,8 i	1,8 i Kat	2,0 i	2,0 i Kat	2,0 i 16V	1,6 S	1,6 i Kat	2,0 i Kat
Hubraum cm^3	1796	1796	1998	1998	1998	1598	1598	1998
Verbrennungsart	Otto				Otto	Otto		
Zylinder/Anordnung	4/Reihe				4/Reihe	4/Reihe		
Zylinderkopf/Motorblock	Aluminium/Grauguß				Aluminium/Grauguß	Aluminium/Grauguß		
Bohrung × Hub	84 × 79,5	84 × 79,5	86 × 86	86 × 86	86 × 86	79 × 81,5	79 × 81,5	86 × 86
Leistung/min^{-1}	115/5800	100/5800	130/5600	115/5400	150/6000	82/5400	75/5200	115/5400
max. Drehmoment Nm/min^{-1}	151/4800	140/3000	180/4600	170/3000	196/4800	130/2600	121/3400	170/3000
Verdichtung	9,5	8,9	10	9,2	10,5	10,2	8,6	9,2
Ventilsteuerung	o. h. v. Zahnriemen, Hydrobolzen				dohc, Hydrobolzen, Zahnriemen	o. h. c. Zahnriemen mit Hydrobolzen		
Schmierung	Öldruckumlaufschmierung				Öldruckumlaufschmierung	Öldruckumlaufschmierung		
Gemischaufbereitung	elektronische Benzineinspritzung LE-Jetronic	LU-Jet. Lambda	Motronic	Motronic Lambda	Motronic 2,5 kombiniert mit Zündung, Lambda-Regelung	Vergaser 2 E 3	Einspr. Multec Lambda	Bosch Motronic Lambda
Zündsystem	elektr. Kennfeld-steuerung		Motronic		Motronic 2,5	elektronische Kennfeldsteuerung		Motronic
Bordspannung	12V/44 Ah				12V/44 Ah	12V/44 Ah		
KRAFTÜBERTRAGUNG								
Kupplung	Einscheiben-Trockenkupplung				Einscheiben-Trockenkupplung	Einscheiben-Trockenkupplung		
Getriebe	synchr. Fünfgang-Getriebe				synchr. Fünfgang-Getriebe,	5-Gang-Getriebe		
Schaltung	Mittelschaltung				Mittelschaltung	Mittelschaltung		
Radantrieb	Frontantrieb, Differential mit Getriebe verblockt				Frontantrieb, Differential mit Getriebe verblockt	Frontantrieb, Differential mit Getriebe verblockt		
KAROSSERIE/FAHRWERK								
Aufbau/Türen	3- und 5tür. Schrägheck-Limousine				3- und 5tür. Schrägheck-Limousine	2türiges Cabriolet mit Überrollbügel		
Aufbau/Chassis/Konstruktion	Selbsttragende Ganzstahlkar.				selbsttragende Ganzstahlkar.	selbsttragende Ganzstahlkar.		
Vorderradaufhängung	Einzelradaufhängung an McPherson Federbeinen				Einzelradaufhängung an McPherson Federbeinen	Einzelradaufhängung an McPherson Federbeinen		
Vorderradfederung	Schraubenfeder, Gasdruck-Stoßdämpfer, Stabilisator				Schraubenfedern, Gasdruck-Stoßdämpfer, Stabilisator	Schraubenfedern, Teleskop-Stoßdämpfer, Drehstab-Stabilisator		
Hinterradaufhängung	Verbundlenker-Hinterachse				Verbundlenker-Hinterachse	Verbundlenker-Hinterachse		
Hinterradfederung	Miniblockfedern, Gasdruck-Stoßdämpfer, Stabilisator				Miniblockfedern, Gasdruck-Stoßdämpfer, Dual-Stabilisator	Miniblockfedern, Teleskop-Stoßdämpfer, Drehstab-Stabilisator		
Reifen/Dimension	175/70 HR 13		185/60 VR 14		185/65 VR 14	175/70 TR 13	175/70 SR 13	185/65 HR 14
LENKUNG/BREMSEN								
Lenkung/Bauart	wartungsfreie Zahnstangenlenkung				wartungsfreie Zahnstangenlenkung	wartungsfreie Zahnstangenlenkung		
Fußbremse	Diagonal Zweikreis-Vierradbremse mit Bremshilfe				Diagonal Zweikreis-Vierradbremse mit Bremshilfe	Diagonal Zweikreis-Vierradbremse mit Bremshilfe		
Vorderradbremse	innenbelüftete Scheibenbremsen				innenbelüftete Scheibenbremsen	Schwimmsattel-Scheibenbremsen		
Hinterradbremse	Trommel				Scheiben	Trommel		
Handbremse	Seilzug auf Hinterräder				Seilzug auf Hinterräder	Seilzug auf Hinterräder		
MASSE/GEWICHTE/ FAHRLEISTUNGEN/PREISE								
Länge, Breite, Höhe mm	3998 × 1663 × 1395				3998 × 1663 × 1395	3998 × 1663 × 1385		
Radstand mm	2520				2520	2520		
Spurweite v/h mm	1406/1406	1406/1406	1400/1406	1406/1406	1406/1406	1400/1406		
Leergewicht kg	965	965	960	960	990	970	980	1050
Zuladung kg	480	480	490	490	490	425	435	405
Tankinhalt l	52	52	52	52	52	52		
Verbrauch l/100 km	8,0	8,9	7,7	8,1	7,6	8,8	8,3	8,3
Vmax km/h	203	193	206	200	215	170	167	195
Preis/Verkaufsbeginn DM	22065,–	23950,–	24405,–	25205,–	28425,–	27390,–	27390,–	31520,–

MODELL	**Kadett E**						**Kadett E Limousine**					
gebaut	1984–85	1985–86	1984–87	1984–87	ab 1984	ab 1985	1985–86	ab 1985	1985–87	ab 1985	ab 1987	ab 1985
MOTOR												
Motorvarianten	1,2 S	1,3 N	1,3 S	1,6 S	1,6 D	1,3 i Kat	1,3 N	1,3 i Kat	1,3 S	1,6 S	1,8 i Kat	1,6 D
Hubraum cm^3	1196	1297	1297	1598	1598	1297	1297	1297	1297	1598	1798	1598
Verbrennungsart	Otto				Diesel	Otto	Otto					Diesel
Zylinder/Anordnung	4/Reihe						4/Reihe					
Zylinderkopf/Motorblock	Grauguß	Aluminium/Grauguß					Aluminium/Grauguß					
Bohrung × Hub	79 × 61	75 × 73,4	75 × 73,4	80 × 79,5	80 × 79,5	75 × 73,4	75 × 73,4	75 × 73,4	75 × 73,4	80 × 79,5	84,4×79,5	80 × 79,5
Leistung/min^{-1}	55/5600	60/5800	75/5800	90/5800	54/4600	60/5600	60/5800	60/5600	75/5800	90/5800	100/5800	54/4600
max. Drehmoment Nm/min^{-1}	84/3600	94/3400	101/4200	126/4000	96/2400	96/3400	94/3400	96/3400	101/4200	126/4000	140/3000	96/2400
Verdichtung	9,0	8,2	9,2	9,2	23	9,2	8,2	9,0	9,2	9,2	8,9	23
Ventilsteuerung	o. h. v. Rollenkette		o. h. c. Zahnriemen		o. h. c. Hydrobolzen		o. h. c. Zahnriemen					
Schmierung	Öldruckumlaufschmierung						Öldruckumlaufschmierung					
Gemischaufbereitung	Fallstromvergaser m. Beschleunigungspumpe				Einspr. Pumpe	Einspr. Multec Lambda	Vergaser 35 PDSI	Einspr. Multec	Vergaser 2 E	Vergaser Varajet	Einspr. LU-Jetronic	Einsp. Bosch
Zündsystem	Kontakte	kontaktl. Transist.	kontaktl. Transist.	kontaktl. Transist.	-		kontaktl. Transist.	elektr. Kennfeld	kontaktl. Transist.		elektr. Kennfeld	-
Bordspannung	12V/36 Ah				12V/66 Ah	12V/36 Ah	12 V 36 Ah				12V/66 Ah	12V/66 Ah
KRAFTÜBERTRAGUNG												
Kupplung	Einscheiben-Trockenkupplung						Einscheiben-Trockenkupplung					
Getriebe	synchr. Viergang-Getriebe, auf Wunsch 5-Gang						synchr. Viergang-Getriebe, auf Wunsch 5-Gang					
Schaltung	Mittelschaltung						Mittelschaltung					
Radantrieb	Frontantrieb, Differential mit Getriebe verblockt						Frontantrieb, Differential mit Getriebe verblockt					
KAROSSERIE/FAHRWERK												
Aufbau/Türen	3- und 5tür. Schrägheck-Limousine,						4tür. Stufenhecklimousine					
Ausstattungsvarianten	LS, GL, GLS, GT						LS, GL, GLS, GT					
Aufbau/Chassis/Konstruktion	selbsttragende Ganzstahlkar.						selbsttragende Ganzstahlkar.					
Vorderradaufhängung	Einzelradaufhängung an McPherson Federbeinen						Einzelradaufhängung an McPherson Federbeinen					
Vorderradfederung	Schraubenfedern, Teleskop-Stoßdämpfer, Stabilisator						Schraubenfedern, Teleskop-Stoßdämpfer, Drehstab-Stabilisator					
Hinterradaufhängung	Verbundlenker-Hinterachse						Verbundlenker-Hinterachse					
Hinterradfederung	Miniblockfedern, Teleskop-Stoßdämpfer, Stabilisator						Miniblockfedern Teleskop-Stoßdämpfer, Drehstab-Stabilisator					
Reifen/Dimension	145 SR 13	145 SR 13	145 SR 13	155 TR 13	155 SR 13	155 SR 13	155 SR 13	155 SR 13	155 SR 13	155 TR 13	175/70HR13	155 SR 13
LENKUNG/BREMSEN												
Lenkung/Bauart	wartungsfreie Zahnstangenlenkung						wartungsfreie Zahnstangenlenkung					
Fußbremse	Diagonal Zweikreis-Vierradbremse mit Bremshilfe						Diagonal Zweikreis-Vierradbremse mit Bremshilfe					
Vorderradbremse	Schwimmsattel-Scheibenbremsen						Schwimmsattel-Scheibenbremsen					
Hinterradbremse	Trommel						Trommel					
Handbremse	Seilzug auf Hinterräder						Seilzug auf Hinterräder					
MASSE/GEWICHTE/ FAHRLEISTUNGEN/PREISE												
Länge, Breite, Höhe mm	3998×1666×1400						4218×1658×1400;					
Radstand mm	2520						2520					
Spurweite v/h mm	1400/1406						1400/1406					1406/1406
Leergewicht kg	830 bis 970					915	875 bis 1005					
Zuladung kg	470 bis 505					500	480 bis 505					
Tankinhalt l	52					52	52					
Verbrauch l/100 km	6,7	7,2	6,9	7,4	7,1	7,3	7,2	7,3	6,9	7,4	8,7	5,9
Vmax km/h	155	160	170	180	152	160	160	160	170	180	188	152
Preis/Verkaufsbeginn DM	13995,–	14390,–	14660,–	15505,–	15745,–	16490,–	15910,–	17770,–	16360,–	17244,–	19568,–	17721,–

MODELL	**Kadett E Limousine**						**Kadett E**					
gebaut	ab 1986	1986–87	ab 1987	ab 1987	ab 1987	ab 1987	ab 1986	1986–87	ab 1987	ab 1987	1985-87	ab 1987
MOTOR												
Motorvarianten	1,3 Euro	1,6 S	1,6 i Kat	1,6 i	1,8 Euro	2,0 i Kat	1,3 Euro	1,6 S	1,6 i Kat	1,6 i	1,8 i Kat	1,8 Euro
Hubraum cm^3	1297	1598	1598	1598	1796	1998	1297	1598	1598	1598	1796	1796
Verbrennungsart	Otto						Otto					
Zylinder/Anordnung	4/Reihe						4/Reihe					
Zylinderkopf/Motorblock	Aluminium/Grauguß						Aluminium/Grauguß					
Bohrung × Hub	75 × 73,4	79 × 81,5	79 × 81,5	79 × 81,5	84,2×79,5	86 × 86	75 × 73,4	79 × 81,5	79 × 81,5	79 × 81,5	84,4×79,5	84 × 79,5
Leistung/min^{-1}	60/5800	82/5400	75/5200	75/5000	84/5400	115/5400	60/5800	82/5400	75/5200	75/5000	100/5800	84/5400
max. Drehmoment Nm/min^{-1}	95/3200	130/2600	121/3400	127/2600	143/2600	170/3400	96/3200	130/2600	121/3400	127/2600	140/3000	143/2600
Verdichtung	8,2	10,2	8,6	9,2	9,2	9,2	8,2	10,2	8,6	9,2	8,9	9,2
Ventilsteuerung	o. h. c. Zahnriemen mit Hydrobolzen						o. h. c. Zahnriemen mit Hydrobolzen					
Schmierung	Öldruckumlaufschmierung						Öldruckumlaufschmierung					
Gemischaufbereitung	Vergaser	Vergaser	Einspr.	Einspr.	Vergaser		Vergaser	Vergaser	Einspr.	Einspr.	Bosch LU-	Vergaser
System	1 B 1	2 E 2	Multec Lambda	Multec	2 E 2		1 B1	2 E 3	Multec Lambda	Multec	Jetronic	Pierburg
Zündsystem	elektronische Kennfeldsteuerung						elektronische Kennfeldsteuerung					
Bordspannung	12V/36 Ah	12V/44 Ah					12V/36 Ah	12 V 44 Ah		12V/36 Ah		
KRAFTÜBERTRAGUNG												
Kupplung	Einscheiben-Trockenkupplung						Einscheiben-Trockenkupplung					
Getriebe	synchr. Viergang-Getriebe, auf Wunsch 5-Gang						synchr. Viergang-Getriebe, auf Wunsch 5-Gang					
Schaltung	Mittelschaltung						Mittelschaltung					
Radantrieb	Frontantrieb, Differential mit Getriebe verblockt						Frontantrieb, Differential mit Getriebe verblockt					
KAROSSERIE/FAHRWERK												
Aufbau/Türen	4tür. Stufenhecklimousine,						3- und 5tür. Schräghecklimousine					
Ausstattungsvarianten	LS, GL, GLS, GT						LS, GL, GLS, GT					
Aufbau/Chassis/Konstruktion	selbsttragende Ganzstahlkar.						selbsttragende Ganzstahlkar.					
Vorderradaufhängung	Einzelradaufhängung an McPherson Federbeinen						Einzelradaufhängung an McPherson Federbeinen					
Vorderradfederung	Schraubenfedern, Teleskop-Stoßdämpfer, Drehstab-Stabilisator						Schraubenfedern, Teleskop-Stoßdämpfer, Drehstab-Stabilisator					
Hinterradaufhängung	Verbundlenker-Hinterachse						Verbundlenker-Hinterachse					
Hinterradfederung	Miniblockfedern, Teleskop-Stoßdämpfer, Drehstab-Stabilisator						Miniblockfedern Teleskop-Stoßdämpfer, Drehstab-Stabilisator					
Reifen/Dimension	155 SR 13	175/70TR13	175/70SR13				155 SR 13	175/70TR13	175/70SR13		175/70HR13	
LENKUNG/BREMSEN												
Lenkung/Bauart	wartungsfreie Zahnstangenlenkung						wartungsfreie Zahnstangenlenkung					
Fußbremse	Diagonal Zweikreis-Vierradbremse mit Bremshilfe						Diagonal Zweikreis-Vierradbremse mit Bremshilfe					
Vorderradbremse	Schwimmsattel-Scheibenbremsen						Schwimmsattel-Scheibenbremsen					
Hinterradbremse	Trommel						Trommel					
Handbremse	Seilzug auf Hinterräder						Seilzug auf Hinterräder					
MASSE/GEWICHTE/ FAHRLEISTUNGEN/PREISE												
Länge, Breite, Höhe mm	4218×1658×1400						3998×1663×1400;					
Radstand mm	2520						2520					
Spurweite v/h mm	1400/1406						1400/1406					
Leergewicht kg	875	945	922	945	940	985	855	885	920	915	925	920
Zuladung kg	490	490	490	490	490	470	495	490	490	500	490	490
Tankinhalt l	52						52					
Verbrauch l/100 km	7,1	6,6	7,3	6,9	8,5	8,2	7,1	6,6	7,3	6,9	8,9	8,5
Vmax km/h	160	178	173	170	181	195	160	178	173	170	193	186
Preis/Verkaufsbeginn DM	16900,–	17860,–	18735,–	17565,–	19994,–	25509,–	15250,–	16175,–	17050,–	16880,–	18845,–	18680,–

MODELL	Kadett E Caravan							
gebaut	1984–85	1984–86	ab 1986	1984–87	1984–86	ab 1984	1986–87	1985–87
MOTOR								
Motorvarianten	1,2 S	1,3 N	1,3 Euro	1,3 S	1,6 S	1,6 D	1,6 S	1,8 i Kat
Hubraum cm^3	1196	1297	1297	1279	1598	1598	1598	1771
Verbrennungsart	Otto	Otto	Otto	Otto	Otto	Diesel	Otto	Otto
Zylinder/Anordnung	4/Reihe							
Zylinderkopf/Motorblock	Grauguß	Aluminium/Grauguß						
Bohrung × Hub	79 × 61	75 × 73,4	75 × 73,4	75 × 73,4	80 × 79,5	80 × 79,5	79 × 81,5	84,8 × 79,5
Leistung/min^{-1}	55/5600	60/5800	60/5800	75/5800	90/5800	54/4600	82/5400	100/5800
max. Drehmoment Nm/min^{-1}	84/3600	94/3400	96/3200	101/4200	126/4000	96/2400	130/2600	140/3000
Verdichtung	9,0	8,2	8,2	9,2	9,2	23	10,2	8,9
Ventilsteuerung	o. h. v. Kette	o. h. c. HydrobolzenZahnriemen						
Schmierung	Öldruckumlaufschmierung							
Gemischaufbereitung	Vergaser	Vergaser	Vergaser	Vergaser	Vergaser	Einspr.	Vergaser	Einspr.
System	32 TL	35 PDSI	1 B 1	P 2 E	Varajet	Wirbelk.	2 E 3	LU-Jetronic Lambda
Zündsystem	Kontakte	kontaktl. Transist.	elektr. Kennfeld	kontaktl. Transist.	kontaktl. Transist.	-	elektr. Kennfeld	elektr. Kennfeld
Bordspannung	12V/36 Ah	12V/36 Ah	12V/36 Ah	12 V 36 Ah	12V/44 Ah	12V/66 Ah	12 V/44 Ah	12 V/44 Ah
KRAFTÜBERTRAGUNG								
Kupplung	Einscheiben-Trockenkupplung							
Getriebe	synchr. Viergang-Getriebe, auf Wunsch 5-Gang							
Schaltung	Mittelschaltung							
Radantrieb	Frontantrieb, Differential mit Getriebe verblockt							
KAROSSERIE/FAHRWERK								
Aufbau/Türen	3- und 5tür. Kombi							
Ausstattungsvarianten	LS, GL, GLS							
Aufbau/Chassis/Konstruktion	selbsttragende Ganzstahlkar.							
Vorderradaufhängung	Einzelradaufhängung an McPherson Federbeinen							
Vorderradfederung	Schraubenfedern, Teleskop-Stoßdämpfer, Stabilisator							
Hinterradaufhängung	Verbundlenker-Hinterachse							
Hinterradfederung	Miniblockfedern, Teleskop-Stoßdämpfer, Stabilisator							
Reifen/Dimension	155 SR 13	155 SR 13	155 SR 13	155 SR 13	155 SR 13	155 SR 13	155 TR 13	
LENKUNG/BREMSEN								
Lenkung/Bauart	wartungsfreie Zahnstangenlenkung							
Fußbremse	Diagonal Zweikreis-Vierradbremse mit Bremshilfe							
Vorderradbremse	Schwimmsattel-Scheibenbremsen							
Hinterradbremse	Trommel							
Handbremse	Seilzug auf Hinterräder							
MASSE/GEWICHTE/ FAHRLEISTUNGEN/PREISE								
Länge, Breite, Höhe mm	4228×1666×1430							
Radstand mm	2520							
Spurweite v/h mm	1400/1406							
Leergewicht kg	890	900	900	900	965	990	920	995
Zuladung kg	530	520	520	520	535	535	540	530
Tankinhalt l	50	50	50	50	50	50	50	50
Verbrauch l/100 km	7,1	7,6	7,5	7,2	7,7	6,4	7,0	8,9
Vmax km/h	150	155	155	165	175	147	170	183
Preis/Verkaufsbeginn DM	15434,–	15830,–	16984,–	16100,–	16850,–	17185,–	17910,–	19378,–

MODELL	Kadett E Caravan					Kadett Combo			
gebaut	ab 1984					ab 1985			
MOTOR									
Motorvarianten	1,3 i Kat	1,6 i Kat	1,6 i	1,8 Euro	2,0 i Kat	1,3 N	1,3 S	1,6 S	1,6 D
Hubraum cm^3	1297	1598	1598	1797	1998	1297	1297	1598	1598
Verbrennungsart	Otto					Otto	Otto	Otto	Diesel
Zylinder/Anordnung	4/Reihe					4/Reihe			
Zylinderkopf/Motorblock	Aluminium/Grauguß					Aluminium/Grauguß			
Bohrung × Hub	75 × 73,4	79 × 81,5	79 × 81,5	84,4 × 79,5	86 × 86	75 × 73,4	75 × 73,4	80 × 79,5	80 × 79,5
Leistung/min^{-1}	60/5600	75/5200	75/5000	84/5400	115/5400	60/5800	75/5800	90/5800	54/4600
max. Drehmoment Nm/min^{-1}	96/3400	121/3400	127/2600	143/2600	170/3000	94/3400	101/4200	126/3800	93/9,5
Verdichtung	9,0	8,6	9,2	9,2	9,2	8,2	9,2	9,2	23
Ventilsteuerung	o. h. c. Hydrobolzen Zahnriemen					o. h. c. Hydrobolzen Zahnriemen			
Schmierung	Öldruckumlaufschmierung					Öldruckumlaufschmierung			
Gemischaufbereitung	Zentraleinspritzung Bosch					Vergaser	Vergaser	Vergaser	Einspr.
System	Multec Lambda-gesteuert	Multec	Multec	Vergaser	Motronic Lambda	35 PDSI	2 E	Varajet	Bosch
Zündsystem	elektr. Kennfeld				Motronic	kontaktl. Transist.	kontakt. Transist.	kontaktl. Transist.	-
Bordspannung	12V/36 Ah	12V/44 Ah				12V/36 Ah	12 V 36 Ah	12V/44 Ah	12V/66 Ah
KRAFTÜBERTRAGUNG									
Kupplung	Einscheiben-Trockenkupplung					Einscheiben-Trockenkupplung			
Getriebe	Viergang		Fünfgang			synchr. Viergang-Getriebe, auf Wunsch 5-Gang			
Schaltung	Mittelschaltung					Mittelschaltung			
Radantrieb	Frontantrieb, Differential mit Getriebe verblockt					Frontantrieb, Differential mit Getriebe verblockt			
KAROSSERIE/FAHRWERK									
Aufbau/Türen	3- und 5tür. Kombi					3tür. Spezial-Lieferwagen			
Ausstattungsvarianten	LS, GL, GLS, Club					GL			
Aufbau/Chassis/Konstruktion	selbsttragende Ganzstahlkar.					selbsttragende Ganzstahlkar.			
Vorderradaufhängung	Einzelradaufhängung an McPherson Federbeinen					Einzelradaufhängung an McPherson Federbeinen			
Vorderradfederung	Schraubenfedern, Teleskop-Stoßdämpfer, Stabilisator					Schraubenfedern, Teleskop-Stoßdämpfer, Stabilisator			
Hinterradaufhängung	Verbundlenker-Hinterachse					Starrachse mit Einblatt-Parabel-Feder			
Hinterradfederung	Miniblockfedern, Teleskop-Stoßdämpfer, Stabilisator					Teleskop-Stoßdämpfer			
Reifen/Dimension	155 SR 13				175/65 R 14	165 RR 13 86 R			
LENKUNG/BREMSEN									
Lenkung/Bauart	wartungsfreie Zahnstangenlenkung					wartungsfreie Zahnstangenlenkung			
Fußbremse	Diagonal Zweikreis-Vierradbremse mit Bremshilfe					Diagonal Zweikreis-Vierradbremse mit Bremshilfe			
Vorderradbremse	Schwimmsattel-Scheibenbremsen					Schwimmsattel-Scheibenbremsen			
Hinterradbremse	Trommel					Trommel			
Handbremse	Seilzug, auf Hinterräder					Seilzug, auf Hinterräder			
MASSE/GEWICHTE/FAHRLEISTUNGEN/PREISE									
Länge, Breite, Höhe mm	4228 × 1666 × 1430					4221 × 1674 × 1670			
Radstand mm	2520					1530			
Spurweite v/h mm	1400/1406					1400/1427			
Leergewicht kg	901	920	915	920	1024	1005	1005	1085	1085
Zuladung kg	519	534	534	534	534	635			
Tankinhalt l	50	50	50	50	50	50			
Verbrauch l/100 km	7,4	7,9	7,0	8,6	8,4	7,7	7,3	7,4	7,0
Vmax km/h	155	165	165	176	192	145	155	165	137
Preis/Verkaufsbeginn DM	18284,–	18784,–	19390,–	19530,–	24420,–	17625,–	–	–	–

Produktionsstatistik Opel Kadett:

	Standard 1,1	Special 1,1	Kadett A	Kadett B	Kadett LS	Olympia	Kadett C	Kadett D	Kadett E
1936		2 263							
1937	1 152	32 688							
1938	11 249	31 879							
1939	5 089	22 004							
1940	376	899							
1941									
1942	3								
1943	2	4							
1962			14 142						
1963			209 128						
1964			274 370						
1965			151 872	105 439					
1966				329 393					
1967				246 676	26 857	21 509			
1968				253 575	122 152	31 528			
1969				303 314	133 903	21 170			
1970				314 533	81 351	6 430			
1971				283 277	35 492				
1972				244 568	21 790				
1973				142 590	4 591		111 990		
1974							256 613		
1975							244 051		
1976							313 210		
1977							311 025		
1978							296 200		
1979							167 986	124 792	
1980								418 152	
1981								414 485	
1982								431 100	
1983								425 143	
1984								240 108	119 221
1985									525 759
1986									558 618
1987									597 601
1988									577 372
1989									578 589
Gesamt	17 871	89 737	649 512	2 223 365	426 136	80 637	1 701 075	2 056 771	2 957 160

Danksagung

Bei den Recherchen zu diesem Buch haben uns zahlreiche Journalisten, Fotografen, Achive, Zeitschriften und andere Kadett-Freunde geholfen, die wir hier nicht alle namentliche aufführen können.

Insbesondere danken wir aber der Adam Opel AG, deren Mitarbeitern Maria Sturm, Frank Dietz, Bodo Fischer und Norbert Giesen, der Redaktion des „Opel Start"-Magazins, der Alt-Opel-IG, deren Vorsitzenden Eckart Bartels und Stefan Dierkes, Michael Lehnhart vom Kadett C-Club Kaiserslautern, Andreas Beck vom Kadett B-Club Rhein Main, unserem Modellauto-Experten Sebastian Gierich sowie der Redaktion der „Auto Zeitung", der wir umfangreiches Bildmaterial, alte Testberichte, besonders aber die Nachdruckrechte der Schnittzeichnungen der Gebrüder Betti verdanken. Außerdem: ... Andrea, Doris, Susi, Ulrike und unserem Verleger Franz-Christoph Heel und seinem Team, die dieses Buch viel Verständnis und einige Nerven gekostet hat.

Thomas Fuths, Christoph Reifenrath, Stefan Schrahe, Oliver Schrott.

Köln, im November 1988

Bildquellennachweis

- Alt-Opel IG/Eckart Bartels: Seite 120, 14, 13 u. 16, 17, 18, 19, 53.
- AUTO ZEITUNG, Willy Bister, Bernd Ebener: Seite 80, 81, 95, 98, 99, 100, ul, 104, 108, 109, 118, 119, 120, 128, 129, 141 o, 146, 150, 157 ur, 157 rm.
- Andreas Beck: Seite 64.
- Bruno und Guilio Betti: Seite 34/35, 38/39, 74/75, 130/131, 142/143, 194/195
- Autohaus Bleck: Seite 122 r.
- C-Kadett Club: Seite 90 o, 91, 92, 93 um.
- dpa: Seite 29.
- D.P.P.I: Seite 154 ul, 154 or.
- Thomas Fuths: Seite 166, 167 ol, or, mr, ul.
- Sammlung Gierich: Seite 167 ml, ur.
- Irmscher: Seite 127 ur.
- Foto Kräling: Seite 154 lm.
- H. G. Lehmann: Seite 105 ul.
- Lexmaul: 90 u.
- Mattig Werkfoto: Seite 93 o, 126.
- Ursula Nerger: Seite 7.
- Foto Reichert: Seite 156.
- Alois H. Rottensteiner: Seite 155 o, 155 u.
- Schneider-Motorsport: Seite 127 ul.
- Sinnhöfer: Seite 157 ul.
- Opel Start: Seite 152, 153, 161 r.
- Arthur Till: Seite 157 or.
- Walter Tillmann: Seite 127 or.
- Eike Zwarg: Seite 55 o.
- Alle hier nicht aufgeführten Fotos stammen aus dem Archiv der Adam Opel AG.

u – unten
o – oben
l – links
r – rechts
m – mitte